「作りたいもの」でプログラミングのきほんがわかる

改訂版 ゴールからはじめる C#

菅原朋子 ●著

技術評論社

●免責

本書に記載された内容は、情報の提供のみを目的としています。したがって、本書を用いた運用は、必ずお客様自身の責任と判断によって行ってください。これらの情報の運用の結果について、技術評論社および著者はいかなる責任も負いません。

本書記載の情報は、2019 年 9 月 5 日現在のものを掲載していますので、ご利用時には、変更されている場合もあります。

また、ソフトウェアはバージョンアップされる場合があり、本書での説明とは機能内容や画面図などが異なってしまうこともあり得ます。本書ご購入の前に、必ずバージョン番号をご確認ください。

サポートページからダウンロードできるイラストの使用は、本書で作成するプログラムに限ります。イラストの二次加工、再配布を禁じます。

以上の注意事項をご承諾いただいた上で、本書をご利用願います。これらの注意事項をお読みいただかずに、お問い合わせいただいても、技術評論社および著者は対処しかねます。あらかじめ、ご承知おきください。

●商標、登録商標について

本文中に記載されている製品の名称は、一般に関係各社の商標または登録商標です。なお、本文中では ™、® などのマークを省略しています。

はじめに

本書は初めてプログラミングを学ぶ方のためのC#の入門書です。単なる文法書ではなく、無料の統合開発環境「Visual Studio Community 2019」を使って楽しくアプリケーションを作りながら、C#の基本的な文法とプログラミングのノウハウをしっかり学ぼうというちょっと欲張りな本です。

プログラミングはとても楽しい作業です。でも、文法がわからないとちっともはかどらなくて、だんだん嫌になってしまいますよね。だからといって、最初に文法だけ勉強するのもしんどいです。じゃあどうすれば楽しく効率的に学べるでしょう。それは、文法の勉強とプログラミングを並行して行うことです。

初心者がプログラミングを学ぶのにC#は最適なプログラミング言語です。開発現場での需要も多く、ほかの主流となっているプログラミング言語のC++やJava、JavaScriptなどと文法も似ています。さらに、オブジェクト指向もしっかりと学ぶことができます。そして、Visual Studioを使うことで、Windows上で動くプログラムを手軽に開発することができます。

本書はそんなC#を使って「神経衰弱」や「モグラ叩き」のような楽しいプログラムを作りながら文法を学びます。本書で作成するのはC#開発の基本となるWindowsフォームアプリケーションですが、しっかり学習するとC#プログラミングの基礎が身に付きます。ですから、本書の学習が終わったあとは、WPFと呼ばれる開発手法でデスクトップアプリケーションを作成してもいいですし、データベースを使ったアプリケーション開発に挑戦してもいいでしょう。さらにステップアップして、Webアプリやモバイルアプリ、またはUnityなどを利用してC#でゲーム開発を行うこともできます。本書から広がるプログラミングの世界は無限大です。

本書がみなさまのプログラミングの入り口となり、その楽しさを知っていただければ幸いです。

2019年9月　菅原 朋子

本書について

●本書の対象読者

本書は、Windows 8.1、10のいずれかが搭載されたPCを用意でき、インターネットの操作が可能で、初めてプログラミングに挑戦するという方を想定して書かれています。

●本書の構成

●1章と2章

プログラムを開発するための準備の章です。1章でVisual C#の開発環境を準備し、その使い方を説明します。2章ではかんたんなデスクトップアプリケーションを作成します。

●3章〜5章

C#に限らず、プログラミングには欠かせない変数と演算子、制御構造などを学習します。5章まで理解すれば、最低限の機能を備えたプログラムを作ることができるようになります。

●6章〜8章、10章

現在主流のプログラミング技術であるオブジェクト指向を学習します。オブジェクト指向はなかなか理解しづらい技術なので、4章分を使って丁寧に解説しました。

●9章と11章

効率のよいプログラム開発には欠かせない配列とジェネリックコレクション、そしてファイル入出力を扱います。

●学習手順

3章以降は次の手順で学習を進めてください。

(1) 「この章でつくるもの」：各章の「ゴール」となる例題のアプリケーションをかんたんに説明します。こんなアプリケーションを作るんだなとイメージしてください。

(2) 「文法事項の説明」：ゴールを目指すための基礎訓練です。作成するアプリ

ケーションに使われている文法を理解しましょう。文法の理解より先にプログラムを動作させたい方は、次の「例題のアプリケーションの作成」を行ってからここに戻ってきてください。

(3) 「例題のアプリケーションの作成」：「ゴール」に向かって進みます。丁寧に解説しますので、手順どおりにプログラムを記述してください。

(4) 「練習問題」：次のゴールをめざすための力試しです。章の学習内容を理解していれば作成できるプログラムを出題しているので、是非取り組んでください。

●本書のこだわり

(1) 図解を多く取り入れ、初心者がつまずきやすい点を丁寧に解説します。

(2) 例題と練習問題のプログラムには、「神経衰弱」や「モグラ叩き」などゲーム的要素の多いものを選び、楽しく学べるようにしました。

(3) 学習内容を忘れても読み進められるように、随所に参照ページを記入しました。

(4) 正しく動くプログラムを作るためにはデバッガの使用が不可欠です。学習が本格化する前に4章でデバッガの使い方を説明します。

(5) 例題と練習問題の解答例、および説明に使用したプログラムはすべて下記サポートページからダウンロードが可能です。

●その他

(1) サンプルプログラムの動作環境

OS：Windows 10 Home

開発環境：Microsoft Visual Studio Community 2019

(2) サポートページ

https://gihyo.jp/book/2019/978-4-297-10901-1

CONTENTS

はじめに 3

CHAPTER

1 Visual C#とはなんだろう? 13

1-1 プログラミングをはじめる前に 14
プログラムの役割 14
プログラミング言語 15

1-2 どうしてVisual C#を学ぶの? 16
C# と Visual C# 16
Visual Studio 16
.NET Framework 18

1-3 Visual C# 2019の開発環境を整えよう 21
Visual Studio 2019 のエディション 21
Visual Studio Community 2019 のインストール 21

1-4 Visual C#の基本操作をマスターしよう 23
Visual Studio を起動する 23
新しいプロジェクトの作成 26
アプリケーションの実行 28
ファイルの保存 28
Visual Studio を終了する 29
既存のプロジェクトを開く 29

1-5 Visual C#の操作画面 31
ウィンドウの種類 31
操作画面のカスタマイズ 34

1-6 Visual C#の構造をつかもう 36
ソリューションとプロジェクト 36
C# の基本構造 38

1-7 Microsoft Docsを活用しよう 41
F1 キーでドキュメントを表示する 41
URL にアクセスして Microsoft Docs を表示する 42

CHAPTER

2 名前を表示してコントロールとイベントを理解しよう 43

2-1 フォーム画面にコントロールを配置しよう 45
フォームにコントロールを配置する 45
コントロールのサイズを変更する 46
コントロールを移動する 46
コントロールをコピーする 47
コントロールの配置を整える 47
コラム ● コモンコントロール一覧 49

2-2 コントロールのプロパティを変更しよう 50
Name プロパティ 50
Text プロパティ 51
Font プロパティ 52

2-3 イベントを発生させよう 53
ボタンクリックのイベントハンドラの追加 53
文字列のラベル表示とコメントの追加 56
フォームロード時に空文字列を追加する 58
コラム ● インテリセンスとインテリコード 59

2-4 タブオーダーを設定する 60
タブオーダーの設定を変更する 60
TabIndex プロパティと TabStop プロパティ 60

2-5 ビルドの仕組みを理解する 61
練習問題 63

CHAPTER

3 消費税を計算して変数と演算子を理解しよう 65

3-1 変数のデータ型をきめる 67
データ型 67
変数の宣言 71
変数名の付け方 71
変数の代入と初期化 73
コラム ● var 型 75

3-2 直接コードに記述するリテラル 76
整数リテラル 76
浮動小数点リテラル 76

ブール型リテラル	76
文字リテラル	77
文字列リテラル	77
サフィックス	77
コラム ● エスケープシーケンス	78

3-3 変更されない値は定数にする 79

3-4 演算子で計算する 80

算術演算	80
代入演算	83
比較演算	84
演算子の優先順位	85

3-5 データ型が異なるものどうしの演算 86

暗黙の型変換	86
明示的な型変換	87
文字列型とほかの型で演算を行う場合	89

例題のアプリケーションの作成 91
練習問題 97

CHAPTER

4 成績を判定して選択制御とメソッドを理解しよう　99

4-1 分岐や繰り返しを行うために 101

4-2 条件によって動きを変えるには 102

if 文	102
switch 文	107
コラム ● 条件演算子	110

4-3 処理を分割してプログラムを簡潔にする 111

メソッドの定義	111
引数	114
戻り値	115
引数の渡し方	116
メソッドのオーバーロード	119

4-4 例外が発生した場合の処理を決めておく 121

例外クラス	123
例外を起こさないコード	124

例題のアプリケーションの作成 125

4-5 デバッガをマスターしよう 135

ブレークポイント	135
ステップ実行	137
動作中の値の確認	139
練習問題	141

CHAPTER 5 商を小数点以下50桁まで求めて繰り返し制御を理解しよう 143

5-1 コンピュータを対話形式で操作しよう 145
コンソールアプリの作成	145
Main メソッド	147
コンソールアプリで値を表示する	149
コンソールアプリで値を入力する	151

5-2 処理を繰り返し実行する 152
for 文	152
for の多重ループ	155
while 文	157
do ～ while 文	160

5-3 繰り返しの流れを途中で変える 162
break 文	162
continue 文	163
goto 文	167
コラム ● 無限ループ	168

| 例題のアプリケーションの作成 | 169 |
| 練習問題 | 177 |

CHAPTER 6 アラーム&タイマーでオブジェクト指向の基本を理解しよう 179

6-1 オブジェクト指向ってなんだろう 181
オブジェクト指向でプログラミングは変わった	181
クラスとは	182
オブジェクトとは	182
インスタンスとは	182

6-2 Visual C# とオブジェクト指向 184
| Windows フォームアプリケーションとオブジェクト指向 | 184 |
| 名前空間 （ネームスペース） | 192 |

| 新しいフォームの追加 | 195 |
| メッセージボックス | 200 |

6-3 変数の有効範囲（スコープ）を決める … 202
| ローカル変数の有効範囲 | 202 |
| フィールドの有効範囲 | 203 |

6-4 日付と時間の操作を行う … 206
Timer コンポーネント	206
DateTime 構造体	208
コラム ● 構造体	212

例題のアプリケーションの作成 … 213

練習問題 … 224

CHAPTER

7 成績判定を作り替えてカプセル化を理解しよう　225

7-1 クラスからインスタンスを生成する … 227
クラスの定義	227
インスタンスの生成	230
値型と参照型	230
Visual C# によるクラスの生成	232
クラスのメンバーにアクセスする	233

7-2 カプセル化を理解しよう … 235
プロパティ	235
コンストラクター	243
this キーワード	246

例題のアプリケーションの作成 … 248

練習問題 … 264

CHAPTER

8 乗り物の競争ゲームで継承を理解しよう　267

8-1 クラスの継承を理解しよう … 269
継承の考え方	269
派生クラスの生成	270
継承とコンストラクター	275
protected アクセス修飾子	277
メンバーの隠蔽	279

オーバーライド 281

8-2 Randomクラスで乱数を生成する 283
Random クラスのインスタンスの生成 283
擬似乱数の発生 283

8-3 ユーザの操作とイベントを知る 286
マウス操作で発生するイベント 286
キーボード操作で発生するイベント 286

例題のアプリケーションの作成 288

練習問題 303

CHAPTER

9 神経衰弱で配列を理解しよう 305

9-1 配列でデータをまとめよう 307
1 次元配列 308
配列は参照型 310
参照型の配列 311
配列のプロパティとメソッド 312
多次元配列 315

9-2 配列を一括して参照するには 319
foreach の基本的な使用方法 319
foreach でクラスの配列のメンバーを変更する 320

9-3 文字列を操作する 322
文字列のプロパティとメソッド 322
文字列オブジェクトは変更できない 325
コラム ● 列挙型 326

例題のアプリケーションの作成 327

練習問題 345

CHAPTER

10 モグラ叩きでポリモーフィズムを理解しよう 347

10-1 同じメソッドで異なる動作をさせるには 349
アップキャスト 349
仮想メソッド 350
抽象メソッド 352

コラム ● インターフェース	356

10-2 インスタンスに属さない静的メンバー … 357
インスタンスメンバー … 357
静的メンバー … 357
静的クラス … 361

10-3 数式を使う際に欠かせないMathクラス … 362
Math フィールド … 362
Math メソッド … 362

例題のアプリケーションの作成 … 364

練習問題 … 385

CHAPTER

11 予告編作成でファイル入出力を理解しよう 387

11-1 ファイルを読み込む／書き出すプログラムを作成しよう … 389
テキストをファイルに書き込む … 389
テキストをファイルから読み込む … 393
コラム ● CSV … 396

11-2 ディレクトリとファイルを操作する … 397
ディレクトリとは … 397
主なディレクトリ操作 … 399
主なファイル操作 … 401

11-3 ジェネリックコレクションでデータを操作する … 404
List<T>クラス … 404
Dictionary<TKey, TValue>クラス … 408

例題のアプリケーションの作成 … 412

練習問題 … 425

CHAPTER 1

Visual C#とは なんだろう?

Visual C#とはどのようなプログラミング言語なのでしょうか。概要を知るとともに、Visual C#を使ってプログラミングをするための開発環境を整えましょう。

本章で学習する主な内容

- Visual C#の概要
- Visual C#の開発環境構築
- Visual C#の基本操作
- Visual C#の構造
- Microsoft Docsの使い方

1-1 プログラミングをはじめる前に

プログラムの役割

　コンピュータには、装置の制御や演算を行うCPUと、データを保存する記憶装置があります。私たちがキーボードやマウスから命令を入力し、それらの装置が仕事を行うことで、ディスプレイやプリンタなどに結果を出力します。

　これらの装置は「コンピュータの五大装置」と呼ばれ、0と1の信号であるプログラム（機械語とも呼びます）の命令によって仕事を行います。

図1-1　コンピュータの五大装置

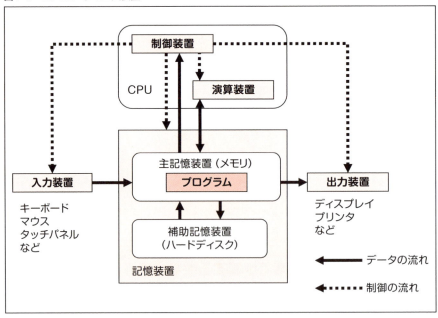

プログラミング言語

　人間はコンピュータの言葉である機械語を理解することはできません。同様に、コンピュータも人間の言葉はわかりません。そこで、人間に理解できるプログラミング言語でプログラムを記述してから、コンパイラというソフトウェアでコンパイル[1]という翻訳作業をして機械語を作り出すのです。プログラミング言語を用いてプログラムを記述することをプログラミングといい、プログラミング言語で書かれたプログラムをソースプログラムと呼びます。

図1-2 コンパイル

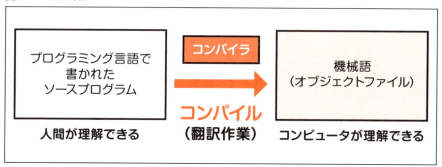

　プログラミング言語には、数えきれないくらいたくさんの種類が存在します。一般的なものとしては、システム記述用のC言語、C言語にオブジェクト指向（p.181参照）という開発手法を取り入れたC++、ネットワーク環境やAndroidアプリ開発で利用されているJava、動的なWebページを実現するために利用されるPHPやJavaScript、人工知能分野で最近注目されているPythonなどがあります。そして、みなさんがこれから学習するC#もそんなプログラミング言語の一種です。

1　コンパイル方式以外に、実行時にプログラムを翻訳しながら順次実行するインタプリタ方式があります。

1-2 どうしてVisual C#を学ぶの?

C#とVisual C#

　C#は、幅広いアプリケーションを作成するようにデザインされたオブジェクト指向のプログラミング言語で、Microsoftによって2000年に発表されました。現在主流で使われているプログラミング言語の中では比較的新しく、既存のプログラミング言語のいいところを取り入れ、洗練された仕様となっています。当時広く使われていたC言語や、C言語を拡張してオブジェクト指向を取り入れたC++に比べてメモリ管理に優れ、致命的なバグを生む危険を解消し、Windows OSでの開発に特化させたのが大きな特徴です。C#はその後もバージョンアップを重ね、本書執筆時点の最新は2018年にリリースされた7.3です。

　そして、プログラミング言語であるC#と統合開発環境（p.17参照）であるVisual Studioを合わせてVisual C#と呼びます。

Visual Studio

　コンピュータのシステム開発は、よく家を建てる作業手順にたとえられます。まず、どのような家が欲しいのかユーザの要望を検討し、それをもとに概略を設計し、使い勝手や材料、デザインなどを吟味して詳細な設計図を書きます。設計図ができたら、それをもとにパーツを用意して大工が組立てを行い、快適に住むことができるか検証し、実際に住みながらメンテナンスをします。これらは、システム開発の、「基本計画」「外部設計」「内部設計」「プログラミング」「テスト」「保守」というフェーズ（段階）に相当します。

図1-3 システム開発と家づくり

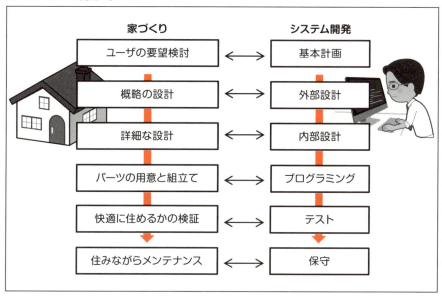

　昔の家づくりは、ノコギリやカンナを使って木材を切り出し、カナヅチと釘を使って木材を打ちつけながら家を建てました。しかし、今はそのような家づくりをしている例はほとんどありません。工場で壁や柱などのパーツを作り、現場ではそれらを組み合わせて家を建ててしまいます。こうすることで、天気や大工の技能に左右されずに、従来の方法に比べて格段に施工時間を短縮して家を建てることができます。

　コンピュータシステムも家づくりと同様に、Microsoftのような企業があらかじめ共通化できる部品を用意し、プログラマはその部品を組み立てることで開発を行います。「統合開発環境」と呼ばれるツールを使って、Windowsフォームやボタン、テキストボックスといった共通の部品やそれを動作させるプログラムを組み合わせて開発を行うのです。「統合開発環境（IDE：Integrated Development Environment）」とは、システム開発に必要なソフトウェアをひとまとめにしたものです。プログラムのソースコードを記述するための「エディター」、ソースコードを機械語であるオブジェクトファイルに翻訳するための「コンパイラ」、オブジェクトどうしを連係編集する「リンカ」、プログラムのバグを発見するデバッ

グの支援をする「デバッガ」、作成したファイルを一元管理する機能などで構成されています。

「Visual Studio」は1997年にMicrosoftが自社のOSであるWindows上[2]で動作するシステムを開発するために提供した統合開発環境です。2002年にリリースされた「Visual Studio .NET」で、「.NET Framework」をサポートしました。その後、Visual Studioは何回ものバージョンアップを繰り返し、本書執筆時点の最新バージョンは2019年に発表されたVisual Studio 2019です。

図1-4　Visual Studio Community 2019

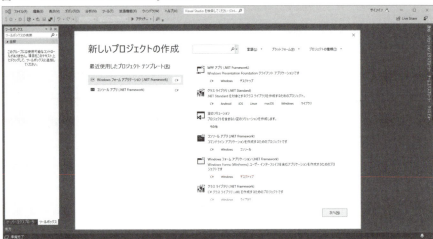

.NET Framework

フレームワークとは「枠組み」とか「下部構造」などを意味する英単語ですが、最近のシステム開発では、1からシステムを構築するのではなく、なんらかのフレームワークを枠組みとして使い、それにオリジナルな部分をプログラミング言語で記述していく方法が主流です。先ほど、システム開発を家づくりにたとえましたが、フレームワークは家づくりの基礎や柱の部分にあたり、そこに使い勝手を考えながら部屋や水回りを配置し、自分の好みの外壁や窓を作っていく感じになります。Windows上で動作するシステムは、デザインや操作方法がほぼ共通だと

2　Visual Studio 2019では、Windows上に限らず、クラウドやモバイル上などのシステム開発も考慮されています。

思いますが、これは多くのシステムがフレームワークを使って開発しているためです。

「.NET Framework」は、Microsoftが提供するフレームワークですが、単なるフレームワークにとどまらず、プログラムの開発から実行まで幅広くサポートする技術で、「.NET Frameworkクラスライブラリ」と「共通言語ランタイム（CLR：Common Language Runtime）」から構成されています。

●.NET Frameworkクラスライブラリ

「クラス」（7章で詳しく扱います）とは、オブジェクト指向プログラミングにおいて、データとその操作手順であるメソッドをまとめて雛型にしたものです。そして、「クラスライブラリ」とは、そのクラスを集めてファイルにしたものです。代表的なものは本書でも少しずつ説明していきますが、.NET Frameworkには、本当にたくさんのクラスライブラリが用意されています。みなさんが使用しているWindowsのアプリケーションには、ボタンやラベル、テキストボックスなどが付いていると思いますが、これらはすべて.NET Frameworkがクラスライブラリとして提供してくれたものです。クラスライブラリの量は膨大で、すべてを把握してプログラミングすることは非常に大変です。ですから、使えるクラスを調べながらプログラミングしましょう。

●共通言語ランタイム（CLR）

本来、異なるプログラミング言語でシステムを開発する場合、プログラミング言語ごとに用意されたライブラリを共通で使うことはできません。また、プログラムを異なるOSやハードウェア上で動作させるためには、移植作業（ほかのOSやハードウェアで動くように変更する作業）が必要になります。しかし、共通言語ランタイムは、異なる実行環境を統一して扱うための仕組みを提供してくれます。.NET Frameworkで使える代表的なプログラム言語[3]は、「Visual Basic」「C#」「C++」ですが、プログラマはこれらの中から得意な言語を選び、共通のクラスライブラリを使って、.NET Framework環境で動作するプログラムをOSやハードウェアに依存せずに開発することができるのです。

どうしてこのようなことが可能なのでしょうか。図1-5に示すように、.NET

3　.NET Frameworkのバージョンによってサポートするプログラミング言語は異なります。

Frameworkを使って開発されたプログラムは、それぞれのプログラミング言語のコンパイラを使って「MSIL (Microsoft Intermediate Language)」と呼ばれる中間言語に翻訳されます。この中間言語はJIT (Just In Time) コンパイラ[4]を含むCLRを使ってそれぞれのOSやハードウェアの上で実行されるからです。

図1-5 .NET Framework上でプログラムが実行されるまで

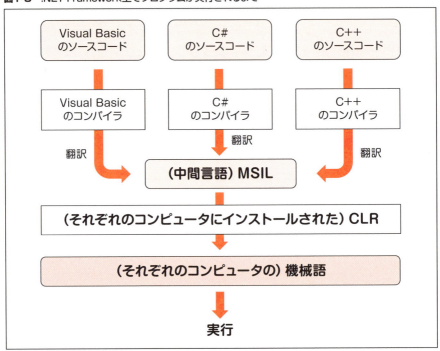

---

4 JITコンパイラは、中間コードから実行環境の機械語への変換処理を実行直前に行います。

1-3 Visual C# 2019の開発環境を整えよう

プログラミングの学習で重要なのは、実際にコードを入力し、プログラムを動かしてみることです。そのためには、開発環境を準備する必要があります。

Visual Studio 2019のエディション

Visual Studio 2019には下記のようなエディション[5]が存在します。

- **Visual Studio Community 2019（無償）：**
  Visual Studio Professional 2019とほぼ同等の機能を無料で利用可能
- **Visual Studio Professional 2019：**
  個人開発者や小規模なチームを対象とした、プロフェッショナル開発者用ツールとサービスを提供する
- **Visual Studio Enterprise 2019：**
  あらゆる規模のチームで利用できる統合ソリューション

本書では、これらの中から、「Visual Studio Community 2019」をインストールして、Windows 10上で動作を確認していきます。このエディションは、個人で利用する場合の制限はありませんが、組織で利用する場合には制限がありますので、ライセンス条項（https://visualstudio.microsoft.com/ja/license-terms/mlt031819/）を確認してからインストールしてください。

Visual Studio Community 2019のインストール

下記URLにアクセスして、Visual Studio Community 2019のインストーラーをダウンロードしてください（図1-6①）。

https://visualstudio.microsoft.com/ja/downloads/

5　バージョンが同じでも、構成や機能、用途、販売方法などが異なるものをエディションと呼びます。

図1-6 Visual Studioダウンロードのサイト

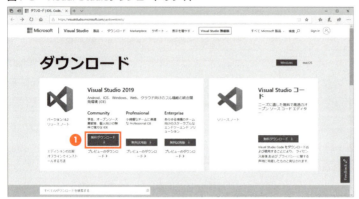

インストーラーのファイル名は「vs_community__xxx.xxx.exe」といったものです。ダウンロードが完了したら実行してください。すると、マイクロソフトソフトウェアライセンス条項の同意を確認するダイアログが表示されるので「続行」をクリックします。

Visual Studio 2019では「ワークロード」で目的ごとに必要な機能をインストールできます。図1-7のようなインストーラーウィンドウが表示されるので、「ワークロード」タブを選択し（①）、「.NETデスクトップ開発」をチェック（②）してから「インストール」をクリックしてください（③）。インストールが始まります。

図1-7 Visual Studio Community 2019のインストーラー

インストールには時間がかかりますが、しばらくすると完了します。

1-4 Visual C#の基本操作をマスターしよう

Visual Studio Community 2019（以下「Visual Studio」と略します）のインストールが完了したら、さっそく起動してかんたんなアプリケーションを作成し、基本的な操作を学ぶことにしましょう。

Visual Studioを起動する

● **Windows 10の場合**

「スタート」ボタンをクリックし、「すべてのアプリ」から「Visual Studio 2019」を探し、クリックしてください（図1-8）（次からはスタート画面から起動できるようにアイコンを右クリックし、「スタートにピン留めする」を選択してください。スタート画面のタイルはマウスドラッグで移動可能なので、上のほうに配置しておくといいでしょう）。

図1-8 Windows 10でのVisual Studioの起動

● **Windows 8.1の場合**

スタート画面の ⊙ をクリックし、「Visual Studio 2019」のタイルをクリックしてください（次からはスタート画面から起動できるようにタイルで右クリックし、

「スタート画面にピン留めする」を選択してください)。

チャームの検索で「Visual」と入力すると「Visual Studio 2019」が検索結果として表示されるので、そこから起動してもいいでしょう。

初回起動時には、図1-9のダイアログボックスが起動し、Visual Studioへのサインインを求められるので、ご自分のMicrosoftアカウントを使ってサインインしてください。

図1-9 Visual Studioのサインイン画面

サインインすると、Visual Studioの環境設定を行うダイアログボックスが表示されます。「開発設定」には「全般」か「Visual C#」を選択してください(図1-10①)。ここでは、「全般」を選んでいます。好きな配色のテーマを選んだら(②)、「Visual Studioの開始」をクリックしてください(③)。

図1-10 Visual Studioの環境設定を行うダイアログボックス

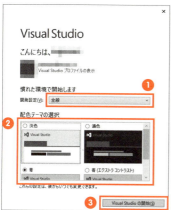

すると、初めて使用するための準備を行い、図1-11のようにVisual Studioのスタートウィンドウが起動します。

図1-11 Visual Studioのスタートウィンドウ画面

新しいプロジェクトの作成

さっそく新しいプロジェクトを作成してみましょう。Visual C#で作成したアプリケーションはたくさんのファイルから構成されています。これらのファイルを1つにまとめて管理するのが「プロジェクト」です。Visual C#でアプリケーションを開発する場合には、最初に新規でプロジェクトを作成する必要があります。

まず、図1-11のVisual Studio のスタートウィンドウの「新しいプロジェクトの作成」をクリックしてください。すると図1-12のような「新しいプロジェクトの作成」ウィンドウが表示されるので、「Windows フォーム アプリケーション（.NET Framework）」を選択（①）して「次へ」をクリック（②）してください。

図1-12 「新しいプロジェクトの作成」ウィンドウ

今度は、図1-13のような「新しいプロジェクトを構成します」のダイアログが表示されます。プロジェクト名はなんでもかまいませんが、今回は「WindowsFormsApp1」（①）と入力してください。場所（②）も変更可能ですが、このままデフォルトの場所を使用しましょう。

図1-13 「新しいプロジェクトを構成します」ダイアログボックス

「作成」ボタン（③）をクリックすると新規のプロジェクト「WindowsFormsApp1」が作成されます（図1-14）。

図1-14 新規プロジェクトの表示画面

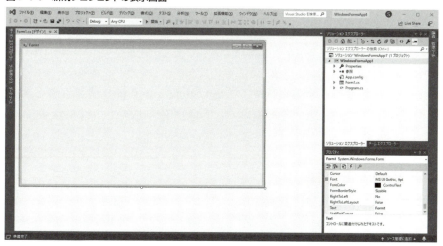

アプリケーションの実行

　では、このまま実行してみましょう。プロジェクトを新規作成しただけで何もしていませんが、Visual Studioで開発を行うと、最低限のアプリケーションの機能はすでに用意されているのでこのまま実行が可能です。

　アプリケーションを実行するには、「デバッグ」メニューの「デバッグ開始」を選択するか、F5キーを押します。または、ツールバーの ▶開始 をクリックしてください。図1-15のようにWindowsフォームアプリケーションが立ち上がれば実行成功です。ウィンドウの最小化ボタン、最大化ボタンも使えるし、タイトルバーをクリックしてからドラッグすればウィンドウの移動も可能ですね。

図1-15 Windowsフォームアプリケーションの実行画面

　このアプリケーションを閉じるにはフォーム右上の「閉じる」ボタンまたはVisual Studioのツールバーの「デバッグの停止」■ をクリックしてください。

　どうでしょう、ソースコードを記述することなく、非常にかんたんに実際に動作するアプリケーションが作成できたのではないでしょうか。手順に従ってプロジェクトを新規作成するだけで、Visual Studioという統合開発環境と.NET Frameworkが自動的にアプリケーションの外観を作り上げてくれるのです。

ファイルの保存

　現在編集中のファイルを保存するには、ツールバーの 💾 をクリックするか、「ファイル」メニューの「(ファイル名).csの保存」をクリックするか、ショートカットキーのCtrl+Sを押してください。

保存していないすべてのファイルを保存するには、ツールバーの ■ をクリックするか、「ファイル」メニューの「すべて保存」をクリックするか、ショートカットキーの Ctrl + Shift + S を押してください。

Visual Studioを終了する

Visual Studioを終了させましょう。Visual Studioを終了するには、「ファイル」メニューの「終了」をクリックするか、右上の「閉じる」ボタンをクリックしてください。または、ショートカットキーの Alt + F4 でも閉じることができます。

既存のプロジェクトを開く

「WindowsFormsApp1」を再び開いてみましょう。Visual Studio 2019を起動すると、図1-16のようなスタートウィンドウが表示されるので、次のいずれかの方法で開くことができます。

● 「最近開いた項目」(図1-16①) から選んでクリックする
● 「プロジェクトやソリューションを開く」(図1-16②) をクリックすると、図1-17のように「プロジェクト/ソリューションを開く」ダイアログボックスが表示されるので、プロジェクトが保存されているフォルダを開き (図1-17①)、拡張子が「.sln」のファイルを選択し(図1-17②)、「開く」ボタンをクリックする(図1-17③)

図1-16 スタートウィンドウからWindowsFormsApp1を開く

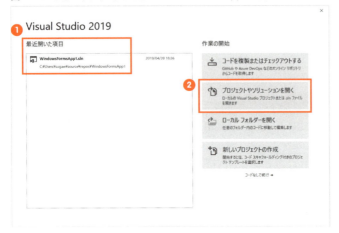

図1-17 「プロジェクト/ソリューションを開く」ダイアログボックス

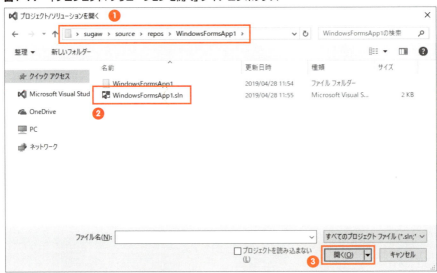

　「エクスプローラー」を使ってプロジェクトの保存先を開き、拡張子[6]が「.sln」のファイル（p.36参照）をダブルクリックしても開くことができます。デフォルトでは、「ユーザー」-「（各自の）ユーザ名」-「source」-「repos」フォルダがプロジェクトの保存先です。

6　拡張子「.sln」が表示されていない場合には、「エクスプローラー」の「表示」メニューの「ファイル名拡張子」のチェックボックスを ON にしてください。

1-5 Visual C#の操作画面

ウィンドウの種類

では、Visual C#の操作画面をもとに、各ウィンドウについて説明していきましょう。

図1-18 Visual C#の操作画面

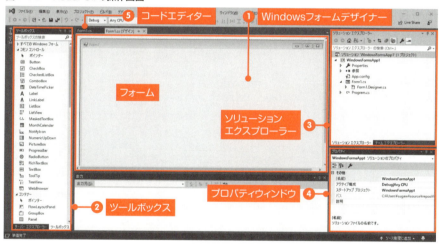

●Windowsフォームデザイナー

図1-18①のように、フォームが表示されている部分を「Windowsフォームデザイナー」と呼びます。次に説明する、「ツールボックス」に表示されているボタンやラベルなどのコントロールをフォームにドラッグ＆ドロップすることで、ソースコードを記述することなくフォームの画面を作成することができます。

●ツールボックス

　図1-18②は「ツールボックス」と呼ばれ、フォームに配置するコントロールを管理します。図1-19①のように、画面左上の「ツールボックス」と書かれたタブをクリックすると、ツールボックスが開かれます。また、「コモンコントロール」「コンテナー」といったノード（②）をクリックすると、それぞれに属するコントロールが表示されます。

図1-19　ツールボックス

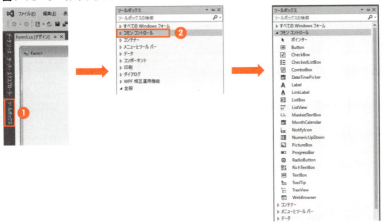

●ソリューションエクスプローラー

　図1-18③のウィンドウは「ソリューションエクスプローラー」で、ソリューション（p.36参照）とプロジェクトに含まれる各ファイルを階層構造で表示したり、操作したりすることができます。

●プロパティウィンドウ

　図1-18④は「プロパティウィンドウ」で、現在選択中のコントロールのプロパティやイベントハンドラを編集することができます。
　■ボタン選択時には、フォームやテキストボックス、ボタンなどのプロパティ（属性）を確認したり編集したりできます。■ボタン選択時には、イベントハンドラ（p.53参照）の指定が行えます。使い方は2章で詳しく解説します。

なお、プロパティウィンドウの表示は図1-20のように「項目別」と「アルファベット順」で切り替えることができるので、操作しやすいほうを選ぶようにしてください。

図1-20　「項目別」と「アルファベット順」の切り替え

●コードエディター

C#のソースコードは「コードエディター（図1-18⑤）」を使って編集します。コードエディターを開くには、図1-21のようにWindowsフォームデザイナーの上で右クリックするとショートカットメニューが表示されるので、「コードの表示」をクリックしてください。もしくは、Windowsフォームデザイナーを表示した状態で、「表示」メニューの「コード」をクリックしても開くことができます。

図1-21　コードエディター

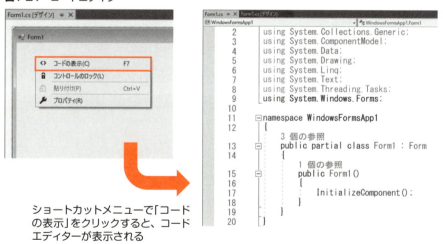

ショートカットメニューで「コードの表示」をクリックすると、コードエディターが表示される

Visual Studio には、上記以外にも多くのウィンドウがありますが、最初は今説明したウィンドウの基本操作を覚えてください。それ以外のものについては、必要がある場合に取り上げることにします。

操作画面のカスタマイズ

操作画面の概要については理解できたでしょうか。今度は各ウィンドウのカスタマイズ方法について、知っていると便利だと思われるものを説明します。

●ウィンドウのピン留め

各ウィンドウに表示されている 中 マークをクリックすると、 中 に変わると思います。クリックするたびにこのマークは切り替わりますね。次のような違いがありますので、表示画面の大きさに応じて使い分けるようにしてください。

- 中 ：普段はウィンドウが隠れている状態。タブをクリックするとウィンドウが表示される
- 中 ：常にウィンドウが表示される状態

●ウィンドウの表示／非表示

表示しているウィンドウを非表示にするには、右上の「閉じる」ボタン（×）をクリックするか、ウィンドウのタイトルバーで右クリックしてショートカットメニューを表示させて「非表示」を選んでください。

非表示のウィンドウを表示するには、Visual Studioの「表示」メニューから表示したいウィンドウをクリックで選択してください。

●ウィンドウ位置の変更

図1-22のようにウィンドウのタイトルバーをドラッグすると（①）、ウィンドウがフローティング状態になり、ガイド（②）が現れます。このガイドの上にウィンドウをドラッグ（③）すると位置を変更することができます。

図1-22　ウィンドウ位置のカスタマイズ

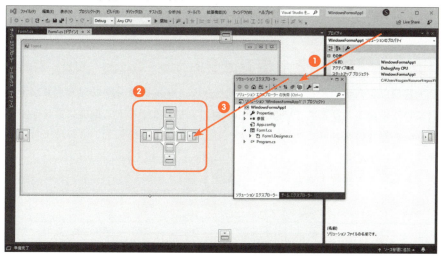

●ウィンドウレイアウトのリセット

カスタマイズした操作画面をもとに戻したい場合には、Visual Studioの「ウィンドウ」メニューの「ウィンドウ レイアウトのリセット」をクリックしてください。

●コードエディターのフォントの変更

Visual Studioの「ツール」メニューの「オプション」をクリックし「オプション」のダイアログボックスを表示させ、「環境」ノードを展開し、「フォントおよび色」を選択します。フォントや色、サイズなどの変更が可能です。

1-6 Visual C#の構造をつかもう

Visual C#の基本操作は把握できたでしょうか。次にVisual C#を構成するファイルの内容を確認していきましょう。

ソリューションとプロジェクト

大規模なシステムでは、1つのアプリケーションに複数のプロジェクトが含まれている場合があります。Visual Studioは、大規模なシステム開発にも対応するために、複数のプロジェクトをまとめて、「ソリューション」という単位で管理します。本章の例題のように、1つのプロジェクトしか作成しない場合にも、ソリューションを作って管理するようになっています。

図1-23　ソリューションとプロジェクト

図1-24のように、ソリューションエクスプローラーのソリューションの上で右クリックし、「エクスプローラーでフォルダーを開く」を選んでください（①）。すると、エクスプローラーでソリューションフォルダを開くことができます。②のように、プロジェクトはフォルダを作って管理されています。そして、拡張子が「.sln」のファイル（③）は「ソリューションファイル」と呼ばれ、ソリューションに格納されたプロジェクトの情報が保存されています。

図1-24 ソリューションとプロジェクト

●プロジェクトフォルダの内容

図1-24②に示した「プロジェクトフォルダ」を開くと、次のようなファイルとフォルダが存在します。

- **binフォルダ**：ビルド（p.61参照）により生成されたプログラムが保存される。この中に生成される、拡張子が「exe」のファイルが「実行ファイル」
- **objフォルダ**：ビルドの際に使用するファイルが格納されたフォルダ
- **Propertiesフォルダ**：プロジェクトの設定データが保存されるフォルダ
- **App.config**：アプリケーションの設定を構成するために使用するファイル
- **Form1.cs**：ユーザがコードエディターでForm1を編集するときに使用される。拡張子が「cs」のファイルはC#のソースファイル[7]
- **Form1.Designer.cs**：WindowsフォームデザイナーでForm1を編集した際に自動的に記述される
- **Program.cs**：最初に実行されるMainメソッド（p.147参照）が記述されるソースファイル
- **WindowsFormsApp1.csproj**：プロジェクトの情報が保存されたファイル

---

7 ソースプログラム（p.15参照）と同義です。

これらのフォルダとファイルは、図1-25のようにソリューションエクスプローラーを使って確認することもできます。

図1-25 ソリューションエクスプローラーでプロジェクトの内容を確認する

C#の基本構造

プロジェクトフォルダに格納されているファイルの中で、ユーザが直接記述するのは「Form1.cs」です。では、Form1.csをコードエディターで開いてみましょう。以下のいずれかの方法で開いてください。

- **ソリューションエクスプローラーを使って開く：**
  - 図1-26①のように「Form1.cs」を選択し、「コードの表示」ボタンをクリックする
  - 図1-26②のように「Form1.cs」を右クリックし「コードの表示」を選ぶ
  - 「Form1.cs」を選択し、F7 キーを押す
- **Windowsフォームデザイナーを使って開く：**
  - 図1-26③のように、Windowsフォームデザイナー上で右クリックし「コードの表示」を選ぶ
  - Windowsフォームデザイナーを表示した状態で、「表示」メニューの「コード」をクリックする

図1-26 Form1.csをコードエディターで開く

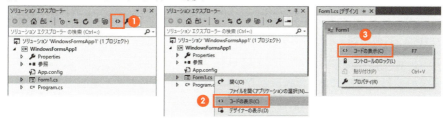

図1-27のようにコードエディターに切り替わり、ソースコードが表示されましたね。このコードを使って、C#の構造をかんたんに説明しましょう。

図1-27 コードエディターで開いたForm1.cs

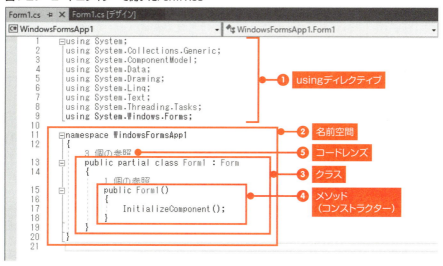

図1-27を見ると、C#プログラムはいくつかの階層で成り立っていることがわかります。「using」から始まる文と「namespace」から始まる文は同じ階層にあり、さらに「namespace」の文には「class」が含まれていますね。

この構造を理解するのには、ある程度のプログラミング知識が必要になります。6章以降で詳しく解説しますので、ここではまだ意味がわからなくても問題ありません。

●名前空間とusingディレクティブ

「namespace」キーワードは、プログラムの中身を分類するために使用します。これは「名前空間」と呼ばれ、ここでは「WindowsFormsApp1」という名前がついています（図1-27②）。

また、同じ階層にある「using」から始まる行をusingディレクティブといい、using以下に書いた文字は名前空間を表します（①）。usingディレクティブを使うことで、指定した名前空間を別の名前空間上で使うことができます。

これらについては、p.194で詳しく説明します。

●クラス

名前空間の中にはクラスを記述します。クラスは、オブジェクト指向の中心になる要素で、C#のプログラムは1つ以上のクラスで構成されています。ここでは、「Form1」という名前のクラスが定義されています（③）。

クラスについては、p.182で詳しく説明します。

●メソッド

オブジェクト指向では、「データ」と「処理」をまとめて「クラス」という単位で扱います。C#では、この「処理」部分を「メソッド」という単位で記述します。また、図1-27には記述されていませんが、「データ」のほうは「フィールド」と呼び、クラスの内部にメソッドと同じ階層で記述します。

④のような、クラスと同じ名前のメソッドは特別なメソッドです。「コンストラクター」と呼ばれ、クラスの初期化処理を行います。

これらについては、7章で詳しく説明します。

なお、⑤は「コードレンズ」と呼ばれる機能で、CommunityエディションではVisual Studio 2019から利用できるようになりました。これは、該当のシンボルが参照されている個数を示し、クリックすることで、参照箇所を調べることができます。

1-7 Microsoft Docsを活用しよう

「Microsoft Docs」には、Microsoft製品に関するさまざまなドキュメントが集められています。Visual StudioとVisual C#には、本当にたくさんの機能があります。Microsoft Docsを活用して調べながら開発を進めましょう。

F1キーでドキュメントを表示する

Visual Studioの画面上で、調べたい項目をマウスでクリックし（図1-28①）、そのまま F1 キーを押します（②）。すると、選択した項目に関するドキュメントがブラウザ上に表示されます（③）。図1-28では、ツールボックスの「DateTimePicker」を調べていますが、Windowsフォームデザイナー上に貼り付けたコントロールを選択しても、コードエディターでソースコードの一部を選択しても、同様の手順でドキュメントを表示することができます。

図1-28 F1キーによるMicrosoft Docsの表示

URLにアクセスしてMicrosoft Docsを表示する

Microsoft DocsのURLは以下です。ブラウザでアクセスしてください。

https://docs.microsoft.com/ja-jp/

「ドキュメント ディレクトリ」の「C#」を選択すると「C#のガイド」を参照することができます。検索欄に調べたいキーワードを入力して検索するか（図1-29①）、左側のノードを展開し、調べたい項目を参照してください（②）。

図1-29 Microsoft Docsで「算術演算子」を調べる

CHAPTER 2

名前を表示してコントロールとイベントを理解しよう

　Visual Studioの基本を押さえたところで、いよいよプログラミングを始めましょう。1章でインストールした「Visual Studio Community 2019」を使って、ラベルにテキストを表示するデスクトップアプリケーションを作成します。

本章で学習するC#の文法

- イベントとイベントハンドラ
- コメント
- ラベルにテキストを表示する

本章で学習するVisual Studioの機能

- コントロールの配置とプロパティの変更
- タブオーダー
- ビルド

この章でつくるもの

　テキストボックスに入力した名前をラベルに表示するデスクトップアプリケーションを作成します。

●完成イメージ
　テキストボックスに名前を入力し、「OK」ボタンをクリックすると、ラベルに「（テキストボックスに入力した名前）さん、こんにちは。」を表示します。

図2-1　例題の完成イメージ

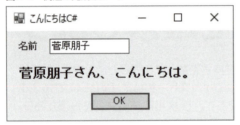

　1章で作成したアプリケーションは、C#のコードを打ち込むことなく、Visual Studioの機能だけでフォームを表示するものでした。この章では、ボタンクリックのイベントで呼び出されるイベントハンドラにC#のコードを記述して文字列を表示させます。アプリケーションを作りながら、コントロールとイベントについて理解していきましょう。

2-1 フォーム画面にコントロールを配置しよう

　図2-1「例題の完成イメージ」を参考に、作成するアプリケーションに必要なものを考えてみましょう。テキストを入力するための「テキストボックス」、テキストを表示するための「ラベル」、クリックするための「ボタン」が必要です。これらの部品は「コントロール」と呼ばれ、ツールボックスからWindowsフォームデザイナー上のフォームにドラッグ&ドロップして配置します。

　操作方法を順番に説明するので、一緒にアプリケーションを作ってみましょう。まず、p.26の「新しいプロジェクトの作成」を参考に、「HelloCSharp」という名前で新規にプロジェクトを作成してください。

フォームにコントロールを配置する

　次に、必要なコントロールをフォームに貼り付けていきます。図2-2①のように、ツールボックスの「Label」をフォームにドラッグ&ドロップしてください。すると、ラベルがフォームに貼り付きます（②）。

図2-2 フォームにラベルを追加する

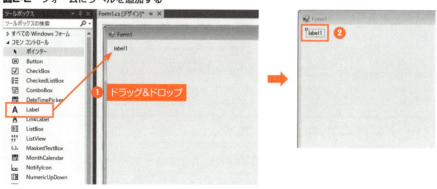

　同様に図2-3①のようにテキストボックスとボタンを追加してください。フォームにドラッグ&ドロップでコントロールを貼り付けるとき、コントロールの配置

045

を揃えやすいように補助線が表示されるので（②）、参考にするといいでしょう。

図2-3 テキストボックスとボタンの追加

コントロールのサイズを変更する

　このままではフォームが大きすぎるのでサイズを変更しましょう。コントロールをクリックすると、まわりに白い四角が出現します（図2-4①）。これは「サイズ変更ハンドル」と呼ばれ、この四角形をドラッグすることで自由にサイズを調整できます（②）。見栄えのよいようにフォームのサイズを変更しておきましょう。

図2-4 コントロールのサイズ変更

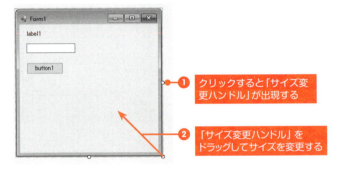

コントロールを移動する

　コントロールは、自由に場所を移動することができます。移動したいコントロールをクリックし、マウスポインタが ✥ に変わったらドラッグして、各コントロールの位置を図2-5のように変更してください。

図2-5 コントロールの移動

コントロールをコピーする

テキストボックスとボタンの間に新しいラベルを挿入します。ツールボックスから再びラベルを配置してもいいですが、コントロールはコピーが可能です。次のいずれかの方法で図2-6のようにラベルをコピーしたほうが効率的でしょう。

- 「label1」をクリックして選択し、Visual Studioの「編集」メニューで「コピー」をクリックし、続けて「貼り付け」をクリックする
- 「label1」を右クリックしてショートカットメニューを表示し、「コピー」をクリックし、続けて「貼り付け」をクリックする
- 「label1」をクリックして選択し、ショートカットキーの Ctrl + C を押す。続けて Ctrl + V を押す

図2-6 コントロールのコピー

コントロールの配置を整える

見栄えや使用感を高めるために、コントロールの配置を整えましょう。まず、配置を揃えたいコントロールを、 Ctrl または Shift キーを押しながら順にクリックするか、マウスドラッグで囲むかのどちらかで複数選択してください（図2-7①）。その後、「書式」メニューを選んでください（②）。

図2-7 コントロールの配置を整える

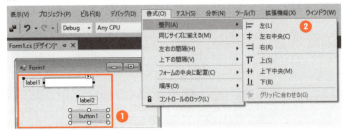

書式メニューには、コントロールの配置のために下記の機能が用意されています。適宜用いて配置を整えてください。

- **整列**：左、左右中央、右、上、上下中央、下
- **同じサイズに揃える**：幅、高さ、両方
- **左右の間隔**：間隔を均等にする、間隔を広くする、間隔を狭くする、削除
- **上下の間隔**：間隔を均等にする、間隔を広くする、間隔を狭くする、削除
- **フォームの中央に配置**：左右、上下
- **順序**：最前面へ移動、最背面へ移動

これらのメニューを使って、図2-8のように整えましょう。

図2-8 コントロールの配置例

コラム● コモンコントロール一覧

Visual C#には、たくさんのコントロールが用意されています。これらは、ツールボックスのアイコンをフォームにドラッグするだけで使用することができます。表2-1に最も基本的なコントロールであるコモンコントロールの機能をまとめます。

表2-1　コモンコントロール一覧

コントロール名	アイコン	機能
ボタン	Button	クリックしてアクションを発生させるボタン
チェックボックス	Check Box	ある条件がオンかオフかを示す
チェックリストボックス	CheckedListBox	スクロール可能なチェック ボックス
コンボボックス	ComboBox	直接入力も可能なドロップダウンリスト
デイトタイムピッカー	DateTimePicker	日時を入力できるドロップダウンのカレンダー
ラベル	Label	説明用の直接編集できないテキスト
リンクラベル	LinkLabel	ハイパーリンクの付いたラベル
リストボックス	ListBox	テキストの一覧表示
リストビュー	ListView	データ項目をアイコンや詳細表示などで一覧表示
マスクドテキストボックス	MaskedTextBox	入力の形式に制約を適用できるテキストボックス
マンスカレンダー	MonthCalendar	連続した複数の日付を指定できるカレンダー
ノーティファイアイコン	NotifyIcon	タスクトレイにアイコンを表示
ニューメリックアップダウン	NumericUpDown	上下の矢印ボタンで数値を選択し入力
ピクチャーボックス	PictureBox	ビットマップやアイコンなどの図を表示
プログレスバー	ProgressBar	時間のかかる処理の進行状況をバーで表示
ラジオボタン	RadioButton	複数の選択肢から1つだけを選択するボタン
リッチテキストボックス	RichTextBox	サイズや色などの書式付きテキストを表示や入力
テキストボックス	TextBox	テキストの表示や入力
ツールチップ	ToolTiP	コントロールの情報をポップアップ表示
ツリービュー	TreeView	項目を階層構造で表示
Webブラウザー	WebBrowser	フォーム内にWebページを表示

2-2 コントロールのプロパティを変更しよう

各コントロールは、名前やサイズ、色、表示する文字列などのプロパティ（属性）をもっています。プロパティは、コードエディターでも変更できますが、「プロパティウィンドウ」を使うと手軽に変更することができます。

Nameプロパティ

フォームおよびフォームに配置したコントロールには「label2」のように「コントロール＋番号」で名前が付けられています。このままにしておくと、同種のコントロールが増えていった場合に、どのコントロールを指しているのかわからなくなってしまいます。ですから、コントロールの名前は意味のわかりやすいものに変更しておきましょう。

「textBoxName」のように「コントロール＋意味」にしておくと、ソースコードを入力中に、Visual Studioのインテリセンス（p.59参照）の候補を絞り込みやすくなります。コントロールに付けた名前をすべて覚えておくことは大変ですので、インテリセンスの使いやすい名前付けを心がけましょう。

名前を変更するには、「Name」プロパティを編集します。テキストボックスをクリックし（図2-9①）、プロパティウィンドウのプロパティボタンを選択してから（②）Nameプロパティを「textBoxName」に書き換えてください（③）。

図2-9 Nameプロパティの変更

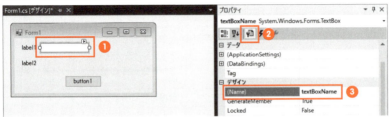

同様に、「label2」のNameプロパティを「labelMessage」に、「button1」のNameプロパティを「buttonOK」に変更しておきましょう。

Textプロパティ

フォームのタイトルバーやボタンなどのコントロールに表示されるテキストも、配置時に自動的に付けられたものから任意のものに変更することができます。それには、プロパティウィンドウの「Text」プロパティの値を書き換えます。

ボタンをクリックし（図2-10①）、プロパティウィンドウのTextプロパティを「OK」に書き換えてください（②）。すると、ボタンの表示文字が変更されます（③）。

図2-10　Textプロパティの変更

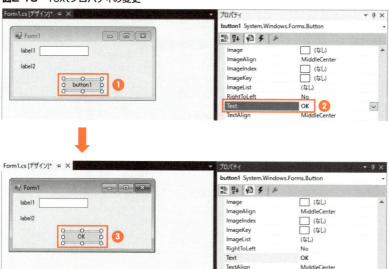

同様に、「Form1」のTextプロパティを「こんにちはC#」に、「label1」のTextプロパティを「名前」に変更してください。

Fontプロパティ

「Font」プロパティでは、文字のサイズやスタイルなど、フォントの見栄えを変更することができます。「label2」をクリックし（図2-11①）、プロパティウィンドウのFontプロパティを選択すると が表示されるので、それをクリックしてください（②）。すると「フォント」ダイアログボックスが表示されるので（③）、「フォント名」を「MS ゴシック」に、「スタイル」を「太字」に、「サイズ」を「12」にして「OK」ボタンを押してください（④）。フォントの書式が変更されます（⑤）。

図2-11 Fontプロパティの変更

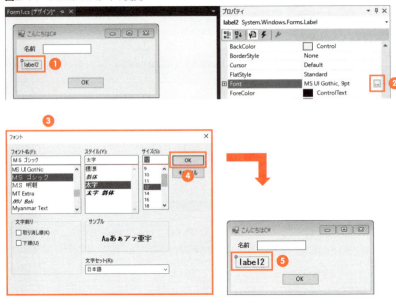

これで、Windowsフォームデザイナーを使っての編集は終わりです。次はいよいよソースコードを記述します。一旦、ここでF5キーを押して実行し、アプリケーションが正しく動作するか確認してみましょう。「OK」ボタンは使えませんが、テキストボックスにテキストを入力することはできますね。

2-3 イベントを発生させよう

Windows OSでは、マウスをドラッグしたり、クリックしたり、または、なんらかのキーを押すなどのアクションを起こすと「イベント」が発生します。何も操作をしないでコンピュータを放置しているとき、コンピュータは「イベント待ち」の状態になり、常にイベントの発生を監視しているのです。

Visual C#のプログラムでは、イベント待ちの状態のときにイベントが発生すると、それに反応して「イベントハンドラ」と呼ばれるプログラムのパーツが動作するように記述します。たとえば、「OKボタンをクリックしたときにラベルに文字列を表示したい」とします。その場合には、「OK」ボタンクリックのイベントで駆動するイベントハンドラに、ラベルに文字列を表示する処理を記述するのです。このように、イベントに応じてイベントハンドラで処理を行うようなプログラムの仕組みを、「イベントドリブン」と呼びます。

図2-12　イベントドリブンのイメージ

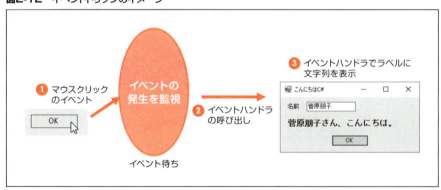

ボタンクリックのイベントハンドラの追加

イベントハンドラは、「Windowsフォームデザイナー」か「プロパティウィンドウ」のどちらかを用いて追加する必要があります。もし、これらの手続きを行わ

ずコードエディターに直接書き込むと、イベントと結びつかず、イベントが発生しても呼ばれることがありませんので注意してください。

●Windowsフォームデザイナーを用いたイベントハンドラの追加

それでは、「OK」ボタンをマウスクリックしたときに動作するイベントハンドラを、実際にソースコードに追加してみましょう。

Windowsフォームデザイナー上の「OK」ボタンをダブルクリックしてください（図2-13①）。すると、コードエディターに切り替わり、コードが追加されます（②）。これが、イベントハンドラです。このイベントハンドラの{と}の間にイベントで処理したい内容を記述していくのです。

図2-13 イベントハンドラの追加

●プロパティウィンドウを用いたイベントハンドラの追加

イベントハンドラの追加は、上記以外にも次の方法で行うことができます。

まず、「OK」ボタンをクリックして選択状態にします（図2-14①）。次にプロパティウィンドウの をクリックして、「イベント」を表示します（②）。「Click」の部分が選択されていると思いますので、この上をダブルクリックします（③）。すると、コードエディターに切り替わり、イベントハンドラが追加されます。

図2-14 プロパティウィンドウを用いたイベントハンドラの追加

なお、ボタンコントロールのイベントは、マウスポインタをボタンの上に重ねると発生する「MouseHover」やマウスポインタがボタンを離れると発生する「MouseLeave」など、「Click」以外にもたくさん用意されています。これらのイベントハンドラを記述する場合には、該当するイベントハンドラ名の上をダブルクリックしてください。

●イベントハンドラの書式

イベントハンドラの書式についてもかんたんに説明しておきましょう。

```
private void ButtonOK_Click(object sender, EventArgs e)
{            イベントハンドラ名
        //ここに処理を記述する
}
```

最初の「private」はアクセス修飾子と呼ばれるものですが、privateは「外に公開しない」という意味です。次の「void」は「戻り値がない」という意味の「戻り値のデータ型」です。privateは6章で、voidは4章で詳しく説明するので、今はあまり気にしなくて大丈夫です。

「ButtonOK_Click」はイベントハンドラの名前です。「buttonOK」を「Click」したイベントハンドラだということでVisual C#が自動的に名前を付けてくれます。これは変更することも可能ですが、そのまま使ったほうが意味がわかりやすいので変更しないほうがいいでしょう。

「object sender」はどのオブジェクト（ここでは「OK」ボタン）から呼ばれたかの情報で、「EventArgs e」はどんな手段（ここではクリックした座標など）で呼ばれたかの情報です。これらもあまり気にする必要はありません。クリックした座

標の位置を知りたいときなどには、これらから情報を得ます。

文字列のラベル表示とコメントの追加

次に、イベントハンドラが実行されたときの処理を記述します。図2-15のように囲みの部分をコードに入力してください。インテリセンス（p.59参照）を利用すると効率的に入力することができます。

図2-15 イベントハンドラにコードを追加する

●コメント

「//」で始まる部分を「コメント」と呼び、コードの注釈を記述します。コメントはコンパイラに翻訳されませんから自由に書くことができます。

コメントには次の2種類の記述方法があります。

●「//」から文末まではコメントとして扱われる

文の先頭に「//」を記述すると1行分がコメントになります。文の途中に書けば、そこから文末までがコメントになります。

使用例
```
// 1行分のコメント
labelMessage.Text = textBoxName.Text;    // ここから文末までコメント
```

●複数行をコメントにする場合には、「/*」と「*/」で囲む

ただし、/* */の中に/* */を書くネストはできないので注意してください。

使用例

```
/* 複数行に渡るコメントは
   このように囲んで記述
   する */
```

自分で書いたコードでもしばらくしてから読むと何をしているのか忘れてしまうものです。ですから、どのような処理をしている部分なのかがわかるように適切にコメントを入れましょう。

●ラベルに文字列を表示する

p.51「Textプロパティ」では、プロパティウィンドウで「Text」プロパティを設定すると、ラベルやボタンのテキストを自由に変更できることを説明しました。「Text」や「Font」のようなプロパティは、プロパティウィンドウを使わず、コードエディターで取得したり変更したりすることもできます。

```
labelMessage.Text = textBoxName.Text + "さん、こんにちは。";
```

このコードは、textBoxNameのTextプロパティを取得し、それに文字列の「さん、こんにちは。」を加え、labelMessageのTextプロパティに設定しています。「=」は「代入演算子」で、「右辺から左辺に値を代入する」ことを意味します。「+」は算術加算のほかに文字列の連結も行う演算子です。これらの演算子については3章で詳しく説明します。「.」も演算子ですが、7章で説明しますので、ここでは、「labelMessageのTextプロパティ」のように読んでください。

●セミコロン（;）

C#では、1つの文はセミコロン（;）で区切ります。ですから、

```
labelMessage.Text
        = textBoxName.Text + "さん、こんにちは。";
```

のように複数行に記述しても、コンパイラは1つの文とみなします。

では、ここまでの処理を F5 キーを押して実行して確認しましょう。テキストボックスにテキストを入力し（図2-16①）、「OK」ボタンをクリックしてください（②）。ラベルにテキストボックスの内容が表示（③）されれば成功です。もし、エラーが出たときには、コードに誤りがないかもう一度確認してください。

図2-16　実行例

フォームロード時に空文字列を追加する

さて、このアプリケーションは、labelMessageのTextプロパティに「label2」が設定されているので、実行すると図2-16の実行例のように「label2」と表示してしまいます。ですから、フォームが立ち上がるときにTextプロパティに空の文字列を代入して、この「label2」を表示しないようにしましょう。

フォームの何もコントロールが置かれていない部分でダブルクリックしてください（図2-17①）。すると、コードエディターに切り替わり、フォームロードのイベントハンドラが追加されます。フォームロードのイベントは、フォームが初めて表示される直前に発生します。ここに、囲み部分のコードを追加してください（②）。

図2-17　フォームロードのイベントハンドラ

""は長さ0の文字列で「空文字列」と呼ばれます。空文字列をラベルのTextに代入することで立ち上げ時に何も表示しないようにしています。

F5 キーを押して実行すると、今度はラベルに何も表示しませんね。

コラム● インテリセンスとインテリコード

　Visual C#では、コードエディターでコードを入力するときに、「インテリセンス」と呼ばれる入力支援機能（候補のリスト表示）を使うことができます。この候補から選んだ単語を Tab キーでコードに挿入することができます。もし、インテリセンスが出てこないときには、Ctrl + Space キーで出せますので、積極的に利用してコード入力の効率を上げましょう。

図2-18 インテリセンス

インテリセンスの働きで、「textb」を含む名前が候補として表示されるので、↑↓キーで選んで Tab キーでコードに挿入する

　また、Visual Studio 2019からは、「インテリコード」というAI機能を搭載した入力予測が利用できるようになりました。もし、インテリコードがVisual Studioにインストールされていない場合には、「拡張機能」メニューの「拡張機能の管理」で「intellicode」を検索してインストールしてください。

図2-19 インテリコード

インテリコードおすすめの候補が★マーク付きで表示される

2-4 タブオーダーを設定する

Tabキーを押してコントロール間でフォーカスを移動するタブオーダーは、規定ではコントロールを作成した順番ですが、独自の順番に変更できます。

タブオーダーの設定を変更する

Windowsフォームデザイナーに切り替え、「表示」メニューの「タブオーダー」をクリックするとタブオーダーの選択モードが有効になり、各コントロールの左上端に、「TabIndex」プロパティを表す数字が表示されます[1]。テキストボックス→ボタンの順にコントロールをクリックすると、図2-20のようにタブオーダーを変更することができます。設定が終わったら、「表示」メニューの「タブオーダー」をもう一度クリックして、タブオーダーモードを終了します。

なお、ラベルはフォーカスを受け取りませんので無視してかまいません。

図2-20 タブオーダーの設定変更

TabIndexプロパティとTabStopプロパティ

このTabIndexプロパティの値は、プロパティウィンドウを使って変更することもできます。また、フォーカスを移動しないように設定することも可能です。テキストボックスは、「ReadOnly」プロパティを「True」にすることで書き込み不可を設定することができますが、書き込み不可でもタブでフォーカスが移動します。フォーカスを移動させたくない場合には、「TabStop」プロパティを「False」にしてください。フォーカス移動がスキップされます。

---

[1] Visual Studio 2019のバージョンによっては、「タブオーダー」をクリックしても動作しないものがあるようです。その場合は、「ツール」-「オプション」-「環境」-「全般」の「ピクセル密度が異なる画面のレンダリングを最適化する」のチェックを外してVisual Studioを再起動してください。

2-5 ビルドの仕組みを理解する

　1章と2章をとおして2つのアプリケーションを作成しました。いずれも、F5キーか「デバッグ」メニューの「デバッグ開始」で実行させてきました。実は、この実行の前に、「ビルド」と呼ばれる実行ファイルを作成する処理が行われています。

　p.38の図1-25を参考に、ソリューションエクスプローラーを「フォルダービュー」に切り替え、「HelloCSharp」-「bin」-「Debug」フォルダを開いてみてください。「HelloCSharp.exe」というファイルがあると思います。これが、HelloCSharpプロジェクトの実行ファイルです（確認し終わったら、ソリューションエクスプローラーはソリューションビューに戻しておきましょう）。

　この実行ファイルは、図2-21のような過程で作成され、この一連の作業を「ビルド」と呼びます。p.20で説明したようにVisual C#のコンパイラはソースコードを中間言語のMSILに変換します。その後、MSILはそのほかの必要なファイルと結合され実行ファイルが作られます。

図2-21　ビルドの過程

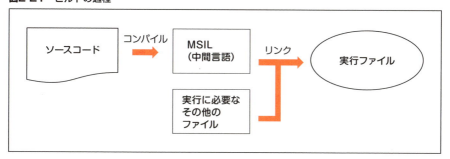

　このビルドには、「デバッグ構成でのビルド」と「リリース構成でのビルド」の2種類があります。

●デバッグ構成でのビルド

　デバッグとは、プログラムのバグと呼ばれるエラーを検出して修正する作業で、デバッガと呼ばれるソフトウェアを使って行います。デバッガの使い方については4章で説明しますが、「デバッグ構成でのビルド」は、このデバッガを使うための情報を含む実行ファイルを生成します。そのため、ファイルの大きさは大きくなり、実行させたときの速度も遅めになります。しかし、アプリケーション開発時にはデバッグ作業は不可欠なので、通常はデバッグ構成でビルドを行います。

●リリース構成でのビルド

　リリース構成でのビルドは、アプリケーションを配布するときに行われるビルドです。生成した実行ファイルにはデバッガが使うための情報は含まれていません。その分、容量は小さく、処理速度も早くなります。

　デバッグ構成とリリース構成を切り替えるには、図2-22のようにツールバーの「ソリューション構成」を「Release」に切り替えます（普段は「Debug」にしておきましょう）。

　この状態でプログラムを実行するには、「デバッグ」メニューの「デバッグなしで開始」をクリックするか、Ctrl + F5 キーを押してください。すると「HelloCSharp」-「bin」-「Release」フォルダに実行ファイルが作られます。

図2-22　デバッグ構成とリリース構成の切り替え

練習問題　　プロジェクト名：ControlCheck

「チェックボックス」「ラジオボタン」「ニューメリックアップダウン」（p.49のコラムを参照）の状態をラベルに表示するWindowsフォームアプリケーションを作成してください。

●完成イメージ

図2-23 練習問題の完成イメージ

●アプリケーションの仕様

(1) プロジェクト名「ControlCheck」で、「Windowsフォームアプリケーション」を新規作成してください（1-4参照）。

(2) 各コントロールをフォームに貼り付け、表2-2のようにプロパティを変更し（2-1～2-2参照）、タブオーダーが、①→②→③→⑤の順に移動するように設定してください（2-4参照）。

図2-24 Form1のコントロールの配置

表2-2 Form1のコントロールのプロパティ

	コントロール	Nameプロパティ	その他のプロパティ	
	Form	Form1	Text	コントロールの状態
①	CheckBox	checkBox1	Text	チェックボックス
②	RadioButton	radioButton1	Text	ラジオボタン1
③	RadioButton	radioButton2	Text	ラジオボタン2
④	Label	label1	Text	ニューメリックアップダウン
⑤	NumericUpDown	numericUpDown1	TextAlign	Right
⑥	Label	labelCheckBox	Text	label1
⑦	Label	labelRadioButton1	Text	label2
⑧	Label	labelRadioButton2	Text	label3
⑨	Label	labelNumericUpDown	Text	label4

⑶ 次のイベントハンドラに処理を記述してください。

①Form1_Loadイベントハンドラ

4つのコントロールの状態をラベルに初期表示してください。
たとえば、checkBox1の状態は

```
labelCheckBox.Text
    = "チェックボックス：" + checkBox1.Checked;
```

のように表示します。

ラジオボタンの状態は「ラジオボタンのName.Checked」で、
ニューメリックアップダウンの状態は「ニューメリックアップ
ダウンのName.Value」で取得できます。

②CheckBox1_CheckedChangedイベントハンドラ

checkBox1の状態をラベルに表示してください。

③RadioButton1_CheckedChangedイベントハンドラ

radioButton1の状態をラベルに表示してください。

④RadioButton2_CheckedChangedイベントハンドラ

radioButton2の状態をラベルに表示してください。

⑤NumericUpDown1_ValueChangedイベントハンドラ

numericUpDown1の値をラベルに表示してください。

CHAPTER 3

消費税を計算して変数と演算子を理解しよう

この章では、消費税を計算するデスクトップアプリケーションを作成し、プログラミングに欠かせない、変数と演算子について学びます。

本章で学習するC#の文法
- 変数
- リテラル
- 定数
- 演算子
- エスケープシーケンス
- データ型が異なるものどうしの演算

この章でつくるもの

　「金額」を入力すると「消費税」を加えて「税込金額」を表示するデスクトップアプリケーションを作成します。

図3-1　例題の完成イメージ

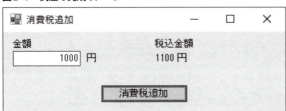

　この章で作成する例題のアプリケーションは、「金額を入力すると税込金額を表示する」というかんたんなものです。けれども、こんな単純なアプリケーションでも押さえなければいけない文法事項がたくさんあります。

　本章以降では、まず、例題のアプリケーションの作成に必要となる文法事項を解説します。その後に、例題の作成手順を示します。もし、先に実行結果を確認したいという方は、章の終わりの作成手順を参考に、例題を作成してからこのページに戻ってきてください。

　文法事項の説明は少し難しいかもしれませんが、アプリケーションを開発するためには必要な内容ですので、がんばって理解していきましょう。

3-1 変数のデータ型をきめる

コンピュータの中にはメモリが存在し、メモリにはたくさんのデータが格納されています。プログラムを使ってこれらのデータを操作する場合、あらかじめ変数という入れ物を用意する必要があります。メモリは広大な0と1の信号が並んだ平野のようなものですが、そこに囲いをして、「ここは整数を格納するために使うよ」「ここは文字列を格納するために使うよ」というように決めてやるのです。

この囲いのことを「変数」と呼び、どのように使うか決めることを「データ型」と呼びます。データは0と1の信号ですが、整数、浮動小数点数（実数）、文字列ではそれぞれその表現方法が異なるのです。ですから、どんなデータをメモリに格納するのか最初に決めてやる必要があります。

図3-2　変数のメモリ上のイメージ

データ型

C#では表3-1のような「組み込みデータ型[1]」が用意されています。表3-1では、「型名」とは別に「.NET Framework型」が記述されていますが、これは、.NET FrameworkのSystem名前空間（p.192参照）で定義されている型です。「int」のような型名は.NET Framework型のエイリアス（別名）になります。つまり、「int」も「System.Int32」もどちらを使ってもプログラムの結果は同じになります。本書では、「型名」のほうを用いています。

表3-1にあるように、C#の組み込みデータ型はたくさんありますが、初心者に押さえておいてもらいたいのは網掛けで示した5つです。まずはこの5つをきちんと使えるようになってください。

---

[1] C#のデータ型には、あらかじめ言語仕様に用意されている「組み込み型」と、ユーザが自由に定義できる「ユーザ定義型」（p.183参照）があります。

表3-1　C#の組み込みデータ型（あらかじめ用意されている変数の型）

形式			型名	.NET Framework型	およその扱える範囲
数値型	整数型	8ビット整数 符号付き	sbyte	System.SByte	−128 〜 127
		8ビット整数 符号無し	byte	System.Byte	0 〜 255
		16ビット整数 符号付き	short	System.Int16	−32,768 〜 32,767
		16ビット整数 符号無し	ushort	System.UInt16	0 〜 65,535
		32ビット整数 符号付き	int	System.Int32	−2,147,483,648 〜 2,147,483,647
		32ビット整数 符号無し	uint	System.UInt32	0 〜 4,294,967,295
		64ビット整数 符号付き	long	System.Int64	−9,223,372,036,854,775,808 〜 9,223,372,036,854,775,807
		64ビット整数 符号無し	ulong	System.UInt64	0〜18,446,744,073,709,551,615
	実数型	浮動小数点型	float	System.Single	約±1.5×10^{-45} 〜 ±3.4×10^{38}
		浮動小数点型	double	System.Double	約±5.0×10^{-324} 〜 ±1.7×10^{308}
		10進小数	decimal	System.Decimal	±1.0×10^{-28} 〜 ±7.9×10^{28}
論理値型			bool	System.Boolean	falseとtrueのみ
文字型			char	System.Char	Unicode文字
文字列型			string	System.String	Unicode文字列
オブジェクト型			object	System.Object	任意の型

●整数型

　整数型は、格納できる数値の範囲と符号の有無により、sbyte、byte、short、ushort、int、uint、long、ulongの8つに分類されます。以下に代表的な整数型であるintとuintを説明します。

●int型

　intは、符号付きの整数を扱う型です。型の中では最もよく使われます。

```
int a = 123;
```

と宣言すると、int型の変数aを123という整数で初期化（宣言した変数に値を代入）できます。

　大きさは4バイト（32ビット）です。32ビットで扱える数値は2^{32}（＝4,294,967,296）通りですが、負数も含め、−2,147,483,648〜2,147,483,647の数値を表現します。

● uint型

uint型は符号ビットをもたず、すべてのビットで数を扱います。ですから、負数は扱えませんが正の数値の範囲はint型の倍になります。

● 実数型

float、double、decimalは小数点がある数値を扱う型です。

● float型とdouble型

floatとdoubleは浮動小数点型で、小数部をもつ数を格納することができます。浮動小数点型は、小数点の位置が動くのでこのように呼ばれます。

```
double x = 3.25;
```

と宣言すると、double型の変数xを3.25という浮動小数点数で初期化できます。

doubleは64ビットサイズですが、floatは32ビットです。そのため、floatよりもdoubleのほうが精度も高くなります。浮動小数点数を扱う場合、通常はdoubleを使うようにしてください。

● decimal型

10進数の小数を2進数に基数変換する場合、多くのものは循環小数といって永遠に同じパターンを繰り返します。たとえば、10進数の「0.1」は2進数では「0.0001100110011…」になり、「0011」を永遠に繰り返すのです。それを有限のメモリに格納するので、適当な箇所で四捨五入や切り捨てなどを行い丸める必要があります。このときに生じるのが「丸め誤差」です。floatやdoubleは、この誤差が付きものです。

しかし、金利の計算など、誤差が入り込むと困る処理はたくさんあります。そのような場合には、「decimal」を使いましょう。decimalは、有効桁数の範囲内という条件はありますが、内部的に10進数のため誤差を生じません。

ただし、decimalのサイズは大きいので、多少の誤差を気にする必要のない場合には、「double」を使ってください。

また、「decimal d = 0.1;」のように、そのまま数値を代入するとコンパイルエラーが発生します。この場合にはサフィックス（p.77参照）の「M」か「m」を付けて、

```
decimal d = 0.1M;
```

と記述します。

●論理型

bool型は、「true」（真）か「false」（偽）のどちらかの値だけをもつデータ型です。

```
bool flag = true;
```

と宣言すると、bool型の変数flagをtrueで初期化します。

bool型は、真と偽を判定したり、ON／OFFやYes／Noの状態など二者択一の情報を管理するために使われます。

●文字型

char型は、Unicodeの1文字を格納する型です。文字コードには、7ビットで英数字記号などを扱うASCIIや、日本語の文字を扱うために策定されたShift JISなど多くの種類が存在します。Unicodeは、世界中の主要な言語を扱うために策定された文字コードです。

```
char c = 'A';
```

のように宣言すると、文字型の変数cを「A」の文字コードで初期化します。このとき、文字「A」はシングルクォーテーション（'）で囲みます。囲まずにAと書くと、Aという変数を代入することになってしまうので注意してください。

●文字列型

string型は、Unicodeの文字列を格納する型です。

```
string s = "ABC";
```

と宣言すると、文字列型の変数sを文字列「ABC」で初期化します。このとき、文

字列「ABC」はダブルクォーテーション(")で囲み"ABC"と書きます。"で囲めば、「""」のように文字がなくても文字列として扱われます（この「""」は「空文字列」と呼ばれます）。プログラミング言語によってはシングルクォーテーション、ダブルクォーテーションどちらで囲んでも文字列を表すものもありますが、C#では文字列はダブルクォーテーションで囲むので注意してください。

変数の宣言

　変数は使用する前にデータ型を指定して宣言しなければなりません。変数を宣言すると、値を格納するための領域がメモリ上に確保されます。宣言場所は変数を使う前ならどこでもかまいませんが、場所によって変数にアクセスできる有効範囲（スコープ）が異なります。有効範囲については6-3で説明します。

構文　変数の宣言
```
データ型 変数名;
```

使用例
```
int a;
double x, y;
```

　同じデータ型の変数は、カンマ(,)で区切ってまとめて宣言することもできます。

変数名の付け方

●名前付けの規則を守る

　変数名に限らずプログラム中で名前を付ける必要のあるものを「識別子」と呼びます。識別子の名付け方には次のような規則がありますので守ってください。

● 使用できる文字

＊英文字（a〜zとA〜Z）

　大文字と小文字は区別されます。

＊数字（0〜9）

　先頭に数字を書くことはできないので注意してください。

＊アンダースコア（_）

　そのほか日本語の文字やローマ数字、ギリシャ文字なども使うことができますが、入力変換の手間や、グローバルな環境でのプログラム開発のことを考えれば、これらの文字で識別子名を付けることは避けたほうがいいでしょう。

● 使用できない名前

＊C#の文法で決められているキーワード

　ただし、キーワードを含む名前は使えます（doはNGですがdotはOKです）[2]。

＊使用できる文字以外を使った名前

＊数字で始める名前

　これらを間違えて使った場合には、Visual Studioがコードエディター上で波線を付けてエラーを教えてくれます。ですから神経質にならなくても大丈夫です。

●意味のわかりやすい名前を付ける

　規則ではありませんが、読みやすいプログラムを作るために、意味のわかりやすい名前を付けることは重要です。Visual Studioでは、コードエディター上で途中まで変数名を入力するとインテリセンス（p.59参照）が候補を表示して入力のサポートをしてくれます。ですから、省略した短い名前より、長くても用途をきちんと説明した名前を付けるほうがよいでしょう。

　いくつかの単語を連結して名前にする場合は、区切りの単語の先頭を次のように大文字にするのが慣例です。

```
bool alarmSetFlag;      // アラームセット中フラグ
```

---

2 「@do」のように、先頭に@（アットマーク）を付ければ識別子として使えますが、可読性を考えればあまり好ましくはありません。

また、書き始めの単語を用途に応じて決めたり、大文字小文字を使い分けたりなどの慣例もあります。所属するグループによって決められている場合が多いので、それに従うようにしてください。独学の場合には、自分なりの規則を決めておくといいでしょう。

変数の代入と初期化

　変数に値を格納することを代入と呼び、代入演算子「=」(p.83参照) を使って記述します。この「=」は数式の等号とは異なり、右辺から左辺に値を代入する演算子です。

構文　変数の代入

```
変数名 = 値;
```

使用例

```
int a;
a = 123;
```

　実は、変数は宣言した場所によって「ローカル変数」と「フィールド」に分けられますが (6-3参照)、この章で説明している変数はすべてローカル変数です。宣言しただけで何も値を代入していないローカル変数は「未割り当ての状態」です。このまま使用すると、「未割り当てのローカル変数が使用されました。」というコンパイルエラーが発生します。

```
int a, b;
b = a;  ← 「未割り当てのローカル変数'a'が使用されました」というエラーが発生
```

　ですから、変数は使用する前に値を代入する必要があります。C#では、宣言時に値を代入し、初期化することができます。

構 文	変数の初期化

```
データ型 変数名 = 初期値;
```

使用例

```
int a = 10;
```

値を代入した変数をさらにほかの変数に代入することもできます。

```
int a, b;
a = 10;          // aは10
b = a;           // bは10
```

この場合、aを代入したbも10になります。

2つの変数の値を入れ替える場合には注意が必要です。次のように作業用の変数を用意しなければいけません。

```
// 2つの変数の値を入れ替える例
int a = 10, b = 20;
int temp;          // 作業用の変数
temp = a;
a = b;
b = temp;
```

もし、作業用の変数を用意しないで、

```
// 2つの変数の値を入れ替える間違い例
int a = 10, b = 20;
b = a;
a = b;
```

のようにすると、「b = a;」の段階でbは10になってしまい、bに最初に格納されていた20は上書きされてしまいます。つまり、aもbも10になるので入れ替えることはできません。

コラム ● var型

　var型はC# 3.0[3]から使用できるようになった暗黙の型です。ローカル変数
（p.202参照）の宣言の際、初期化とともに、

```
var a = 10;
var x = 1.23;
```

のように記述すると、10は`int`で1.23は`double`なので、コンパイラが変数の型
を推論し、

```
int a = 10;
double x = 1.23;
```

と書いたのと同じことになります。
　上記の例では、コンパイラは変数aが`int`型だと判断しているので、宣言の後
に

```
a = 10.2;            // 異なる型の代入はコンパイルエラー
```

のように浮動小数点型のリテラル（p.76参照）や変数などを代入しようとす
るとコンパイルエラーになります。また、

```
var b = 1, c = 2;    // 複数宣言はコンパイルエラー
```

のように、カンマ区切りで一度に複数の変数を宣言することはできません。
　varを使用するかどうかについてはいろいろな意見があり難しいところです
が、プログラミング初心者のみなさんは、varで型をコンパイラに推論させる
のではなく、`int`や`double`という具体的な型名を記述したほうがいいと思います。

---

[3] 本書執筆時のC#の最新バージョンは2018年にリリースされた7.3です。

3-2
直接コードに記述するリテラル

さて、ここまでの説明で、変数に代入してきた10や20、'c'や"ABC"を単に数や文字、文字列と表現しましたが、プログラムに直接記述される数値や文字列のことを正しくは「リテラル」と呼びます。

整数リテラル

整数リテラルは2進数、10進数、16進数という3つの形式で記述できます。16進数の場合には先頭に「0x」または「0X」を付け、0〜9、a〜f、A〜Fの文字で記述します。また、2進数リテラルはC#7で追加になったもので、先頭に「0b」または「0B」を付け、0と1で2進数を表します。

```
int a = 123;          // 10進数
int b = 0x12AB;       // 16進数
int c = 0b1010;       // 2進数
```

浮動小数点リテラル

浮動小数点リテラルには小数点を使った10進数の表記と「e」または「E」を使った指数表記があります。指数表記では「123×10^{-2}」を「123e-2」と記述します。

```
double x = 1.23;      // 10進数の表記
double y = 123e-2;    // 指数表記
```

ブール型リテラル

ブール型リテラルには「true」と「false」の2種類があります。

```
bool flag = true;
```

文字リテラル

文字リテラルは1文字を表し、'A'のように文字をシングルクォーテーション(')
で囲んで示します。

```
char c1 = 'A';  // 半角文字
char c2 = '亜'; // 全角文字
```

文字列リテラル

文字列リテラルは文字列を、"ABC"のようにダブルクォーテーション(")で囲
んで示します。

```
string s = "Time is money.";
```

サフィックス

C#では、数値リテラルを、「小数点がある」または「指数表記」の場合にdouble
型とみなします。それ以外は大きさに応じて、int、uint、ulong、longとみなさ
れます。明示的にリテラルの型を指定する場合には、サフィックスと呼ばれる接
尾語を付加します。サフィックスには以下のものがあります。なお、longのサフィッ
クスは、小文字で書くと数字の「1」と間違いやすいので大文字で書いたほうがい
いでしょう。

表3-2　サフィックス

型	サフィックス	例
decimal	Mまたはm	decimal dec = 123.45M;
double	Dまたはd	double d = 123D;
float	Fまたはf	float f = 123.45F;
long	Lまたはl	long a = 1L;
uint	Uまたはu	uint b = 1U;
ulong	ULまたはulまたはLUまたはlu	ulong c = 1UL;

✏️コラム● エスケープシーケンス

　文字リテラルや文字列リテラル中で、改行やタブなどの制御コードは「エスケープシーケンス」と呼ばれる「¥」を付けた表記方法で記述します。以下はよく使われるので覚えておきましょう。

表3-3 代表的なエスケープシーケンス

エスケープシーケンス	文字の意味	記述例	表示例
¥n	改行	"改行¥nしました"	改行 しました
¥t	水平タブ	"タブ¥tです"	タブ　です
¥'	シングルクォーテーション	"文字は¥'で囲みます"	文字は'で囲みます
¥"	ダブルクォーテーション	"文字列は¥"で囲みます"	文字列は"で囲みます
¥¥	¥マーク	"100円は¥¥100と書きます"	100円は¥100と書きます

3-3 変更されない値は定数にする

変数は、「変わる数」と書くように、リテラルやほかの変数を代入することによって値を変えることができます。しかし、中には一定で、プログラム中で変えられては困る値も存在します。

そのような場合には、「const修飾子」を付けることで値を変えることのできない「定数」にすることができます。定数は、宣言するときに初期化する必要があります。なお、定数として使えるのはp.68の表3-1に示した組み込み型（objectを除く）のみで、ユーザ定義型（p.183参照）は定数にすることはできません。

構文 | **定数の宣言**

```
const データ型 定数名 = 初期値;
```

たとえば、1日は24時間と決まっているので、以下のように定数として宣言すると、値をプログラム中で書き換えることがないので安心です。

```
// 定数宣言の例
const int DayHours = 24;        // 1日は24時間
```

定数は宣言後に値を代入しようとするとエラーになります。

```
// 定数の間違った使用例
const int DayHours;
DayHours = 24;                  // コンパイルエラー
```

1日の時間数のように不変の値、消費税率のように一度決められたらめったに変わらない値、入力の上限値や下限値のようにそのプログラム中で変更しない値は定数にしましょう。

消費税を計算して変数と演算子を理解しよう

079

3-4

演算子で計算する

　プログラミングでは、リテラル、変数、定数などを使って演算を行い、その結果を変数に格納しながら処理を進めていきます。C#にはたくさんの演算子が用意されていますが、ここでは、特によく使われる、算術、代入、比較を行う演算子を説明します。

算術演算

四則演算や剰余（余り）、1だけの加算／減算を行います。

●算術演算子

四則演算と余りを求めるための演算子です。

表3-4　算術演算子

演算子	使用例	使用例の意味
+	a + b	aとbを足す
-	a - b	aからbを引く
	-a	符号を反転する（aが10なら結果は−10になる）
*	a * b	aとbを掛ける
/	a / b	aをbで割る
%	a % b	aをbで割った余り（aが10、bが3なら結果は1になる）

　特に問題ないと思いますが、以下の点は注意してください。

080

● **整数型どうしの除算は小数点以下が切り捨てられ整数になる**

`使用例`

```
int a , b = 10;
a = b / 3;                // aは3
```

● **「%」は整数型だけではなく、浮動小数点型でも用いることができる**

`使用例`

```
double a, b = 10.5;
a = b % 3.0;              // aは1.5
```

● **「/」と「%」は0で割ることはできない**

0で割ると「ゼロ除算」と呼ばれる例外（p.121参照）が発生します。これは、コンピュータの演算では、ゼロで割って得られる値は無限大に発散してしまうためです。みなさんがお使いの電卓でも0で割り算をしようとするとエラーを表示するはずです。

`使用例`

```
int a = 10, b = 0;
int c = a / b;            // ゼロ除算エラー
```

●インクリメント／デクリメント演算子

1だけの加算と減算を行う演算子です。

表3-5　インクリメント／デクリメント演算子

演算子	使用例	使用例の意味
++	++a	aに1を加える（aが10なら結果は11になる）
	a++	aに1を加える（aが10なら結果は11になる）
--	--a	aから1を引く（aが10なら結果は9になる）
	a--	aから1を引く（aが10なら結果は9になる）

「++a」（または「a++」）は、「a = a + 1」と意味的には同じです。同様に、「--a」（または「a--」）も、「a = a - 1」と意味的に同じです。1だけの加算や減算を行う場

3

消費税を計算して変数と演算子を理解しよう

081

合には、インクリメント／デクリメント演算子を用いるのが一般的です。

「++a」(前置演算)と「a++」(後置演算)は単体で用いた場合、結果はまったく同じですが、代入演算子などと組合わせて用いた場合には結果が異なってくるので注意が必要です。

- **前置演算**：aの値を使用する前にインクリメントする
- **後置演算**：aの値を使用した後にインクリメントする

という決まりがあり、

```
int a = 2, n;
n = ++a;                  // aは3, nは3
```

の場合には、代入の前にaに1が加算され3になります。それから代入が行われるので、nは3になります。

一方、

```
int a = 2, n;
n = a++;                  // aは3, nは2
```

の場合には、先に代入が行われてからaに1が加算されます。ですから、nは2で、aは3になります。

●文字列連結演算子

+演算子は数値だけではなく文字列を連結する場合にも使用されます。

表3-6　文字列連結演算子

演算子	使用例	使用例の意味
+	s1 + s2	s1が"every"、s2が"day"の場合、結果は"everyday"になる

代入演算

代入演算子は変数や配列（9-1参照）などに値を代入するために使われます。代入は「=」演算子を使って行われ、数式の等号とは異なり、右辺から左辺に値を代入します。

●単純代入演算子

右辺から左辺に値を代入します。

表3-7　単純代入演算子

演算子	使用例	使用例の意味

=	int a, b;
	a = 20;
	b = a;
		整数型変数aとbを宣言
		変数aに20を代入
		変数bに変数aの値を代入（変数bは20になる）

異なる型、たとえば浮動小数点型を整数型に代入するような場合には注意が必要です（3-5参照）。

●複合代入演算子

演算と代入を1つの演算子にまとめたものです。

表3-8　複合代入演算子

演算子	使用例	使用例の意味
+=	a += b;	a = a + b;と同じ結果が得られる
-=	a -= b;	a = a - b;と同じ結果が得られる
*=	a *= b;	a = a * b;と同じ結果が得られる
/=	a /= b;	a = a / b;と同じ結果が得られる
%=	a %= b;	a = a % b;と同じ結果が得られる

「a = a + b;」と書くより、「a += b;」と書くほうが簡潔になります。そのため、一般的に複合代入演算子を用いるほうが好まれます。

この複合代入演算子は、算術演算子だけではなく、「文字列連結演算子（p.82参照）」や「論理演算子」と「シフト演算子」[4]でも使うことができます。

4　本書では、論理演算子とシフト演算子は扱いません。

比較演算

4-2で説明する「選択制御」や5-2で扱う「繰り返し制御」では、選択や繰り返しの条件を決定するために「関係演算子」と「条件論理演算子」を使用します。

●関係演算子

関係演算子は、2つの値を比較してブール値（trueかfalse）の結果を返す演算子で、表3-9のものがあります。「等しい」は「=」ではなく「==」と書くので注意してください。なお、使用例の「if」は選択制御を行う制御文です。4章で詳しく説明します。

表3-9　関係演算子

演算子	意味	使用例	使用例の意味
>	より大きい	if (a > b)	aはbより大きいか？
>=	より大きいか、等しい（以上）	if (a >= b)	aはb以上か？
<	より小さい	if (a < b)	aはbより小さいか？
<=	より小さいか、等しい（以下）	if (a <= b)	aはb以下か？
==	等しい	if (a == b)	aとbは等しいか？
!=	等しくない	if (a != b)	aとbは等しくないか？

●条件論理演算子

複数の条件を組み合わせることのできる演算子で、表3-10の3種類があります。

表3-10　条件論理演算子

演算子	意味	使用例	使用例の意味
&&	論理積（かつ）	if (a >= 0 && a <= 100)	aは0以上かつ100以下か？
||	論理和（または）	if (a < 0 || a > 100)	aは0より小または100より大か？
!	論理否定（でない）	if (!(a >= 0 && a <= 100))	aは0以上かつ100以下ではないか？

演算子の優先順位

C#には本書で取り上げる以外にもたくさんの演算子が存在します。これらの演算子には優先順位が存在するので注意してください。数式と同じように()を使うと、()の中が先に演算されます。

表3-11はC#の演算子を優先順位別にグループにまとめたものです。上のものほど優先順位が高くなります。同じグループの演算子の優先順位に差はなく、原則として次のように左側から右側に処理されます。

```
d = a + b - c;   // a + b の結果からcを引く
```

ただし「条件（?:）」（p.110参照）と「代入」は右側の演算が先になります。

```
a = b = 100;      // 「b = 100」の結果をaに代入
```

表3-11　C#の主な演算子の優先順位

カテゴリ	演算子	優先順位
基本式	x.y x?.y f(x) a[x] x++ x-- new typeof checked unchecked	高い
単項式	+ - ! ~ ++x --x (キャスト)x	
乗算式	* / %	
加法式	+ -	
シフト	<< >>	
関係式と型検査	< > <= >= is as	
等値式	== !=	
論理 AND	&	
論理 XOR	^	
論理 OR	|	
条件 AND	&&	
条件 OR	||	
null 合体	??	
条件	?:	
代入	= *= /= %= += -= <<= >>= &= ^= |=	低い

085

3-5 データ型が異なるものどうしの演算

　浮動小数点型の変数を整数型の変数に代入するような場合には、データ型が異なるので注意が必要です。このように式中に複数のデータ型が混じっている場合には、いろいろと複雑な規則があるのですが、ここではよく出くわすパターンのみを解説します。

暗黙の型変換

　データ型が異なる変数どうしの演算では、いずれかの型に揃えて演算が行われます。この場合、自動的にコンパイラが行う型変換を「暗黙の型変換」と呼び、表3-12のように変換によって情報が失われない場合に行われます。これ以外の場合にはコンパイルエラーが発生します。

表3-12　暗黙の型変換

変換元	変換先
sbyte	short、int、long、float、double、decimal
byte	short、ushort、int、uint、long、ulong、float、double、decimal
short	int、long、float、double、decimal
ushort	int、uint、long、ulong、float、double、decimal
int	long、float、double、decimal
uint	long、ulong、float、double、decimal
long	float、double、decimal
ulong	float、double、decimal
char	ushort、int、uint、long、ulong、float、double、decimal
float	double

●右辺に型が混在する場合

右辺に表3-12に示す型が混在した式では、変換元から変換先に一時的に型変換してから演算します。たとえば次の「x * a」の式では、int型の変数aがdouble型に一時的に変換されて、doubleで演算されます。

```
int a = 10;
double x = 3.2, y;
y = x * a;          // 右辺はdouble型で演算される
```

●代入する場合

表3-12に示す型の代入では、右辺の型は自動的に左辺の型に変換されます。次の「x = a」の式では、左辺の型がdoubleなので、double型の10.0が結果になります。

```
int a = 10;
double x = a;
```

明示的な型変換

情報が失われる型変換の場合には、キャスト演算子を用いて「明示的な型変換」を行う必要があります。

構文 | **キャスト**

（データ型）変数またはリテラル

●左辺の小さな型に右辺の大きな型を代入する場合

次のように左辺の小さな型に右辺の大きな型を代入しようとすると、収まりきらないため、コンパイルエラーが発生します。

```
int a;
double x = 123.456;
a = x;              // コンパイルエラー
```

この場合、強制的に代入を行うには、キャスト演算子を使い、次のように記述します。

```
int a;
double x = 123.456;
a = (int)x;        // double型のxをint型にキャストする
```

ただし、小数点以下は切り捨てられ、aの結果は「123」になります。「小数点以下を切り捨てたい」という場合以外は、aをdoubleで宣言するようにしましょう。

このように、左辺の小さな型に右辺の大きな型を代入する場合には情報が失われることに注意してください。

●演算によって小数点以下が失われないようにする場合

整数同士の除算を行うと小数点以下は切り捨てられてしまいます。したがって、小数点以下を温存させたい場合は明示的な型変換を行います。

たとえば、

```
double x = 5 / 2;
```

の場合、xはdouble型ですが、右辺で整数同士の除算が行われ小数点以下が切り捨てられるため、xの結果は「2.0」になります。

この場合、

```
double x = (double)5 / 2;
```

のようにキャストすると、5がdouble型として扱われ、「5.0 / 2」は暗黙の型変換の結果「2.5」となり、xに「2.5」を代入することができます。

文字列型とほかの型で演算を行う場合

文字列型stringは「可変長のUnicode文字列」であり、整数型や浮動小数点型の変数と演算（連結、代入）する場合には注意が必要です。

●文字列型にほかのデータ型を連結する場合

文字列型にほかのデータ型を連結するには、p.82で説明した文字列連結演算子（+）を使うことができます。

たとえば、次の例では、s2に文字列の"100ABC123.45True"が代入されます。

```
string s1 = "ABC", s2;
int a = 100;
double x = 123.45;
bool f = true;
s2 = a + s1 + x + f;    // s2は"100ABC123.45True"
```

●文字列型にほかのデータ型を代入する場合

文字列型にほかのデータ型を代入する場合には、ToStringメソッドを使って変換する必要があります。メソッドについては4-3で詳しく説明します。今は、まとまりのある機能を実現する単位だと理解してください。

構文	ToStringメソッド

```
データ.ToString()
```

使用例

```
int a = 10;
double x = 123.456;
string s1 = a.ToString();            // s1 は "10"
string s2 = x.ToString();            // s2 は "123.456"
string s3 = 789.ToString();          // s3 は "789"
string s4 = (a + 20).ToString();     // s4 は "30"
```

ToStringメソッドは次のように()の中に書式を記述すると、小数点以下の桁数

3

消費税を計算して変数と演算子を理解しよう

089

を指定するなどいろいろな形式で文字列に変換することができます。書式はたくさんあるのでMicrosoft Docs（1-7参照）で検索してください。

構文 | ToStringメソッド（書式指定）

```
データ.ToString(書式文字列)
```

使用例

```
string s1 = (10 / 3.0).ToString("F3");   // 小数点以下3桁 s1は"3.333"
string s2 = 10.ToString("X");            // 16進数表記 s2は"A"
string s3 = 1234567.ToString("C");       // 通貨表記 s3は"¥1,234,567"
string s4 = (1.0 / 3.0).ToString("P");   // %表記 s4は"33.33%"
```

●文字列型をほかのデータ型に代入する場合

文字列型をほかのデータ型に代入する場合には、Parseメソッドを使って変換します。

下記の構文のデータ型の部分に「int」や「double」などを指定することで、文字列を任意のデータ型の変数に変換できます。ただし、変換不可能な文字列を指定すると例外（p.121参照）が発生する場合がありますので注意してください。

構文 | Parseメソッド

```
データ型.Parse(文字列)
```

使用例

```
string s1 = "12345";
int a = int.Parse(s1);                   // a は12345
double x = double.Parse("3.14");         // x は3.14
```

例題のアプリケーションの作成

　文法の説明が長々と続きましたが、これからいよいよアプリケーションを作成します。基本的なVisual Studioの使い方とWindowsフォームアプリケーションの作成方法は1章と2章で解説済みです。忘れてしまった人は確認してください。

●完成イメージ

　テキストボックスに金額を入力し、「消費税追加」ボタンをクリックすると「消費税込みの金額」をラベルに表示します。

図3-3　例題の完成イメージ

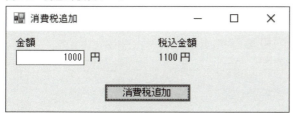

●アプリケーションの仕様

(1)　起動時に「金額」と「税込金額」は「0円」を初期表示します。
(2)　「消費税追加」ボタンをクリックすると、「金額」に「消費税率10%」を加えた額を「税込金額」のラベルに表示します。
(3)　表3-13にイベントハンドラの処理内容を示します。

表3-13　イベントハンドラの処理内容

消費税追加アプリケーション	
「消費税追加ボタン」クリック	①　「金額」テキストボックスの値を取得する ②　①に消費税を加算し税込金額を求める ③　②を「税込金額」ラベルに表示する

作成手順

1 プロジェクトの新規作成

プロジェクト名「AddTax」で、「Windowsフォームアプリケーション」を新規作成してください（1-4参照）。

2 コントロールの追加とプロパティの変更

各コントロールを図3-4のようにフォームに貼り付け、表3-14のようにプロパティを変更してください（2-1～2-2参照）。

図3-4 FormAddTaxのコントロールの配置

表3-14 FormAddTaxのコントロールのプロパティ

	コントロール	Nameプロパティ	その他のプロパティ	
	Form	FormAddTax	Text	消費税追加
①	Label	label1	Text	金額
②	Label	label2	Text	税込金額
③	TextBox	textBoxMoney	Text	0
			TextAlign	Right
④	Label	label3	Text	円
⑤	Label	labelAddTax	Text	0円
⑥	Button	buttonAddTax	Text	消費税追加

3 タブオーダーの設定

次の順にタブオーダーを設定してください（2-4参照）。

③→⑥

4 「アプリケーションの仕様」(1)を記述

「アプリケーションの仕様」(1)は、起動時の処理ですが、「textBoxMoney」と「labelAddTax」は [2] でTextプロパティを設定しています。このまま実行すればよいので、特にコードを記述する必要はありません。

5 「アプリケーションの仕様」(2)を記述

「アプリケーションの仕様」(2)は、「消費税追加」ボタンをクリックしたときの処理です。まず、Windowsフォームデザイナーの「消費税追加」ボタンをダブルクリックし、ButtonAddTax_Clickイベントハンドラを追加してください (2-3参照)。イベントハンドラをコードエディターで書いただけではWindowsフォームデザイナー上のボタンと結びつきません。そうすると、ボタンをクリックしてもイベントハンドラが呼ばれませんので注意してください。

次にリスト3-1の囲み部分のコードを追加してください。

リスト3-1 例題のソースコード (AddTax：Form1.cs)

```
using System;
using System.Collections.Generic;
using System.ComponentModel;
using System.Data;
using System.Drawing;
using System.Linq;
using System.Text;
using System.Threading.Tasks;
using System.Windows.Forms;

namespace AddTax
{
    public partial class FormAddTax : Form
    {
        public FormAddTax()
        {
            InitializeComponent();
        }
```

```
// 「消費税追加ボタン」クリックのイベントハンドラ
private void ButtonAddTax_Click(object sender, EventArgs e)
{
    // 変数と定数の宣言
    int money;                  // お金作業用変数
    double addTax;              // 税込み金額格納用        ①
    const double Tax = 0.1;     // 消費税率10%

    //「金額」テキストボックスの値を整数型変数に取得
    money = int.Parse(textBoxMoney.Text);          ②

    // 消費税を加算し税込金額を算出
    addTax = money;
    addTax *= (1 + Tax);        ③
    money = (int)addTax;

    // 税込金額をラベルに表示
    labelAddTax.Text = money + " 円";         ④
    }
  }
}
```

では、コードの意味を解説しましょう。最初なので少し細かく説明します。

① 変数と定数の宣言

moneyはテキストボックスに入力した金額を格納する変数です。金額は整数なのでint型の変数で宣言します（p.68参照）。

addTaxは消費税率を掛けた値を格納する変数です。小数点以下も格納するのでdouble型の変数で宣言します（p.69参照）。

Taxは消費税率を表す定数です。消費税率は法律で決められた値で固定ですから、double型の定数で宣言します（p.79参照）。

②「金額」テキストボックスの値を整数型変数に取得

テキストボックスにキー入力した値は、「textBoxMoney.Text」のように「テ

キストボックス名.Text」と記述して取り出します。この値は文字列ですから、int型のmoneyに直接代入することはできません。したがって、int.Parseメソッドを使って整数型に変換してからmoneyに代入します（p.90参照）。

③ 消費税を加算し税込金額を算出

この部分は変数addTaxを用意せずにまとめて、

```
money = (int)(money * (1 + Tax));
```

と書くことができます。ですから、少々冗長な記述ですが、文法事項を確認するために3行に分けて記述しました。

・1行目：int型のmoneyをdouble型の変数addTaxに代入。暗黙の型変換が働き、代入した金額はdouble型になる（p.86参照）

・2行目：addTaxに「1 + Tax」、つまり1.1を掛けて税込金額にする。演算子「*=」は複合代入演算子で、「addTax = addTax * (1 + tax) ;」と記述するのと同じことになる（p.83参照）

・3行目：税込金額を整数値に変換する処理。消費税率を掛けた金額は小数点以下を切り捨てなければいけないため、キャスト演算子を使って一時的にint型に変換することで小数点以下を切り捨てる（p.87参照）

④ 税込金額をラベルに表示

ラベルに文字列を表示するには、Textプロパティに文字列を代入します。仮にmoneyが1000の場合、「money + " 円"」は"1000 円"という文字列になるので、そのままlabelAddTax.Textに代入することができます（p.89参照）。

もし、" 円"を付けずに代入する場合には、

```
labelAddTax.Text = money.ToString();
```

のように、ToStringメソッドを使って文字列"1000"に変換する必要があります（p.89参照）。

6 ビルドと実行

F5 キーを押してビルド＆実行してください。テキストボックスに入力した数値に消費税が加えられ、ラベルに表示されることを確認しましょう。

なお、このプログラムは、数値に変換できない値をテキストボックスに入力するとエラーが発生します。次章で対策を説明するので、今は無視してください。

プロジェクト名：SplitCost

「税抜き金額」と「人数」を入力すると、「消費税込みの金額の割り勘の額」と「余り」を計算するWindowsフォームアプリケーションを作成してください。

●完成イメージ

テキストボックスに「税抜き金額」と「人数」を入力し、「計算する」ボタンをクリックすると「消費税込みの金額の割り勘の額」と「余り」をラベルに表示します。

図3-5　練習問題の完成イメージ

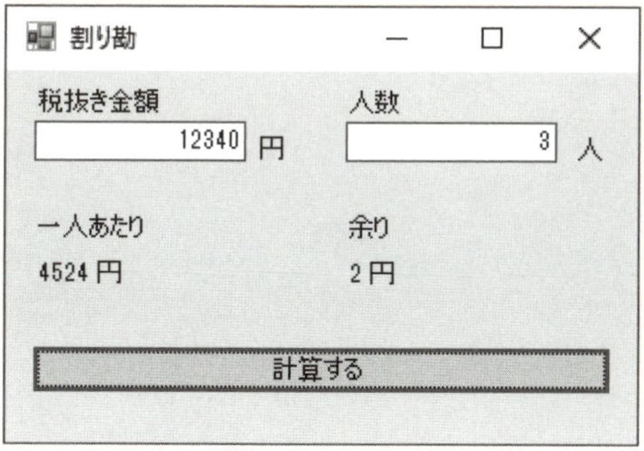

●アプリケーションの仕様

(1) 起動時に「税抜き金額」と「人数」は「0」を初期表示します。
また、「一人あたり」の金額と「余り」の金額には何も表示しないでください（p.58参照）。

(2) 「計算する」ボタンをクリックすると、「税抜き金額」から「消費税込みの金額」を求めます。

(3) 「消費税込みの金額」から、「割り勘の額」と「余り」を求め、ラベルに表示します。

●補足事項

現段階の学習事項で作成したプログラムは、以下の場合に実行時の
エラーが発生します。次章で対策を説明しますので、今は無視してくだ
さい。

- テキストボックスに数値変換ができない値を入力した場合
- 人数に0を入力した場合

CHAPTER 4

成績を判定して選択制御とメソッドを理解しよう

　成績を判定するデスクトップアプリケーションを作成し、選択制御とメソッドについて学びます。また、例外に対処するための例外処理も学びます。さらに、デバッガの使い方も説明します。盛りだくさんの章ですが、がんばって学習していきましょう。

本章で学習するC#の文法
- 選択制御
- メソッドの追加
- 例外

本章で学習するVisual Studioの機能
- デバッガ

この章でつくるもの

「出席率」と「得点」を入力すると「判定結果」と「平均点と比較」を表示するデスクトップアプリケーションを作成します。

図4-1 例題の完成イメージ

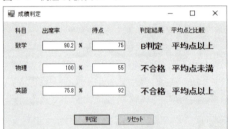

「判定結果」を表示するには、「出席率」と「得点」をもとに選択制御を行う必要があります。「平均点と比較」も「得点」と「平均点」を大小比較して選択制御を行います。また、これらの処理は科目ごとに複数回行うので「メソッド」にしておくと、使い回しがきき同じ処理を記述する必要がなくなります。さらに、テキストボックスに数値以外の内容が入力されたときにはエラーが発生するので、その対応も考えなければなりません。

以上を踏まえて、文法事項を学習していきましょう。

4-1 分岐や繰り返しを行うために

3章で扱った例題は、ソースコードの上から下に向かって順序どおりに処理が行われるものでした。しかし、普通プログラムは、条件を選択して分岐したり、何回も繰り返したりして処理を進めていきます。これらの選択や繰り返しを行う構造を「制御構造」と呼び、「順次」「選択」「繰り返し」の3種類があります。

制御構造をよりわかりやすく表現する方法の1つに、フローチャートがあります。フローチャートとは、プログラムの処理の流れを図式化したものです。

図4-2 制御構造のフローチャート

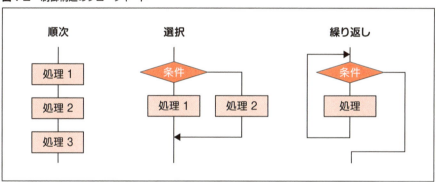

選択や繰り返しの制御を行う文を「制御文」と呼びます。C#にはたくさんの制御文が用意されています。4章では、この中から「選択」を行う「if」と「switch」という制御文を学習します。

4-2 条件によって動きを変えるには

たとえば「3人の点数を表示する」という順次処理を行うプログラムでは、コードを書いた順に処理が実行されます。しかし、「60点以上は合格と表示する」ように、条件によって行う処理を変更したい場合はどうすればいいのでしょうか。

if文

if文は「指定した条件を満たしたときに処理を実行する」制御文です。多方向分岐の処理や、それらをネスト（入れ子）構造にして複雑な判定を行うこともできます。

●if

条件式が真（true）のときのみ処理を行います。「条件式」にはp.84の「関係演算子」や「条件論理演算子」を記述します。

図4-3　if文の流れ

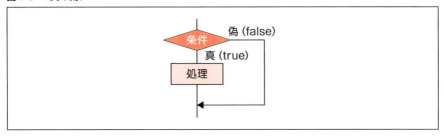

構文　if文

```
if (条件式)
{
    条件式が真(true)のときの処理
}
```

使用例

```
int score = 80;
string results = "";

// 60点以上なら合格
if (score >= 60)
{
    results = "合格";    // resultsは「合格」になる
}
```

　真のときに実行する処理が1文のときは{}を省略し、

```
if (score >= 60)
    results = "合格";
```

と書くことができます。

　なお、コードエディターにif文を記述すると、「{」の次の行で自動的に字下げが行われます（図4-4①）。if文のブロックを「}」で閉じると、字下げは戻ります（②）。これは、制御構造を字下げで表しコードを読みやすくしているのです。

図4-4　if文の字下げ

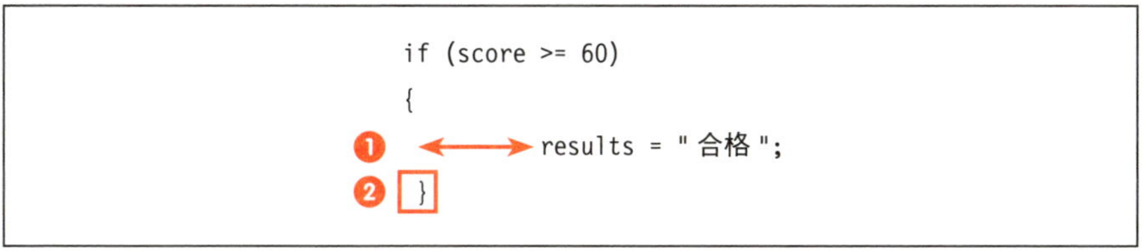

```
                    if (score >= 60)
                    {
❶      ←――――→     results = " 合格 ";
❷      }
```

●if〜else〜

条件式が真 (true) のときと偽 (false) のとき、それぞれで処理を行いたいときに使用します。

図4-5 if〜else〜の流れ

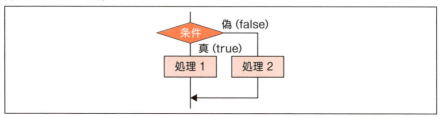

| 構文 | if〜else〜 |

```
if (条件式)
{
    条件式が真 (true) のときの処理
}
else
{
    条件式が偽 (false) のときの処理
}
```

使用例

```
int score = 50;
string results;

// 60点以上なら合格、それ以外なら不合格
if (score >= 60)
{
    results = "合格";
}
else
{
    results = "不合格";     // resultsは「不合格」になる
}
```

●if～else if～else～

if文とelse文を組み合わせて使うことで多方向分岐の処理が行えます。

図4-6 if～else if～else～の流れ

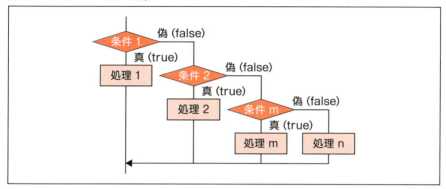

> 使用例

```
int score = 75;
string results;

if (score >= 80)
{
    results = "A判定";
}
else if (score >= 70)
{
    results = "B判定";    // resultsは「B判定」になる
}
else
{
    results = "C判定";
}
```

●if文のネスト

1つの制御構造の中に同種の構造を入れることを、入れ子、あるいはネストと呼びます。if文もネストの構造にすることができます。

図4-7 if文のネストの流れ

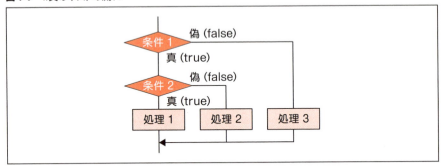

> 使用例

```
string subject = "数学";
int score = 80;
string results;

if (subject == "数学")
{
    if (score >= 60)
    {
        results = "合格";              // resultsは「合格」になる
    }
    else
    {
        results = "不合格";
    }
}
else
{
    results = "履修科目が違います。";
}
```

switch文

たとえば頭文字によって果物の名前を出力する場合を考えてみましょう。「if 〜else if〜else〜」でも多方向分岐は行えますが、もっといい方法があります。

switch文は式の値に応じて多方向へ分岐を行います。ポンポンと処理を振り分けるような場合にはswitch文のほうが感覚的にわかりやすいと思います。

図4-8 switch文の流れ

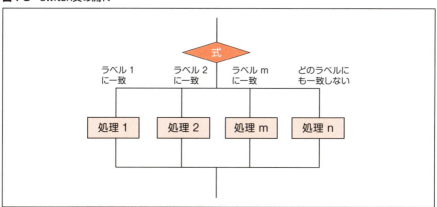

| 構 文 | switch文 |

```
switch (式)
{
    case ラベル1:
        式の値がラベル1に一致した場合の処理
        break;
    case ラベル2:
        式の値がラベル2に一致した場合の処理
        break;
    ...
    case ラベルm:
        式の値がラベルmに一致した場合の処理
        break;
    default:
```

省略可

```
        式の値がどのラベルにも一致しない場合の処理     省略可
        break;
}
```

使用例

```
char ch = 'c';
string s;

switch (ch)
{
    case 'a':
        s = "apple";
        break;
    case 'b':
        s = "banana";
        break;
    case 'c':
        s = "cherry";      // sは「cherry」になる
        break;
    default:
        s = "tomato";
        break;
}
```

　使用例では、chの値が'a'、'b'、'c'、その他に応じて処理が振り分けられて
いて大変にわかりやすいのではないでしょうか。しかし、switch文は以下の条件
下でしか使用できないので注意が必要です。

●式に書ける値は「整数型」「文字型 (char)」「文字列型 (string)」「bool型」のみ[1]

　それ以外の型で多方向分岐をする場合には、「if～else if～else～」を使って
ください。

●caseラベルにはリテラルか定数のみ記述可能

　変数は書けません。

1　本書では扱いませんが、C#7からは、式に「型」を記述する、型による分岐機能が追加になりました。

108

- ● **break文を省略することはできない**

caseラベルは必ず終端にbreak文を記述します。

- ● **ラベルを複数続けて書く場合にもcaseが必要**

使用例

```
switch(month) {
    case 12:
    case 1:
    case 2:
        season = "冬";
        break;
        :
```

なお、switch文の処理には複数の文を書くことができます。このとき、{}で囲む必要はありません。また、switch文の中にswitch文を書くswitchのネストや、if文などほかの制御文を書くこともできます。

使用例

```
int a = 40, b = 20, c;
char op = '/';

switch (op)
{
    case '+':
        c = a + b;
        break;
    case '-':
        c = a - b;
        break;
    case '*':
        c = a * b;
        break;
    case '/':
        if (b != 0)
            c = a / b;   // cは「2」になる
        else
```

4

成績を判定して選択制御とメソッドを理解しよう

109

```
            c = 0;          // 0で割り算はできない
        break;
    default:
        c = 0;
        break;
}
```

🖊 コラム ● 条件演算子

C#には、「条件演算子」という「if〜else〜」の代わりに使える演算子が
あります。

構 文 | **条件演算子**

条件式 ? 式1 : 式2

「条件式」がtrueなら「式1」を、falseなら「式2」を実行します。たとえ
ば、変数aとbの大きいほうを変数maxに代入する処理を、条件演算子とif〜
else〜で書き比べてみると次のようになります。この例では、どちらもmaxに
15が代入されます。

● **条件演算子**

```
int a = 10, b = 15, max;
max = (a >= b) ? a : b;
```

● **if〜else〜**

```
int a = 10, b = 15, max;
if (a >= b)
    max = a;
else
    max = b;
```

4-3 処理を分割してプログラムを簡潔にする

　3章の例題では、ToStringとParseというメソッドを使いました。ここでは、メソッドについて詳しく説明しましょう。

　C#に限らずプログラムでは、ソースコードをある程度まとまりのある単位に分割して開発を進めます。一度に1,000行のコードを理解するのは大変ですが、100行ずつ10個に分けられたコードを理解するのはかんたんだからです。また、同じような処理を複数回書くよりも、1つのメソッドを作成し、複数回呼ぶほうがコードは短くなり、修正する場合にもメソッドを見直すだけで済みます。

図4-9　メソッドの作成前と作成後

　メソッドは、3-5で紹介したToStringメソッドやParseメソッドのようにC#が用意しているものと、ユーザが自分で作成するものとに分けられます。実は、2章で説明したイベントハンドラもメソッドの一種です。

メソッドの定義

　メソッドとはどういうものか、具体的にコードを使って説明しましょう。3章の例題「AddTax」では税込金額を求める処理がありますが、この部分をメソッ

ドにしてみます。税込金額の算出は、金額に「1＋消費税」を掛けるだけの単純な
処理ですが、メソッドにしておくと使い回しがきき、ソースコードも読みやすく
なります。Visual Studioを立ち上げ、リスト4-1のように修正してみましょう。

リスト4-1 addTaxメソッドの追加 (AddTax：Form1.cs)

```
private void ButtonAddTax_Click(object sender, EventArgs e)
{
    int money;

    money = int.Parse(textBoxMoney.Text);
    // メソッドを呼んで税込金額をmoneyに取得
    money = AddTax(money);          ──── ①
    labelAddTax.Text = money + "円";
}

// 税込金額算出処理
// (仮引数) m：税抜きの金額
// (返却値) 税込み金額
private int AddTax(int m)
{
    const double Tax = 0.1;     // 消費税率10%       メソッドの定義

    return (int)(m * (1 + Tax));
}
```

ButtonAddTax_Clickイベントハンドラの税込金額を取得する部分は、メソッドを
呼ぶだけで実現しているのでだいぶすっきりしましたね (リスト4-1①)。
　メソッドの定義と呼び出し部分は、次のようになっています。

```
//メソッドの呼び出し部分
        メソッド名(引数)
money = AddTax(money);

//メソッドの定義部分
アクセス修飾子   戻り値のデータ型   メソッド名(データ型 引数)
private          int               AddTax  (int m)
```

112

```
{
    const double Tax = 0.1;      // 消費税率10%

    return (int)(m * (1 + Tax));
}
```
                                              } 処理

どのように処理が流れるのか、図4-10に示してみましょう。

図4-10　メソッド呼び出しの流れ

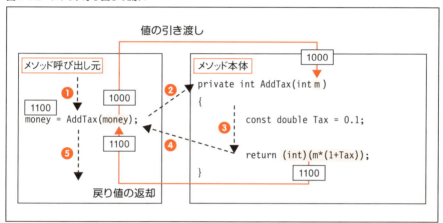

① 呼び出し元は上から下へ処理を実行します。
② メソッドの呼び出しで流れはメソッド本体に移ります。このとき、引数があれば、メソッドに値が渡されます。図4-10では、moneyの値がmに渡されます。仮にmoneyが「1000」の場合には、mも「1000」になります。
③ メソッドの処理を上から下へ実行します。図4-10で宣言されている引数のmと定数TaxはAddTaxメソッドの中でしか使用することができません。これは変数や定数は宣言場所によって有効範囲が決まっているからです。有効範囲については6-3で説明しますが、「メソッド内で宣言された変数や定数はメソッド内でしか使用できない」ということを覚えておいてください。
④ 戻り値がある場合にはreturn文を使って値を返却し、呼び出し元に流れは戻ります。図4-10でmが「1000」の場合には、戻り値は「1100」になります。後述しますが、もし、戻り値がない場合にはreturn文を記述しないで、メソッド最後の}

で呼び出し元に戻ります。

⑤残りの処理を上から下へ実行します。図4-10では、メソッドの呼び出しで返された値の「1100」をmoneyに代入しています。

引数

これまでの説明でメソッドとはどういうものなのか、ある程度はイメージできたのではないでしょうか。次はもう少し詳しく説明していきたいと思います。

引数とは「メソッドに渡す値」ですが、「何個あってもよく、また、なくてもよい」ものです。呼び出し元で実際に値を渡す引数を「実引数」と呼び、メソッド側でその値を受け取る引数を「仮引数」と呼びます。実引数と仮引数の名前は、次の例のxとyのように同じでも、また、a→nとb→mのように変えてもかまいません。引数が複数ある場合には、左から順に対になって値を渡すので注意してください。

```
//呼び出し元
int a = 100, b = 200;
double x = 123.4, y = 567.8;
              実引数
SampleMethod(a, b, x, y);
      :                              左から順に対になって値を渡す
//メソッド側
private int SampleMethod(int n, int m, double x, double y)
{                                 仮引数
```

もし、引数がない場合には、呼び出し元もメソッド側も()の中には何も書きません。

```
//呼び出し元
SampleMethod();
      :
//メソッド側              引数がない場合には
private int SampleMethod()   ()の中に何も書かない
{
      :
```

戻り値

戻り値とは「メソッドから呼び出し元に返される値」です。戻り値はreturn文を使って返されます。

構 文 **戻り値の返却**

```
return 戻り値;
```

次の例の場合、メソッドの定義先頭の「戻り値のデータ型」と、メソッドが返却する「戻り値」は同じ型にしてください。そうしないと、暗黙の型変換、コンパイルエラー、または実行エラーのどれかが起こります。

```
      戻り値のデータ型
private int SampleMethod()
{
      int r;
                          同じ型にする
            :
      return r;
}           戻り値
```

戻り値がない場合には、return文は書いても書かなくてもかまいません。書く場合には、戻り値なしで書きます。returnを書かなくても、ブロック終端の「}」で呼び出し元に戻るので省略するほうが一般的です。ただし、if文などと組み合わせ、強制的に呼び出し元に戻る場合にはreturnを書いてください。

```
if (flag == false)
{
    return;      // 偽ならリターン
}
```

戻り値がない場合、メソッドの定義は次のように「戻り値のデータ型」に「void」と書きます。

```
private void SampleMethod()
{
    :
```

115

引数の渡し方

引数の渡し方には、「値渡し」と「参照渡し」の2種類があります。

●値渡し（call by value）

今までの説明で用いてきた渡し方はすべて「値渡し」です。値渡しでは、実引数の値は仮引数にコピーされるので、実引数と仮引数は別々にメモリ上に存在します。ですから、仮引数の値を変更しても実引数の値は変化しません。

図4-11　値渡し（call by value）

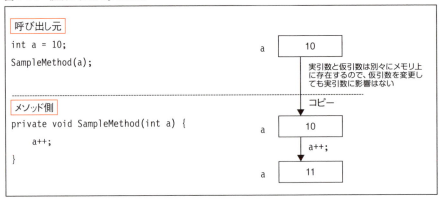

●参照渡し（call by reference）

参照渡しは、データの値そのものを渡す値渡しとは異なり、データへの参照情報を渡すものです。参照情報を渡すので、メソッドから直接呼び出し元の変数をアクセスすることになります。つまり、メソッド側で仮引数の値を変更すると、呼び出し元の実引数の値も変更されることになります。参照渡しをするには、次の例のように「refキーワード」を実引数と仮引数の前に付けて記述します。

図4-12　参照渡し（call by reference）

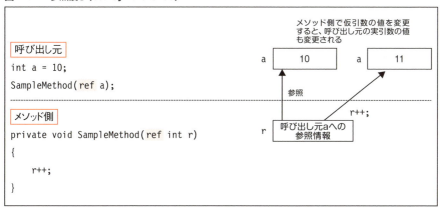

　参照渡しは、このように呼び出し元のデータを書き換えてしまうので通常は値渡しを使ってください。ただし、2つの変数の値を入れ替えるような例では、参照渡しを使わないと処理できません。図4-13と図4-14を比べてみてください。値渡しでは入れ替えられないことがわかると思います。

図4-13　値渡しを使って2つの変数を入れ替える（入れ替えることはできない）

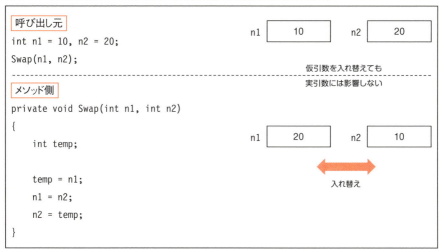

図4-14 参照渡しを使って2つの変数を入れ替える（入れ替えることができる）

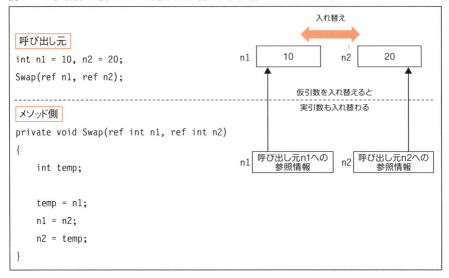

●outキーワード

　return文を使って戻り値を返却する場合には、返却できる値は1つのみです[2]。しかし、参照渡しを使って呼び出し元のデータを書き換えることによって、複数の値を戻すことができます。このように値を返却することを目的とした参照渡しでは、refキーワードではなく、「outキーワード」を使ってください。outキーワードを使うと、

- 呼び出し元で実引数を初期化する必要がない（refを使って渡す場合には、必ず初期化する必要がある）
- C#7からは、実引数の宣言をメソッド呼び出しに記述することができる
- メソッド側で必ず値を代入しなければならず、代入しないとコンパイルエラーになる

となり、値の返却に特化した参照渡しになります。

2　C#7からは、「タプル」を利用することで複数の戻り値を返すことができるようになりました。本書ではタプルは扱いません。

図4-15 outキーワード

```
呼び出し元

int n, m;   ◀── 初期化の必要がない
SampleMethod(10, 5, out n, out m);   ◀── nに15、mに5が返る


// C#7 から実引数の宣言をメソッド呼び出しに記述できる

SampleMethod(20, 5, out int n2, out int m2);   ◀── n2 に 25、m2 に 15 が返る
-----------------------------------------------------------------
メソッド側

private void SampleMethod(int a, int b, out int sum, out int diff)
{
    sum = a + b;   ◀── 必ず値を代入しなければならない
    diff = a - b;
}
```

メソッドのオーバーロード

　たとえば、int型の値を加算するメソッドは「IntSum」、double型の値を加算するメソッドは「DoubleSum」のように、処理内容は同じなのに引数の型だけが異なるメソッドに別々の名前を付けなければならないとしたら不便ですね。実際C言語では、このような場合には別々の名前で複数の関数を作成します（C言語はメソッドを「関数」と呼びます）。けれども、C#では、引数の型や個数が異なるメソッドに同じ名前を付けることができます。これは、「メソッドのオーバーロード」と呼ばれる機能ですが、このオーバーロードによって、同じような処理をするメソッドは同じ名前を付けることができます。そして、呼び分けはコンパイラが自動的に行ってくれるので大変に便利です。

　オーバーロードが使えるのは以下の場合に限られます。

●引数の型が異なる場合
●引数の個数が異なる場合

次の場合にはオーバーロードは使えないので注意してください。

- 引数の型と個数が同じで戻り値の型だけ異なる場合（戻り値だけではコンパイラは区別できない）
- 引数の型は同じで引数名だけ変えた場合（仮引数の名前と実引数の名前に関連はないためコンパイラは区別できない）
- refとoutだけが異なる場合（refとoutはコンパイラ内部では同じ扱いになるので区別できない）

使用例

```
// 呼び出し元
int x = Sum(10, 20);           ——— ① // メソッド1を呼び出す
int y = Sum(10, 20, 30);       ——— ② // メソッド2を呼び出す
double z = Sum(123.45, 678.9); ——— ③ // メソッド3を呼び出す
```

```
// メソッド1
private int Sum(int a, int b)
{
    return a + b;
}
// メソッド2
private int Sum(int a, int b, int c)
{
    return a + b + c;
}
// メソッド3
private double Sum(double a, double b)
{
    return a + b;
}
```

使用例の①は2個の引数がint型なのでメソッド1が呼ばれ、結果は「30」になります。②はint型の引数が3個あるのでメソッド2が呼ばれ、結果は「60」になります。③は2つの引数がdouble型なのでメソッド3が呼ばれ、結果は「802.35」になります。

4-4 例外が発生した場合の処理を決めておく

3章の例題で作成した「AddTax」を実行し、金額のテキストボックスに、たとえばアルファベットのような整数値に変換不可能な文字を入力すると、

```
money = int.Parse(textBoxMoney.Text);
```

の部分でエラーが発生し、実行が止まってしまいます。これは、int.Parseメソッドが入力されたテキストを整数値に変換することができずに異常が発生するからです。この異常のことを「例外」と呼び、例外が発生することを「例外がスローされる」とか「例外が投げられる」といいます。

例外は、

- 開こうとしたファイルが存在しない
- 数値に変換できない文字列を数値に変換しようとした
- 0で割り算をした
- 演算でオーバフローが発生した

など、いろいろな場面でスローされます。

●例外処理

これらの例外は「try-catch-finally」[3]という制御文を用いて「キャッチする」とか「捕捉する」と呼ばれる検知処理が行えます。投げられた例外をキャッチして対処することを「例外処理」と呼びます。

構 文	例外処理

```
try
{
    例外が発生するかもしれない処理
}
```

---

[3] try-catch、try-finallyだけの場合もあります。また、catchで(例外クラス 変数名)の部分は省略できます。

```
catch(例外クラス 変数名)
{
    例外が発生したときに行う処理          発生する可能性のある例外を
}                                       複数指定可能
finally
{
    例外の有無に関係なく行いたい処理       省略可能
}
```

リスト4-1に、try-catchを使用してみましょう。

リスト4-2　例外処理の追加（AddTax：Form1.cs）

```
private void ButtonAddTax_Click(object sender, EventArgs e)
{
    int money;
    try
    {
        money = int.Parse(textBoxMoney.Text);
        money = AddTax(money);
        labelAddTax.Text = money + "円";
    }
    catch (FormatException ex)
    {
        labelAddTax.Text = ex.Message;
    }
}
```

リスト4-2を実行し、テキストボックスに整数値に変換不可能な文字を入力すると、図4-16のような実行結果になります。

図4-16 例外を表示した例

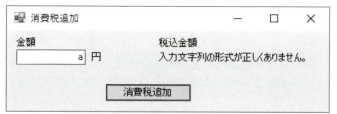

例外クラス

「FormatException」は引数の形式が無効である場合にスローされる例外クラスです。

```
catch (FormatException ex)
```

のように書くことで、exに例外をキャッチすることができます。「ex.Message」はキャッチした例外の内容を説明するメッセージです。リスト4-2ではそれをラベルに表示しています。

例外はFormatException以外にもたくさんあります。主なものをまとめると次のようになります。

表4-1 主な例外クラス

System名前空間（※名前空間については6-2で説明します）	
ArithmeticException	ゼロ除算やオーバフローなど、算術演算中のエラー
DivideByZeroException	ゼロで除算（ゼロで割る）を実行
FormatException	書式が引数の仕様に一致していない
IndexOutOfRangeException	配列（p.307参照）の添え字が有効範囲外
InvalidCastException	キャストが不適切なために実行時に失敗
OverflowException	演算でオーバフローが発生
OutOfMemoryException	メモリ割り当てに失敗
System.IO名前空間	
DirectoryNotFoundException	アクセスしようとしたディレクトリがない
FileNotFoundException	アクセスしようとしたファイルがない

例外を起こさないコード

例外はキャッチして処理することが可能ですが、0で割り算をするゼロ除算は、if文を使って0で除算しないように記述できます。

このように、かんたんに回避できる例外は、最初からコードで制御すべきでしょう。リスト4-2で示した

```
money = int.Parse(textBoxMoney.Text);
```

も、リスト4-3のように「TryParseメソッド」を使うことで例外を起こさないようにすることができます。

リスト4-3 TryParseを使った例（AddTax：Form1.cs）

```
private void ButtonAddTax_Click(object sender, EventArgs e)
{
    int money;

    if (int.TryParse(textBoxMoney.Text, out money) == true)
    {
        money = AddTax(money);
        labelAddTax.Text = money + "円";
    }
    else
    {
        labelAddTax.Text = "入力文字列の形式が正しくありません。";
    }
}
```

TryParseメソッドは、文字列を数値に変換し、成功した場合には「true」、失敗した場合には「false」を返すので、例外を起こすことがありません。

構 文 TryParseメソッド

データ型.TryParse(変換する文字列, out 数値を受け取る変数)

TryParseメソッドの第2引数の前に「outキーワード」（p.118参照）が付いていることに注意してください。TryParseで変換された数値は、outで指定した引数に返されます。なお、変換に失敗した場合には0が返されます。

例題のアプリケーションの作成

選択制御とメソッドについて理解できたでしょうか。それでは、例題のアプリケーションを作っていきましょう。

●完成イメージ

「出席率」と「得点」を入力し「判定」ボタンをクリックすると、「判定結果」と「平均点と比較」をラベルに表示します。また、「リセット」ボタンをクリックすると表示を初期状態に戻します。

図4-17　例題の完成イメージ

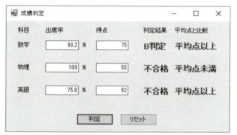

●アプリケーションの仕様

(1) 起動時に「判定結果」「平均点と比較」の内容は表示しません。
(2) 「判定」ボタンをクリックすると、「出席率」と「得点」から「判定結果」を表4-2のように算出し、ラベルに表示します。
　　さらに、表4-3の科目ごとの平均点と比較して、「平均点以上」か「平均点未満」かを、ラベルに表示します。

表4-2 出席率、得点、判定の関係

出席率	得点		判定結果
80%以上100%以下	80点以上100点以下	A判定	
	70点以上80点未満	B判定	
	60点以上70点未満	C判定	
	0点以上60点未満	不合格	
	上記以外	エラー	
0%以上80%未満	不合格		
上記以外	エラー		

表4-3 科目ごとの平均点

科目	平均点
数学	73
物理	65
英語	77

(3) 「リセット」ボタンをクリックすると起動時の表示に戻ります。

(4) 表4-4にプログラムのイベントハンドラとメソッドの処理内容を示します。太字になっている同一のメンバーはそれぞれ対応しています。

表4-4 イベントハンドラとメソッドの処理内容

成績判定アプリケーション	
「成績フォーム」ロード （イベントハンドラ）	「判定結果」と「平均点と比較」のラベルを初期化する
文字列を数値に変換 （メソッド）	文字列を引数で受け取り、浮動小数点値と整数値に変換して返却するメソッドをそれぞれ作成し、オーバーロードする
成績判定 （メソッド）	出席率と得点を引数で受け取り成績の判定結果を返却する
平均点判定 （メソッド）	得点と科目を引数で受け取り平均点と比較した結果を返却する
「判定ボタン」クリック （イベントハンドラ）	・**文字列を数値に変換**メソッドを呼び出して「出席率」テキストボックスのテキストを浮動小数点値に変換する ・**文字列を数値に変換**メソッドを呼び出して「点数」テキストボックスのテキストを整数値に変換する ・**成績判定**メソッドを呼び出して各科目の成績を判定する ・**平均点判定**メソッドを呼び出して各科目の点数が平均点以上か未満かを判定する
「リセットボタン」クリック （イベントハンドラ）	「出席率」「得点」「判定結果」「平均点と比較」のラベルとテキストボックスを初期化する

作成手順

1 プロジェクトの新規作成

　プロジェクト名「GradeCheck」で、「Windowsフォームアプリケーション」を新規作成してください（1-4参照）。

2 コントロールの追加とプロパティの変更

　各コントロールを図4-18のようにフォームに貼り付け、表4-5のようにプロパティを変更してください。なお、表に指定のないラベルのNameプロパティは任意、Textプロパティは表示どおりに設定してください（2-1〜2-2参照）。

図4-18 FormGradeのコントロールの配置

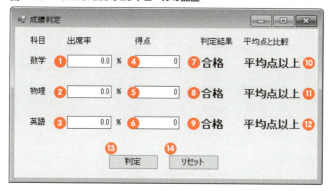

表4-5 FormGradeのコントロールのプロパティ

	コントロール	Nameプロパティ	その他のプロパティ	
	Form	FormGrade	Text	成績判定
①	TextBox	textBoxAttendanceM	Text	0.0
②	TextBox	textBoxAttendanceP	Text	0.0
③	TextBox	textBoxAttendanceE	Text	0.0
④	TextBox	textBoxScoreM	Text	0
⑤	TextBox	textBoxScoreP	Text	0
⑥	TextBox	textBoxScoreE	Text	0
①～⑥			TextAlign	Right
⑦	Label	labelResultM	Text	合格
⑧	Label	labelResultP	Text	合格
⑨	Label	labelResultE	Text	合格
⑩	Label	labelCompAvgM	Text	平均点以上
⑪	Label	labelCompAvgP	Text	平均点以上
⑫	Label	labelCompAvgE	Text	平均点以上
⑦～⑫			Font	12pt, style=Bold
⑬	Button	buttonJudge	Text	判定
⑭	Button	buttonReset	Text	リセット

3 タブオーダーの設定

次の順にタブオーダーを設定してください（2-4参照）。

① → ④ → ② → ⑤ → ③ → ⑥ → ⑬ → ⑭

4 「アプリケーションの仕様」（1）を記述

フォームの何もコントロールが置かれていない部分でダブルクリックして、「成績フォーム」ロードのイベントハンドラを追加します（2-3参照）。そして、次のコードを記述してください。

リスト4-4 「成績フォーム」ロードのイベントハンドラ（GradeCheck：Form1.cs）

```csharp
private void FormGrade_Load(object sender, EventArgs e)
{
```

```
        labelResultM.Text = "";
        labelResultP.Text = "";
        labelResultE.Text = "";        立ち上げ時にラベルは空文字列になり
        labelCompAvgM.Text = "";       なにも表示しない
        labelCompAvgP.Text = "";
        labelCompAvgE.Text = "";
    }
```

5 メソッドを記述

　「成績判定処理」と「平均点判定処理」は科目ごとに3回同じ内容を書かな
ければなりません。ですから、これらの処理はメソッドにしましょう。また、
テキストボックスに入力した文字列を数値に変換する処理もメソッドにした
ほうが汎用的です。

①文字列を数値に変換メソッド

　文字列を引数で受け取り、浮動小数点値と整数値に変換して返却するメソ
ッドをそれぞれ作成し、オーバーロードします。文字列はTryParseでチェッ
クし、数値に変換不可能なら−1を代入します。

リスト4-5　文字列を数値に変換メソッド（GradeCheck：Form1.cs）

```
// 文字列を浮動小数点値に変換
//（仮引数）text：変換する文字列　val：変換した浮動小数点値
//（返却値）なし
private void TextToValue(string text, out double val)
{
    if (double.TryParse(text, out val) == false)
        val = -1.0;
}                                      メソッドのオーバーロード（p.119参照）
                                       によりvalの型で呼び分けられる

// 文字列を整数値に変換
//（仮引数）text：変換する文字列　val：変換した整数値
//（返却値）なし
private void TextToValue(string text, out int val)
{
    if (int.TryParse(text, out val) == false)    ← TryParse：p.124参照
```

4

成績を判定して選択制御とメソッドを理解しよう

129

```
        val = -1;
}
```

②成績判定メソッド

次に「出席率」と「得点」から「成績を判定する」メソッドを追加します。この処理は少々複雑です。フローチャートを書いて整理してみましょう。

図4-19 成績を判定する部分のフローチャート

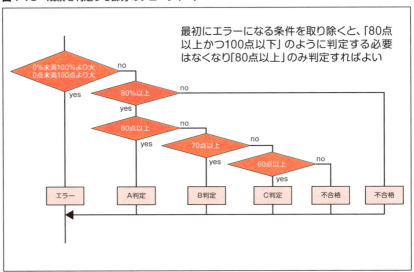

このフローチャートをもとにコードを書いてみましょう。

リスト4-6　成績判定メソッド（GradeCheck：Form1.cs）

```
// 成績判定
//（仮引数）attendance：出席率　score：得点
//（返却値）判定結果
private string ScoreJudge(double attendance, int score)
{
    string result;

    if (attendance < 0.0 || attendance > 100.0 ||
        score < 0 || score > 100)
```

```
            result = "エラー";
        else if (attendance >= 80.0)
        {
            if (score >= 80)
                result = "A判定";
            else if (score >= 70)
                result = "B判定";
            else if (score >= 60)
                result = "C判定";
            else
                result = "不合格";
        }
        else
            result = "不合格";

        return result;
    }
```

③平均点判定メソッド

「科目別」に「平均点と比較」するメソッドも追加しましょう。これもフローチャートを書いてからコードを記述します。

図4-20 得点を平均点と比較する部分のフローチャート

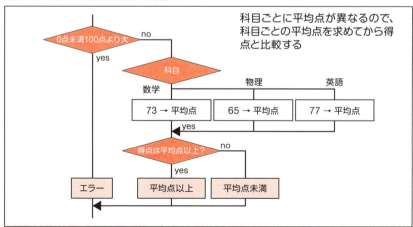

リスト4-7 平均点判定メソッド（GradeCheck：Form1.cs）

```csharp
// 平均点判定
// (仮引数) score：得点　subject：科目
// (返却値) 判定結果
private string AverageJudge(int score, string subject)
{
    string result;
    int average;

    const int MathAverage = 73;      // 数学の平均点
    const int PhysicalAverage = 65;  // 物理の平均点
    const int EnglishAverage = 77;   // 英語の平均点

    if (score < 0 || score > 100)
        return "エラー";

    switch (subject)        ← switch：p.107参照
    {
        case "数学":
            average = MathAverage;
            break;
        case "物理":
            average = PhysicalAverage;
            break;
        case "英語":
            average = EnglishAverage;
            break;
        default:
            return "エラー";
    }

    if (score >= average)
        result = "平均点以上";
    else
        result = "平均点未満";
```

```
    return result;
}
```

6 「アプリケーションの仕様」(2) を記述

では、「判定ボタン」クリックのイベントハンドラを書きましょう。Windows
フォームデザイナーで「判定」ボタンをダブルクリックし、`ButtonJudge_`
`Click`イベントハンドラを追加してから、リスト4-8のコードを記述してく
ださい。

リスト4-8 「判定ボタン」クリックのイベントハンドラ (GradeCheck：Form1.cs)

```csharp
private void ButtonJudge_Click(object sender, EventArgs e)
{
    // 出席率を浮動小数点値に変換
    double attendanceM, attendanceP, attendanceE;
    TextToValue(textBoxAttendanceM.Text, out attendanceM);
    TextToValue(textBoxAttendanceP.Text, out attendanceP);
    TextToValue(textBoxAttendanceE.Text, out attendanceE);

    // 得点を整数値に変換
    int scoreM, scoreP, scoreE;
    TextToValue(textBoxScoreM.Text, out scoreM);
    TextToValue(textBoxScoreP.Text, out scoreP);
    TextToValue(textBoxScoreE.Text, out scoreE);

    // 成績を判定する
    labelResultM.Text = ScoreJudge(attendanceM, scoreM);
    labelResultP.Text = ScoreJudge(attendanceP, scoreP);
    labelResultE.Text = ScoreJudge(attendanceE, scoreE);

    // 平均値以上か未満か判定する
    labelCompAvgM.Text = AverageJudge(scoreM, "数学");
    labelCompAvgP.Text = AverageJudge(scoreP, "物理");
    labelCompAvgE.Text = AverageJudge(scoreE, "英語");
}
```

リスト4-5〜4-7で記述したメソッドを呼ぶだけで処理を行うことができ、コードの無駄もなくなり可読性も増しますね。

7 「アプリケーションの仕様」(3)を記述

「リセット」ボタンをダブルクリックしてButtonReset_Clickイベントハンドラを追加したら、リスト4-9のコードを記述してください。

リスト4-9 「リセットボタン」クリックのイベントハンドラ (GradeCheck：Form1.cs)

```
private void ButtonReset_Click(object sender, EventArgs e)
{
    textBoxAttendanceM.Text = "0.0";
    textBoxAttendanceP.Text = "0.0";
    textBoxAttendanceE.Text = "0.0";
    textBoxScoreM.Text = "0";
    textBoxScoreP.Text = "0";
    textBoxScoreE.Text = "0";
    labelResultM.Text = "";
    labelResultP.Text = "";
    labelResultE.Text = "";
    labelCompAvgM.Text = "";
    labelCompAvgP.Text = "";
    labelCompAvgE.Text = "";
}
```

以上で、例題のアプリケーションの作成は終了です。実行して動作確認してください。正常な入力だけではなく、エラーが発生する入力も確認してみましょう。

4-5 デバッガをマスターしよう

　この章で作成した例題は、ifのネストを使った複雑な判定を行うものでした。このような処理は、関係演算子を間違えるなどバグが入り込みやすくなります。そこで、デバッガの使い方を覚えておくと、コードの間違いを探すのが格段に楽になります。「練習問題」を作成する前に、デバッガのかんたんな使い方をマスターしておきましょう。

　4章の「例題のアプリケーション」で操作を説明しますので、Visual Studioを立ち上げ、「GradeCheck」プロジェクトを開いてください。

ブレークポイント

　「ブレークポイント」機能を使い、プログラムの実行を一旦止めると、停止時点での変数の内容を確認することができます。

●設定の仕方

　例題の「ScoreJudge」メソッドの最初のif文にブレークポイントを設定してみましょう。ブレークポイントを設定すると、赤い●が付きその行が赤く強調表示されます（図4-21）。ブレークポイントを設定するには、次の方法があります。

　方法1：コードエディターの指定の行の左端のグレー部分をマウスでクリック
　方法2：指定の行で F9 キーを押す

図4-21　ブレークポイントの設定

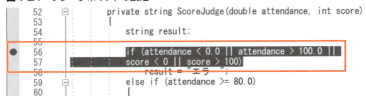

なお、ブレークポイントは必要なだけ設定することができます。また、解除するには、再度その行をクリックするか F9 キーを押してください。

●変数の値の確認

次に通常の手順で F5 キーかツールバーの ▶ 開始 を押してデバッグを開始してください。アプリケーションが起動したら、以下のように「出席率」と「得点」を入力してください。このとき、「190.2」とわざと間違えて数学の出席率に大きな数字を入れてください（図4-22）。

図4-22　出席率にわざと大きな数字を入力

「判定」ボタンをクリックすると、ブレークポイントを設定した行で実行が一旦止まります。ここで、変数の上にマウスカーソルを合わせると変数の値が確認できます（図4-23）。

図4-23　変数の値の確認

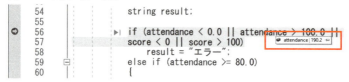

このまま実行するとエラーになるので、正しい値に変更したいですね。その場合には、ここで値を変更することができます（図4-24）。なお、値を変更したら Enter キーを押して確定してください。

図4-24 変数の値の変更

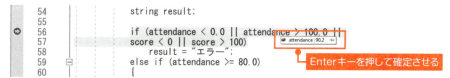

●続行

このまま実行して動作を確認してみましょう。[F5]キーかツールバーの▶ 続行(C)をクリックすると、続きを実行することができます。このとき、ブレークポイントの赤●をクリックしてブレークポイントを解除しておいてください。ブレークポイントを設定したままにしておくと、次の物理と英語の判定でも同じ箇所で止まってしまいます。

ステップ実行

ブレークポイントで停止したプログラムを1行ずつ実行することができます。これを「ステップ実行」と呼びます。ステップ実行すると、プログラムがどのように実行されるのかがわかり、正常ルートを通るのかどうかを調べることができます。ステップ実行には、「ステップイン」「ステップアウト」「ステップオーバー」の3種類があります。

この3種類のステップ実行の動作を確認するために、「ButtonJudge_Click」イベントハンドラの「TextToValue」メソッドを呼び出す部分にブレークポイントを設定してください（図4-25）。

図4-25 ステップ実行

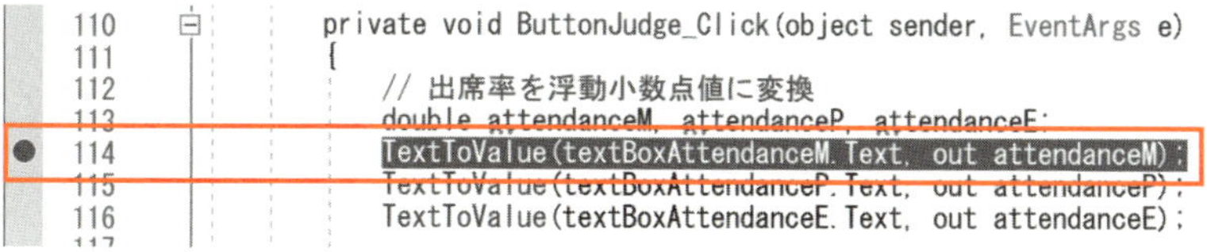

```
110     private void ButtonJudge_Click(object sender, EventArgs e)
111     {
112         // 出席率を浮動小数点値に変換
113         double attendanceM, attendanceP, attendanceE;
114         TextToValue(textBoxAttendanceM.Text, out attendanceM);
115         TextToValue(textBoxAttendanceP.Text, out attendanceP);
116         TextToValue(textBoxAttendanceE.Text, out attendanceE);
117
```

アプリケーションを実行したら、数学の出席率に数値に変換できない値を入力し、そのまま「判定」ボタンをクリックして、ブレークポイントで止めてください。

●ステップイン

　プログラムがブレークポイントで止まったら、F11キーを押すかツールバーの
をクリックしてください。実行している行が「TextToValue」メソッドの先頭
に移動しましたね（図4-26）。さらにステップインを続けると、1行ずつ実行でき、
「val」に「−1.0」が代入されると思います。このように、自分で作ったメソッド
の中もステップ実行したい場合には「ステップイン」を使ってください。

図4-26　ステップイン

```
34          private void TextToValue(string text, out double val)
35          {  ≤ 16 ミリ秒経過
36              if (double.TryParse(text, out val) == false)
37                  val = -1.0;
38          }
```

●ステップオーバー

　ステップインと同様の手順で「ButtonJudge_Click」イベントハンドラの
「TextToValue」メソッドを呼び出す部分で止めてください。次は、F10キーを押
すかツールバーの をクリックしてください。「TextToValue」メソッドの中には
入らずに、次の「TextToValue」メソッドに移動しますね（図4-27）。このように、
自分で作ったメソッドの中に移動したくないときには、「ステップオーバー」を使
いましょう。

図4-27　ステップオーバー

```
110          private void ButtonJudge_Click(object sender, EventArgs e)
111          {
112              // 出席率を浮動小数点値に変換
113              double attendanceM, attendanceP, attendanceE;
114              TextToValue(textBoxAttendanceM.Text, out attendanceM);
115              TextToValue(textBoxAttendanceP.Text, out attendanceP);
116              TextToValue(textBoxAttendanceE.Text, out attendanceE);
117
```

●ステップアウト

　まず、ステップインと同様の手順で「ButtonJudge_Click」イベントハンドラの
「TextToValue」メソッドを呼び出す部分で止めてください（図4-28）。さらにF11
キーでステップインし、「TextToValue」メソッドのif文まで実行してください。

図4-28　ステップアウト（1）

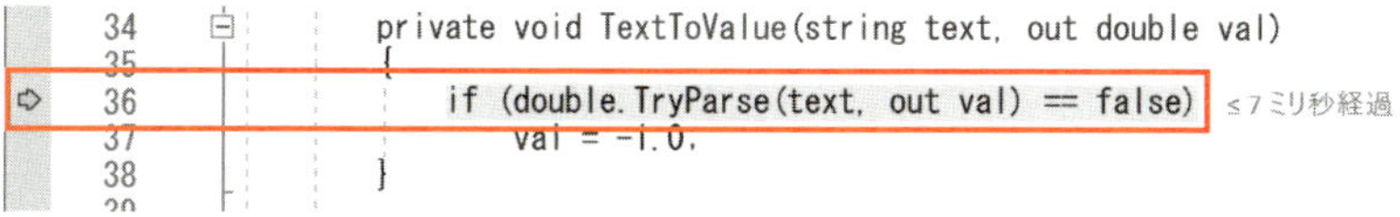

```
     34    private void TextToValue(string text, out double val)
     35    {
⇨    36        if (double.TryParse(text, out val) == false)    ≤7ミリ秒経過
     37            val = -1.0;
     38    }
     39
```

　そうしたら、 [Shift] + [F11] キーを押すかツールバーの ⮞ をクリックしてくだ
さい。「ButtonJudge_Click」イベントハンドラの「TextToValue」メソッドを呼び出
す部分に移動しますね（図4-29）。このように、メソッドをステップ実行している
最中に、メソッドの呼び出し部分に戻りたいときには「ステップアウト」が使え
ます。

図4-29　ステップアウト（2）

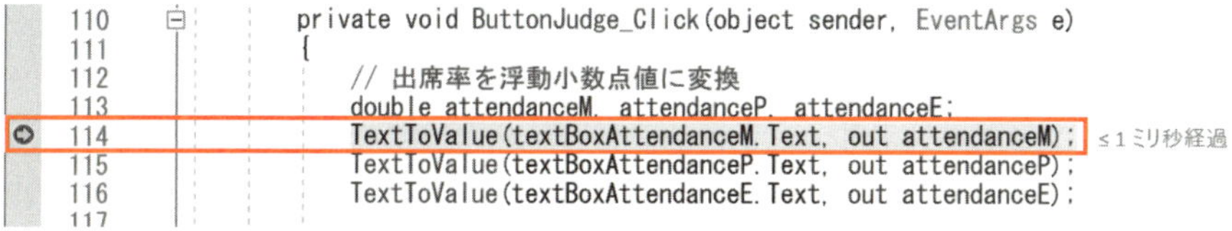

```
     110    private void ButtonJudge_Click(object sender, EventArgs e)
     111    {
     112        // 出席率を浮動小数点値に変換
     113        double attendanceM, attendanceP, attendanceE;
◉    114        TextToValue(textBoxAttendanceM.Text, out attendanceM);    ≤1ミリ秒経過
     115        TextToValue(textBoxAttendanceP.Text, out attendanceP);
     116        TextToValue(textBoxAttendanceE.Text, out attendanceE);
     117
```

動作中の値の確認

　プログラムをブレークポイントで停止した状態で変数の値を確認する方法は
p.137で説明しましたが、さらに「ローカルウィンドウ」や「ウォッチウィンドウ」
を使うと一度に複数の変数の値を確認することができます。

●ローカルウィンドウ

　「デバッグ」メニューの「ウィンドウ」-「ローカル」で、ローカルウィンドウが
開き、プログラム中の変数の状態が確認できるようになります（図4-30）。ステッ
プ実行で、随時内容が変化します。

図4-30 ローカルウィンドウ

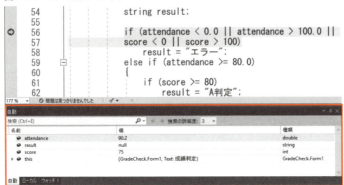

●ウォッチウィンドウ

ウォッチウィンドウを使うと、特定の変数の値だけ参照することができます。ウォッチウィンドウに追加したい変数を右クリックし、「ウォッチの追加」(図4-31 ①)(または、変数をウォッチウィンドウにドラッグ)で、ウォッチウィンドウに追加します(②)。ステップ実行で、随時内容が変化します。ローカルウィンドウで表示される変数が多い場合には、ウォッチウィンドウを使って参照したい変数を絞りましょう。

図4-31 ウォッチウィンドウ

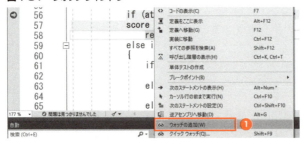

プロジェクト名：WeekOfDay

「西暦年」「月」「日」から「曜日」を求めるWindowsフォームアプリケーションを作成してください。

●完成イメージ

テキストボックスに「西暦年」、ニューメリックアップダウンに「月」と「日」を入力し、「曜日算出」ボタンをクリックすると「曜日」をラベルに表示します。

図4-32 練習問題の完成イメージ

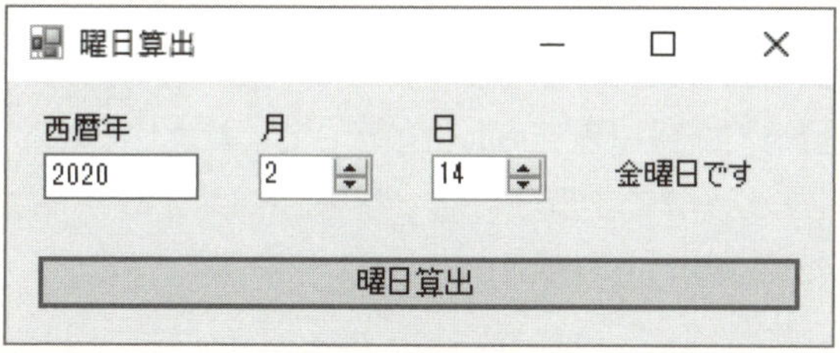

●アプリケーションの仕様

(1) 起動時に曜日は表示しません。
(2) 月のニューメリックアップダウンは「1～12」まで、日のニューメリックアップダウンは「1～31」まで選択可能です。
(3) 「曜日算出」ボタンをクリックすると、「西暦年」「月」「日」から「曜日」を求めます。このとき、次の処理をメソッドにしてください。
- ●閏年かどうか判定するメソッド
「4で割り切れ、かつ100で割り切れないか、または、400で割り切れる年」は閏年です。
- ●年月日の妥当性チェックを行うメソッド
1月、3月、5月、7月、8月、10月、12月は31日までです。
4月、6月、9月、11月は30日までです。

2月は、閏年は29日、それ以外は28日までです。

- **西暦年、月、日から曜日を求めるメソッド**

  西暦y年m月d日が何曜日であるかは、下記のZellerの公式により w（日曜＝0、月曜＝1、…土曜＝6）を求めることができます。

  w＝（5y／4−y／100＋y／400＋（26m＋16）／10＋d）％7

  ただし、1月と2月は、前年の13月と14月として計算する必要があります。つまり、2019年2月某日であれば、2018年14月某日としてZellerの公式を使用しないと正しい結果が得られません。

(4) 「西暦年」に整数値に変換できない値、または、負の値を入力した場合には、「西暦年エラー」とラベルに表示してください。

(5) 年月日の妥当性チェックでエラーになった場合には、「あり得ない日付」とラベルに表示してください。

●補足事項

(1) NumericUpDownコントロールの値の範囲は、Maximum（最大値）とMinimum（最小値）のプロパティで設定します。

(2) NumericUpDownコントロールの値はValueプロパティで得ることができます。なお、Valueの値はdecimal型なので、int型の変数に代入する場合には、以下のようにキャストが必要です。

```
int val = (int) numericUpDown1.Value;
```

(3) 実はDateTime構造体（p.208）を使うと、大変かんたんに年月日から曜日を得られるのですが、選択制御とメソッドの作成を練習するために、あえてこのような形で出題しました。

CHAPTER 5

商を小数点以下50桁まで求めて繰り返し制御を理解しよう

　4章では「選択構造」について学び、条件分岐で処理を選択することができるようになりました。しかし、「選択」以外に「繰り返し」を行う場合も出てくるでしょう。さらに、選択制御や繰り返し制御を補助するジャンプ文を使用できれば、プログラムの幅が広がります。本章では、これらの制御文をコンソールアプリで実行して確認していきましょう。

本章で学習するC#の文法
- 繰り返し制御
- ジャンプ制御

本章で学習するVisual Studioの機能
- コンソールアプリ

この章でつくるもの

商を小数点以下50桁まで表示するコンソールアプリを作成します。

図5-1　例題の完成イメージ

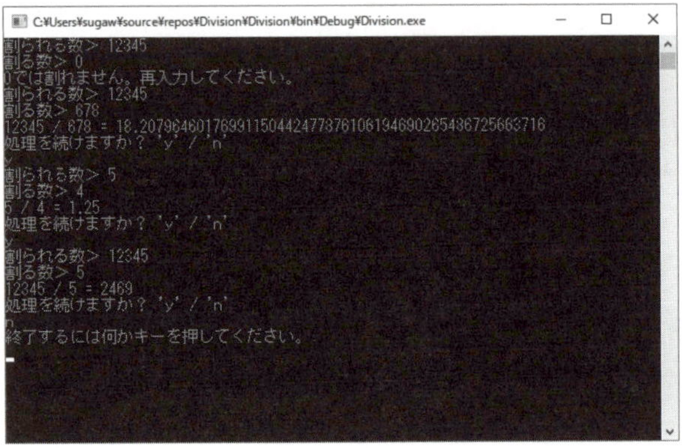

コンピュータの浮動小数点型には扱える数値に有効桁数があり、それを超えた値は四捨五入などで丸められます。C#の有効桁数は、float型で7桁、double型で15〜16桁、decimal型で28〜29桁です。ですから、/演算子だけで小数点以下50桁までを求めることはできません。

この例題では、人間が割り算を筆算で行うのと同じ手順で商を小数点以下50桁まで求めます。そのためには繰り返し制御が必要です。この章では、繰り返し制御を中心に学習します。

5-1 コンピュータを対話形式で操作しよう

　私たちが普段使っているWindowsは、GUI（Graphical User Interface）と呼ばれるユーザインタフェースのOSです。これは、マウスでアイコンをクリックしたりウィンドウを操作したりするなど、グラフィックを用いた環境でコンピュータを操作します。

　GUIに対して、UNIXやMS-DOSなどのように、文字によるコマンド（命令）をキーボードから入力し、対話形式でコンピュータを操作するインターフェースをCUI（Character-based User Interface）と呼びます。

　この章では、CUI上で動作する「コンソールアプリ」の例題を作成します。普段は「コンソールアプリ」を目にすることはほとんどないと思いますが、フォームにいちいちコントロールを配置したりする煩わしさがなく、言語の機能をかんたんに試したいときに用いると大変に便利です。この章以降でも、文法事項を確認するサンプルにはコンソールアプリを作成するので、しっかりと使い方を覚えましょう。

コンソールアプリの作成

　「Visual Studio 2019」を立ち上げたら、スタートウィンドウの「新しいプロジェクトの作成」をクリックしてください。図5-2のように「新しいプロジェクトの作成」ウィンドウが表示されるので、「コンソールアプリ（.NET Framework）」を選択（①）して「次へ」をクリック（②）してください。

図5-2　「新しいプロジェクトの作成」ウィンドウ

　すると、「新しいプロジェクトを構成します」のダイアログが表示されます。このダイアログに、プロジェクト名「ConsoleApp1」を入力し、そのまま「作成」ボタンをクリックしてください。新規のプロジェクト「ConsoleApp1」が作成され、図5-3のようにコードエディターに切り替わり、「Program.cs」というファイルが表示されます。

図5-3　コンソールアプリの新規作成

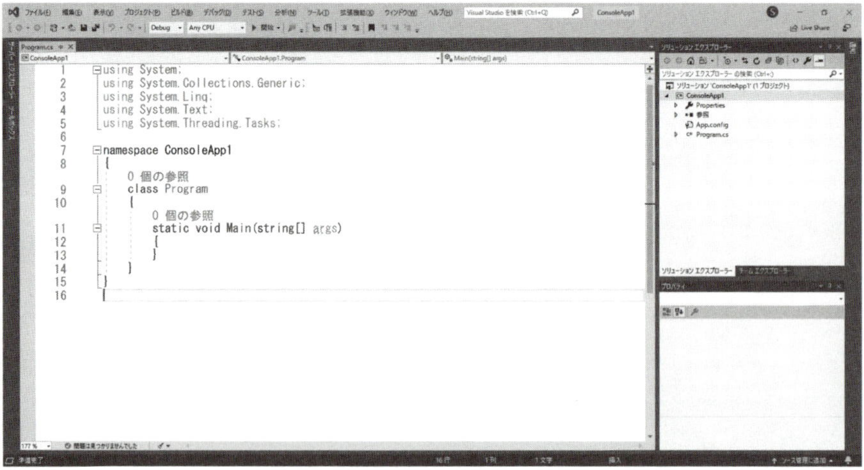

Mainメソッド

「Program.cs」のコードを見てみましょう。最初の「using」「namespace」「class」については、1-6でかんたんに説明しました。順次詳しく説明していきますので、今は自動的に作成されたものをそのまま使ってください。

```
static void Main(string[] args)
```

はMainという名前のメソッドです（「static」は10-2で、「string[] args」は9-1で説明します）。C#のプログラムはすべてMainメソッドから始まります。Mainメソッドのようなプログラムの開始場所を「エントリポイント」と呼びます。

今まで説明しませんでしたが、Windowsフォームアプリケーションでは、自動的にMainメソッドを「Program.cs」というファイルに作成しています。1章で作成した「WindowsFormsApp1」を確認すると、「Program.cs」にMainメソッドが記述されていることがわかります。詳しくは6-2で説明しますが、一言でいえば「各種設定をしてForm1を起動する」処理を行っています。

では、コンソールアプリの説明に戻ります。コードエディターで、次の囲み部分のコードを追加してください。

リスト5-1 コンソールアプリの例 (`ConsoleApp1：Program.cs`)

```
using System;
using System.Collections.Generic;
using System.Linq;
using System.Text;
using System.Threading.Tasks;

namespace ConsoleApplication1
{
    class Program
    {
        static void Main(string[] args)
        {
            Console.WriteLine("これがコンソールアプリです。");
```

```
            Console.WriteLine("終了するには何かキーを押してください。");
            Console.Read();
        }
    }
}
```

　Console.WriteLineは引数に指定した文字列を画面表示します。Console.Readはキーボードから文字を入力します。Console.Readがないと、コンソールアプリは表示直後にウィンドウを閉じてしまいます[1]。そのため、Console.Readでキー入力待ちの状態にして、ウィンドウを閉じないようにしましょう。

　なお、これ以降のプログラム例では、

```
Console.WriteLine("終了するには何かキーを押してください。");
Console.Read();
```

の部分は省略してありますので、適宜追加してください。

　入力したら、F5 キーを押して実行してみましょう。

図5-4　コンソールアプリの実行

[1] 「デバッグ」メニューの「デバッグなしで開始」を選択して実行した場合には、Console.Readを書かなくてもウィンドウを閉じません。

図5-4のように、真っ黒なウィンドウが立ち上がり、文字列が表示されたと思います。何かキーを押すと終了しますね。これが、コンソールアプリです。CUIの環境では、このように黒い画面に文字だけを入出力して処理を進めます。

コンソールアプリで値を表示する

コンソールアプリの画面に変数やリテラルなどの値を表示するには、ConsoleクラスのWriteメソッドかWriteLineメソッドを使います。Writeメソッドでは値を表示した後に改行しませんが、WriteLineメソッドは改行します。

構文 | **WriteとWriteLine**
```
Console.Write(値);
Console.WriteLine(値);
```

引数で指定した値は、テキスト形式で表示されます。

リスト5-2 | **値を表示する (ConsoleApp2：Program.cs)**
```
static void Main(string[] args)
{
    int a = 10;
    string s = "こんにちは";
    Console.Write(a);
    Console.WriteLine(s);
    Console.WriteLine(s + "、aの値は" + a + "です。");          ── ①
}
```

実行結果
```
10こんにちは
こんにちは、aの値は10です。
```

リスト5-2①はstring型の変数sとint型の変数aと""で囲まれた文字列リテラルとを「+演算子」(p.82参照) で連結してからWriteLineメソッドに渡しています。

+演算子を使わずに、リスト5-3のように書くこともできます。

リスト5-3	引数で指定して値を表示する（ConsoleApp3：Program.cs）

```
static void Main(string[] args)
{
    int a = 10;
    string s = "こんにちは";
    Console.WriteLine("{0}、aの値は{1}です。", s, a);        ──── ①
    Console.WriteLine($"{s}、aの値は{a}です。");             ──── ②
}
```

実行結果

```
こんにちは、aの値は10です。
こんにちは、aの値は10です。
```

　リスト5-3①では、{0}にsの値が、{1}にaの値が書き込まれます。つまり、{}
の中に書かれたインデックスに引数が順に対応して出力されます。このとき、イ
ンデックスは0から始まります。また、C#6からは、②のように「"」の前に「$」を
書くことで、文字列リテラルの中に変数を埋め込むことができます。

　さらに、書式を指定して表示することもできます。いくつか例をリスト5-4に
示しますが、たくさんあるのでMicrosoft Docs（1-7参照）を確認してください。

リスト5-4	書式を指定して値を表示する（ConsoleApp4：Program.cs）

```
static void Main(string[] args)
{
    Console.WriteLine($"{1000:C}");              // 通貨表示
    Console.WriteLine($"{250:X}");               // 16進表示
    Console.WriteLine($"{2500000:N}");           // 数値表示
    Console.WriteLine($"{123.45678:F3}");        // 小数点以下の桁数指定
    Console.WriteLine($"{2.0 / 3.0:P}");         // ％表示
}
```

実行結果

```
¥1,000
FA
2,500,000.00
123.457
```

66.67%

コンソールアプリで値を入力する

次はキーボードからの入力です。キーボードから入力するには、Consoleクラスの ReadLine メソッド[2] を使います。ReadLine メソッドは1行分の文字列を入力します。

構文 | `ReadLine`

```
string 変数 = Console.ReadLine();
```

整数値や浮動小数点値を入力したい場合には、p.90で学習したParseメソッドを使って変換してください。なお、入力チェックも行う場合には、p.124で学習したTryParseを使ってください。

リスト5-5 キーボードから入力する (`ConsoleApp5：Program.cs`)

```
static void Main(string[] args)
{
    Console.Write("科目> ");
    string subject = Console.ReadLine();
    Console.Write("点数> ");
    int score = int.Parse(Console.ReadLine());
    Console.Write("平均点> ");
    double average = double.Parse(Console.ReadLine());
    Console.WriteLine($"{subject}は{score}点（平均{average}点）");
}
```

実行結果

```
科目> 数学
点数> 96
平均点> 75.3
数学は96点（平均75.3点）
```

※ 太字はキーボードからの入力

---

2 Readメソッドもあるのですが、1文字を入力するだけであまり実用的ではないので説明は省略します。

5-2 処理を繰り返し実行する

　指定した回数分の処理を繰り返したり、条件を満たしている間処理を繰り返したりする構造を「繰り返し構造」と呼びます。C#では、繰り返し構造のために「for」「while」「do～while」「foreach」という4つの制御文を用意しています。この章では、この中から「for」「while」「do～while」の3つの制御文を説明します。「foreach」については、9-2で扱います。

for文

　指定した回数分繰り返す制御を行う場合には、for文がよく用いられます。

図5-5　forループの流れ

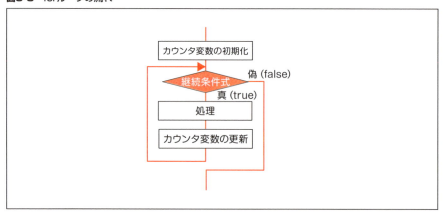

構文　for文

```
for (カウンタ変数の初期化; ループの継続条件式; カウンタ変数の更新)
{
    繰り返す処理
}
```

リスト5-6 1から10まで表示（ForSample：Program.cs）

```
static void Main(string[] args)
{
    for (int i = 1; i <= 10; i++)          // 1から10まで表示
    {
        Console.Write(i + " ");
    }
}
```

実行結果

1 2 3 4 5 6 7 8 9 10

　forの()の中は少々理解しづらい内容ですが、フローチャートに書いてみるとすぐにわかります。

図5-6 forループのフローチャート

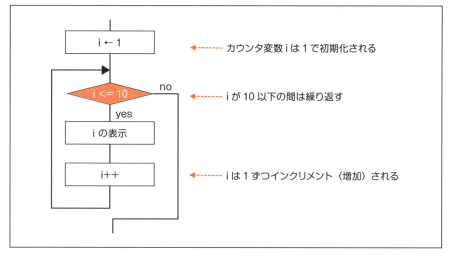

　どうでしょう、次のようにイメージできるのではないでしょうか。

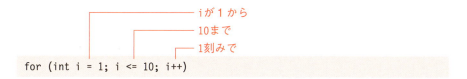

繰り返す処理が1文のときは{}を省略し、

```
for (int i = 1; i <= 10; i++)
    Console.Write(i + " ");
```

と書くことができます。また、カウンタ変数の宣言はfor文の前で行い、

```
int i;
for (i = 1; i <= 10; i++)
{
    Console.Write(i + " ");
}
```

と書いてもかまいませんが、カウンタ変数をループが終了してから使うことはまれなので、forの()の中に書くほうが一般的です。もし、ループが終了してからもカウンタ変数を使う場合には、上記の例のようにfor文の前で宣言してください。なぜなら、変数は宣言場所によってアクセスできる有効範囲が異なるからです。これを「スコープ」と呼びます。スコープについては、6-3で説明しますが、次の内容は現時点でも把握しておいてください。

- {と}で囲まれたブロックの中で宣言した変数は、そのブロック中でしか使用できない
- for文の()の中で宣言したカウンタ変数はそのforループのブロック中でしか使用できない

for文は、カウンタ変数の初期値や更新値を変えることで、いろいろな制御をすることができます。バリエーションを変えて、いろいろ試してみましょう。サポートページ（p.5参照）のサンプル（ForSample）も参考にしてください。

リスト5-7 1から30までで、2で割り切れる整数値を3おきに降順に表示（ForSample：Program.cs）

```
static void Main(string[] args)
{
    for (int i = 30; i >= 1; i -=3 )
    {
```

```
        if (i % 2 == 0)  ◄──────────────── forループの中にほかの制御文を記
            Console.Write(i + " ");              述できる
    }
}
```

実行結果

```
30 24 18 12 6
```

forの多重ループ

ループの中にループが入るネストの形を二重ループ、二重以上にネストしているものを多重ループと呼びます。リスト5-8にforの二重ループで5行7列の*を表示する例を示します。

リスト5-8　5行7列の*を表示（ForSample2：Program.cs）

```
static void Main(string[] args)
{
    for (int i = 1; i <= 5; i++)
    {
        for (int j = 1; j <= 7; j++)
        {
            Console.Write("*");
        }
        Console.Write("¥n");
    }
}
```

実行結果

```
*******
*******
*******
*******
*******
```

この2重ループの例をフローチャートで書くと次のようになります。内側のループを外側のループで回していることがわかるでしょう。

図5-7 forの二重ループのフローチャート

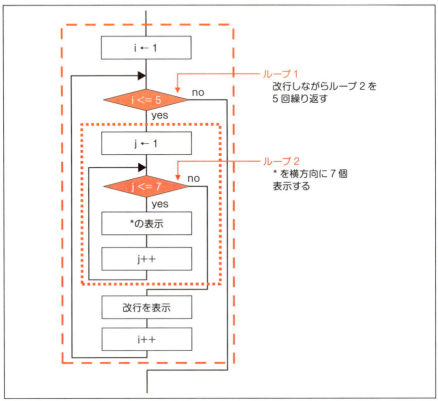

多重ループも例をあげますので、コンソールアプリで実行してみましょう。サポートページのサンプル（ForSample2）も参考にしてください。

リスト5-9 *を行の数だけ表示（ForSample2：Program.cs）

```
static void Main(string[] args)
{
    for (int i = 1; i <= 5; i++)
    {
        for (int j = 1; j <= i; j++)
        {
            Console.Write("*");
        }
        Console.Write("\n");
    }
}
```

実行結果

```
*
**
***
****
*****
```

while文

while文は、繰り返しの回数が決まっていないループで使われることが多い制御文です。

図5-8 whileループの流れ

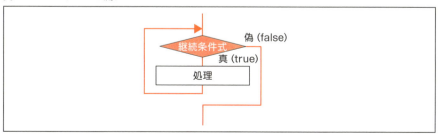

構文	while文

```
while (ループの継続条件式)
{
    繰り返す処理
}
```

　for文は()の中に、「カウンタ変数の初期化」「ループの継続条件式」「カウンタ変数の更新」を書きますが、while文は「ループの継続条件式」のみを記述します。

リスト5-10　while文の例（WhileSample：Program.cs）

```csharp
static void Main(string[] args)
{
    int n, sum = 0;

    Console.Write("整数値＞ ");
    n = int.Parse(Console.ReadLine());
    while (n > 0)          // 入力した値が0より大きければ繰り返す
    {
        sum += n;
        Console.Write("整数値＞ ");
        n = int.Parse(Console.ReadLine());
    }
    Console.WriteLine($"合計値は{sum}です。");
}
```

実行結果

```
整数値＞ 100
整数値＞ 200
整数値＞ 300
整数値＞ 0
合計値は600です。
```

※　太字はキーボードからの入力

　リスト5-10では、キーボードから入力した値を変数sumに繰り返し加算します。継続条件式は「n>0」なので、0以下を入力すると処理を終了します。もし、最初に0以下の値が入力された場合には一度も加算処理を行わずに終了します。

このように、while文は条件によっては一度も処理を実行しない制御文です。もし、必ず1回は処理を実行したい場合には、p.160で説明するdo～while文を使用します。

　繰り返す処理が1文の場合には、{}を省略することができます。けれども、複数の文の場合に{}を付け忘れると、最初の文しか繰り返さないので注意してください。これは、for文の場合も同じです。

　for文もwhile文も繰り返し制御を行いますが、一般にfor文は「〇回処理を繰り返す」ときに使用され、while文は「～の間処理を繰り返す」ときに使用される傾向があります。もっとも、両者は構文上の違いがあるだけで、処理上の違いはありません。ですから、while文で「〇回処理を繰り返す」ことも可能ですし、for文で「～の間処理を繰り返す」ことも可能です。実際にどちらを用いるのかは、プログラマの好みの問題になります。

　リスト5-6をfor文とwhile文の両方で書いて比べてみると、次のようになります。

図5-9　forループとwhileループの比較

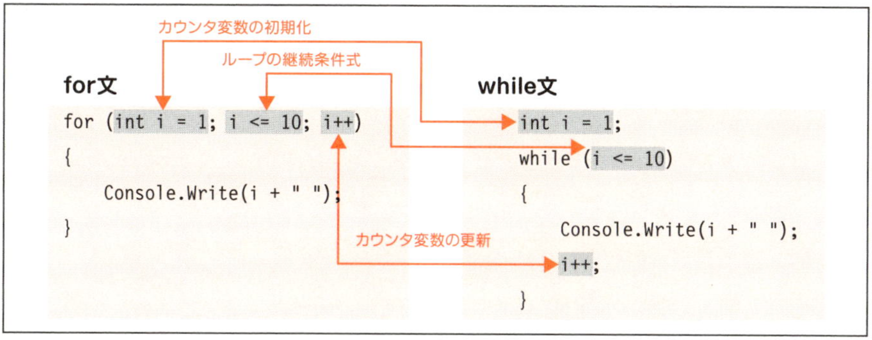

```
                カウンタ変数の初期化
          ループの継続条件式
for文                              while文
for (int i = 1; i <= 10; i++)      int i = 1;
{                                  while (i <= 10)
    Console.Write(i + " ");        {
}                                      Console.Write(i + " ");
          カウンタ変数の更新             i++;

                                   }
```

　while文では、カウンタ変数の初期化と更新を()の外に記述するようになります。特に多重ループでは、記述場所を間違いやすいので注意してください。図5-10に、リスト5-8をfor文とwhile文で書いたコードを比べます。whileでは、内側のループのカウンタ変数の初期化の位置を間違える人が多いので要注意です。

159

図5-10 forとwhileの二重ループの比較

for文の二重ループ
```
for (int i = 1; i <= 5; i++)
{
    for (int j = 1; j <= 7; j++)
    {
        Console.Write("*");
    }
    Console.Write("¥n");
}
```

while文の二重ループ
```
int i = 1;
while (i <= 5)
{
    int j = 1;
    while (j <= 7)
    {
        Console.Write("*");
        j++;
    }
    i++;
    Console.Write("¥n");
}
```

do～while文

for文とwhile文は処理の前で繰り返し条件を判定する制御文ですが、do～while文は処理の後で条件を判定する後判定の制御文です。

図5-11 do～whileループの流れ

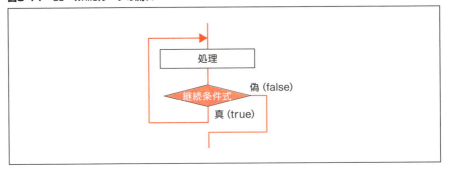

構文	do〜while文

```
do
{
    繰り返す処理
} while(ループの継続条件式);
```

リスト5-11	do〜while文の例 (DoWhileSample：Program.cs)

```
static void Main(string[] args)
{
    int n, sum = 0;

    do
    {
        Console.Write("整数値> ");
        n = int.Parse(Console.ReadLine());
        sum += n;
    } while (n > 0);    // 入力した値が0より大きければ繰り返す
    Console.WriteLine($"合計値は{sum}です。");
}
```

実行結果

```
整数値> 100
整数値> 200
整数値> 300
整数値> 0
合計値は600です。
```

※　太字はキーボードからの入力

　リスト5-11は、リスト5-10をdo〜while文に書きなおしたものです。while文は条件によっては一度も処理を実行しない場合がありますが、do〜while文では、必ず1回は処理を実行します。ですから、リスト5-11で最初に0以下の整数値を入力した場合でも加算を実行します。継続条件にかかわらず1回は処理を行いたいときにはdo〜while文を使用してください。

5-3 繰り返しの流れを途中で変える

繰り返しの途中で、「ここで処理を終わらせたい」という場合には、ループから抜け出すことも可能です。C#には、繰り返し制御を補助する3つのジャンプ文が用意されています。

break文

break文については、すでに4-2のswitch文で説明しました。しかし、break文は、繰り返しを特定の条件で中断してループから脱出するときにも使われます。

構文	break文

```
繰り返し
{
    処理1
    if (条件式)
        break;          ┐
    処理2            ループを脱出する
}
```

リスト5-12にbreak文を使った例を示してみましょう。このプログラムは、整数値を10回入力して合計を求めますが、負数が入力されたらループを中断します。

リスト5-12 break文の例（BreakSample：Program.cs）

```csharp
static void Main(string[] args)
{
    int n, sum = 0;
    Console.WriteLine("整数値を10回入力してください。");
    Console.WriteLine("途中で負数を入力したら終了します。");
    for (int i = 1; i <= 10; i++)
    {
        Console.Write("> ");
```

```
    n = int.Parse(Console.ReadLine());
    if (n < 0)        // 負数が入力された場合、ループを脱出
        break;
    sum += n;
}
Console.WriteLine($"合計値は{sum}です。");
}
```

実行結果

整数値を10回入力してください。
途中で負数を入力したら終了します。
> **10**
> **20**
> **30**
> **-1**
合計値は60です。

※ 太字はキーボードからの入力

　break文を多重ループの中で使用する場合には、そのbreak文が含まれるループから1つ外のループに抜け出すだけなので注意してください。多重ループから抜け出すには、そのたびにbreak文を使うか、p.167で説明するgoto文を使います。

continue文

　それ以降の文をスキップし、次のループ処理を行うには、continue文を使います。特定の入力値を受け付けたくない場合などに用いると便利です。

構 文	continue文

```
繰り返し
{
    処理1
    if (条件式)
        continue;
    処理2               それ以降の処理をスキップする
}
```

163

5

商を小数点以下50桁まで求めて繰り返し制御を理解しよう

リスト5-13は1000を入力値で5回割る処理を行うものですが、0で割るゼロ除算を避けるため、割る数に0を入力したらcontinue文で割り算の処理をスキップし、再入力させるようになっています。

リスト5-13 forループの中でcontinueする例（ContinueSample：Program.cs）

```csharp
static void Main(string[] args)
{
    int n, div = 1000;

    Console.WriteLine("整数値を5回入力してください。");
    for (int i = 1; i <= 5; i++)
    {
        Console.Write("> ");
        n = int.Parse(Console.ReadLine());
        if (n == 0)
        {
            Console.WriteLine("0では割れません。再入力してください。");
            continue;
        }
        Console.Write($"{div} / {n} = ");
        div /= n;
        Console.WriteLine(div);
    }
}
```

実行結果

```
整数値を5回入力してください。
> 6
1000 / 6 = 166
> 5
166 / 5 = 33
> 4
33 / 4 = 8
> 0
0では割れません。再入力してください。
> 3
```

```
8 / 3 = 2
```

※　太字はキーボードからの入力

では、同じ内容をforではなく、whileで書いてみるとどうなるでしょう。

リスト5-14　whileループの中でcontinueする例（ContinueSample2：Program.cs）

```
static void Main(string[] args)
{
    int n, div = 1000;

    Console.WriteLine("整数値を5回入力してください。");
    int i = 1;
    while (i <= 5)
    {
        Console.Write("> ");
        n = int.Parse(Console.ReadLine());
        if (n == 0)
        {
            Console.WriteLine("0では割れません。再入力してください。");
            continue;
        }
        Console.Write($"{div} / {n} = ");
        div /= n;
        Console.WriteLine(div);
        i++;
    }
}
```

実行結果

```
整数値を5回入力してください。
> 6
1000 / 6 = 166
> 5
166 / 5 = 33
> 4
33 / 4 = 8
> 0
0では割れません。再入力してください。
> 0
0では割れません。再入力してください。
> 3
8 / 3 = 2
> 2
2 / 2 = 1
```

※　太字はキーボードからの入力

　for文で書いたリスト5-13は、0を入力した場合も含めて5回繰り返しました。け
れども、while文では、0を入力した場合は含めずに5回繰り返しています。forルー
プ中のcontinueではカウンタ変数の更新に戻りますが、whileとdo～whileでは
continueでただちにループの先頭に戻るので、このような違いが出てくるのです。

図5-12　continueをforとwhileで使った場合の違い

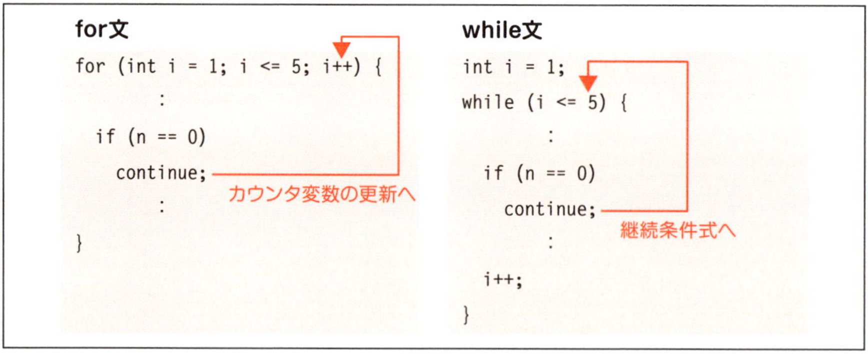

for文
```
for (int i = 1; i <= 5; i++) {
       :
  if (n == 0)
    continue;
         :      カウンタ変数の更新へ
}
```

while文
```
int i = 1;
while (i <= 5) {
       :
  if (n == 0)
    continue;
         :      継続条件式へ
  i++;
}
```

goto文

プログラムの制御をラベル付き文に直接移動するには、goto文を使用します。一見便利そうに見える制御文ですが、goto文でむやみにプログラムの流れを飛ばすと制御構造がわかりづらくなり、コードが複雑に絡み合ったいわゆる「スパゲッティプログラム」になってしまいます。そのため、使わないほうがいいといわれている制御文です。

けれども、goto文を使ったほうがすっきりと記述できる例も存在します。それは多重ループから一気に抜けたい場合です。p.163で説明したように、break文で抜けられるのはそのbreak文が含まれるループのみです。ですから、多重ループから一気に抜け出したい場合にはgoto文を使うとすっきり記述できます。しかし、あくまでも特殊な例に限りgoto文を使うようにし、多用は避けましょう。

構文 | goto文

```
        処理1
        goto ラベル名;  ─┐
        処理2            ラベルに無条件ジャンプ
ラベル名: ◄──────────────┘
        処理3
```

リスト5-15 多重ループをgoto文で一気に抜ける（GotoSample：Program.cs）

```csharp
static void Main(string[] args)
{
    int i, j = 0, k = 0, no = 1;

    for (i = 1; i <= 10; i++)
    {
        for (j = 1; j <= 10; j++)
        {
            for (k = 1; k <= 10; k++)
            {
                no += (i + j + k);
```

```
                if (no >= 2000) goto OUT; ┐
            }                             │
        }                                 │  ループを一気に脱出する
    }                                     │
    OUT: ◄─────────────────────────────────┘
    Console.WriteLine($"i:{i} j:{j} k:{k} no:{no}");
}
```

実行結果

```
i:2 j:7 k:10 no:2006
```

✏️コラム● 無限ループ

　無限ループとは、その名のとおり永遠に終わることのない繰り返し処理ですが、わざと無限ループを書く場合があります。当然、そのままでは次の処理に進めませんので、特定の条件でループをbreak文で飛び出すようにします。

　無限ループは、while文かfor文を使って書きます。do～whileは繰り返しの最後まで無限ループであることがわからないので、通常は使われません。

●while文の無限ループ

```
while (true)
{
    処理1
    if (条件式)
        break;
    処理2
}
```

継続条件式にtrueを記述するので、falseになって繰り返しを終了することがなく、無限ループになります。

●for文の無限ループ

```
for (;;)
{
    処理1
    if (条件式)
        break;
    処理2
}
```

カウンタ変数の初期化、ループの継続条件式、カウンタ変数の更新のすべてがありませんから無限ループになります。

例題のアプリケーションの作成

　この章の学習で、いろいろな制御文で繰り返しが行えることが理解できたと思います。では、例題を作成しましょう。解答例では、for文とdo～while文を使って繰り返しを行っています。余裕のある人は、while文や無限ループなどを使って書き換えてみましょう。

●完成イメージ
　商を小数点以下50桁まで表示するコンソールアプリを作成します。

図5-13　例題の完成イメージ

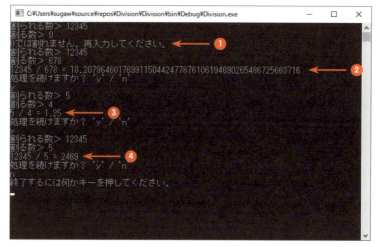

●アプリケーションの仕様
(1) 「割られる数」と「割る数」に整数値を入力します。このとき、「割る数」に「0」を入力した場合には、「0では割れません。再入力してください。」と表示し、再入力させます（図5-13①）。
　また、整数値に変換不可能な値を入力した場合には、「入力文字列の形式が正しくありません。」と表示して終了します。
(2) 「割られる数」と「割る数」を入力したら、「割られる数」を「割る数」で割っ

た商を小数点以下50桁表示します（②）。途中で割り切れた場合には、そこで表示をやめます（③）。また、整数部で割り切れた場合には、小数点は表示しません（④）。

(3) 「処理を続けますか？ 'y' / 'n'」と表示し、'y'か'Y'が入力されたら(1)と(2)を繰り返します。

(4) (1)〜(3)の処理を終了したら、ウィンドウを閉じてしまわないようにキー入力待ちにします。

(5) 図5-14にMainメソッドの構造を示します。
図5-14のように、外側のループの内側に2つのループが入る形になります。

図5-14 Mainメソッドの構造

```
┌─────────────────────────────────────────────┐
│  ┌───────────────────────────────────────┐   │
│  │ ①継続確認のループ                      │   │
│  │ 'y' 以外を入力するとループ終了          │   │
│  │  ┌─────────────────────────────────┐   │   │
│  │  │ ②数値入力のループ                │   │   │
│  │  │ ・割られる数と割る数の入力        │   │   │
│  │  │ ・商の整数部を表示                │   │   │
│  │  │ ・割る数に0以外を入力するとループ終了│ │   │
│  │  └─────────────────────────────────┘   │   │
│  │  ┌─────────────────────────────────┐   │   │
│  │  │ ③商の小数部を求めるループ        │   │   │
│  │  │ ・商の小数部を表示                │   │   │
│  │  │ ・50桁処理するか割り切れればループ終了│ │   │
│  │  └─────────────────────────────────┘   │   │
│  └───────────────────────────────────────┘   │
└─────────────────────────────────────────────┘
```

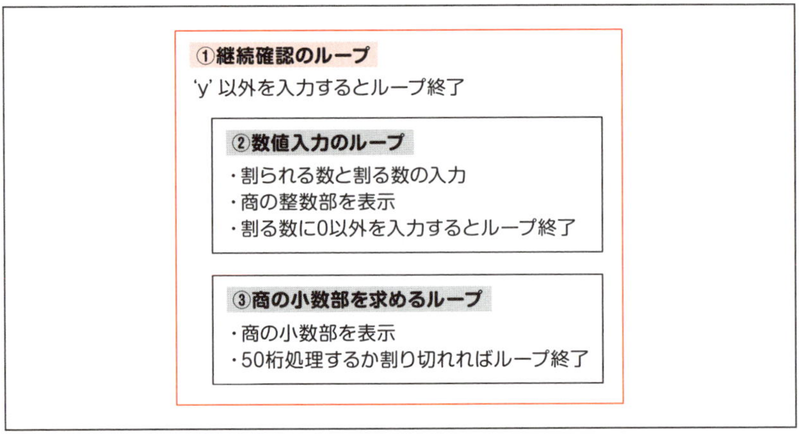

作成手順

1 プロジェクトの新規作成

プロジェクト名「Division」で「コンソールアプリ」を新規作成してください（5-1参照）。

2 「アプリケーションの仕様」(5)①を記述

最初に「継続確認のループ」を記述します。forでもwhileでもdo〜whileでもループは書けますが、このループは、最低でも1回は処理を行いますので

do〜whileで記述することにします。Program.csのMainメソッドに次のコードを追加してください。

```
static void Main(string[] args)
{
    string yn;

    do
    {
        Console.WriteLine("処理を続けますか？ ¥'y¥' / ¥'n¥'");
        yn = Console.ReadLine();
    } while (yn == "y" || yn == "Y");

    Console.WriteLine("終了するには何かキーを押してください。");
    Console.Read();
}
```

「'」を表示するには、エスケープシーケンスを使う（p.78参照）

実行すると、「y」か「Y」を入力している間は繰り返します。

③ 「アプリケーションの仕様」（5）②を記述

次に「数値入力のループ」を追加しましょう。0で割ることはできないので、「割る数」に0を入力したら再入力させます。また、この部分は最低でも1回は処理を行いますのでdo〜whileで記述します。

さらに、整数値に変換不可能な値を入力した場合に対応するため、例外処理も記述します。②で記述したコードに次の囲み部分のコードを追加してください。

```
int n1, n2;
string yn;

do
{
    try         ← 例外処理（4-4参照）
    {
        do
```

```csharp
    {
        Console.Write("割られる数> ");
        n1 = int.Parse(Console.ReadLine());
        Console.Write("割る数> ");
        n2 = int.Parse(Console.ReadLine());
        if (n2 == 0)
        {
        Console.WriteLine("0では割れません。再入力してください。");
            continue;    ◀─ 0除算の防止
        }
        Console.Write($"{n1} / {n2} = ");
        // 負数入力時の処理
        if (n1 < 0 && n2 > 0)
        {
            Console.Write("-");
            n1 = -n1;
        }                                n1かn2のどちらかに負数が
        else if (n1 > 0 && n2 < 0)       入力された場合の処理
        {
            Console.Write("-");
            n2 = -n2;
        }
        Console.Write(n1 / n2);  // 商の整数部を表示
    } while (n2 == 0);  // 0以外を入力するとループ終了
}
catch (FormatException ex)
{
    Console.WriteLine(ex.Message);
    break;
}
```

4 「アプリケーションの仕様」(5) ③を記述

次に「商の小数部を求めるループ」を追加します。次の囲み部分のコード
をcatchの下に追加してください。

```
catch (FormatException ex)
{
    Console.WriteLine(ex.Message);
    break;
}
// 商の小数部を50桁求める
int remainder;
for (int i = 1; i <= 50; i++)
{
    remainder = n1 % n2;
    if (remainder == 0)
        break;    // 割り切れればループ終了
    n1 = remainder * 10;
    if (i == 1)
        Console.Write('.');
    Console.Write(n1 / n2);    // 商の小数部を表示
}
Console.Write('¥n');

    Console.WriteLine("処理を続けますか？ ¥'y¥' / ¥'n¥'");
    yn = Console.ReadLine();
} while (yn == "y" || yn == "Y");
```

割り算を筆算で解くことを考えてみましょう。たとえば、n1に10、n2に
8を代入したと仮定して、「10÷8」を筆算で書くと図5-15のようになりま
すね。これをフローチャートでプログラムの処理と対比させてみましょう。

図5-15 例題を筆算とフローチャートで対比させる

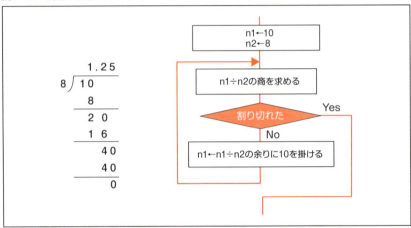

　追加したコードでは、この処理を小数点以下50桁まで繰り返し、途中で割り切れた場合には終了しています。

　これらをまとめて書くとリスト5-16になります。

リスト5-16 例題のソースコード（Division：Program.cs）

```
using System;
using System.Collections.Generic;
using System.Linq;
using System.Text;
using System.Threading.Tasks;

namespace Division
{
    class Program
    {
        static void Main(string[] args)
        {
            int n1, n2;
            string yn;

            do
```

```
        {
            try
            {
                do
                {
                    Console.Write("割られる数> ");
                    n1 = int.Parse(Console.ReadLine());
                    Console.Write("割る数> ");
                    n2 = int.Parse(Console.ReadLine());

                    if (n2 == 0)
                    {
                        Console.WriteLine
                        ("0では割れません。再入力してください。");
                        continue;
                    }

                    Console.Write($"{n1} / {n2} = ");
                    // 負数入力時の処理
                    if (n1 < 0 && n2 > 0)
                    {
                        Console.Write("-");
                        n1 = -n1;
                    }
                    else if (n1 > 0 && n2 < 0)
                    {
                        Console.Write("-");
                        n2 = -n2;
                    }
                    Console.Write(n1 / n2); // 商の整数部を表示
                } while (n2 == 0);  // 0以外を入力するとループ終了
            }
            catch (FormatException ex)
            {
                Console.WriteLine(ex.Message);
```

```
            break;
        }

        // 商の小数部を50桁求める
        int remainder;
        for (int i = 1; i <= 50; i++)
        {
            remainder = n1 % n2;
            if (remainder == 0)
                break;                    // 割り切れればループ終了
            n1 = remainder * 10;
            if (i == 1)
                Console.Write('.');
            Console.Write(n1 / n2);  // 商の小数部を表示
        }
        Console.Write('\n');

        Console.WriteLine("処理を続けますか？ ¥'y¥' / ¥'n¥'");
        yn = Console.ReadLine();
    } while (yn == "y" || yn == "Y");

    Console.WriteLine("終了するには何かキーを押してください。");
    Console.Read();
        }
    }
}
```

　以上で、例題の完成です。実行して動作確認をしてください。正常処理だ
けではなく、エラー処理の確認もしてみましょう。

練習問題 （プロジェクト名：MultiplicationTable）

「九九の表」を表示してください。for文の二重ループでは定番の問題です。

●完成イメージ

「九九の表」を表示するコンソールアプリを作成します。

図5-16　練習問題1の完成イメージ

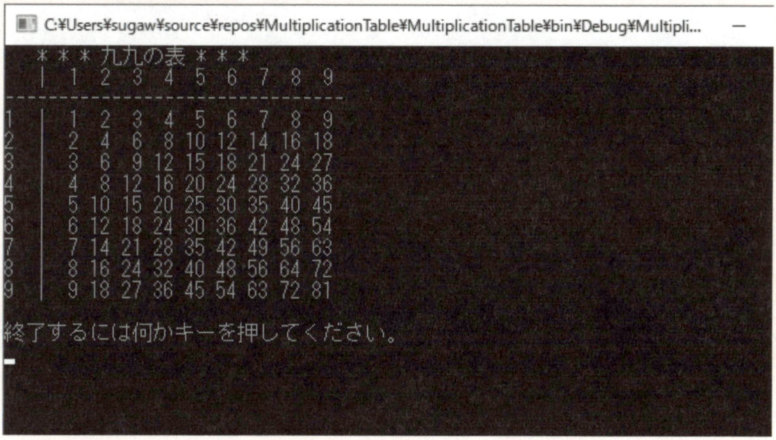

```
C:¥Users¥sugaw¥source¥repos¥MultiplicationTable¥MultiplicationTable¥bin¥Debug¥Multipli...    —

＊＊＊九九の表＊＊＊
  | 1  2  3  4  5  6  7  8  9
--------------------------------
1 | 1  2  3  4  5  6  7  8  9
2 | 2  4  6  8 10 12 14 16 18
3 | 3  6  9 12 15 18 21 24 27
4 | 4  8 12 16 20 24 28 32 36
5 | 5 10 15 20 25 30 35 40 45
6 | 6 12 18 24 30 36 42 48 54
7 | 7 14 21 28 35 42 49 56 63
8 | 8 16 24 32 40 48 56 64 72
9 | 9 18 27 36 45 54 63 72 81

終了するには何かキーを押してください。
```

●アプリケーションの仕様

(1)　実行すると「九九の表」を表示します。

(2)　ウィンドウを閉じてしまわないようにキー入力待ちにします。

●補足事項

整数型変数nを右詰め3桁で表示するには、

```
Console.Write("{0,3}", n);
```

または、

```
Console.Write($"{n,3}");
```

のように書式を指定します。

練 習 問 題

（プロジェクト名：Guess）

「数当てゲーム」のコンソールアプリを作成してください。

●完成イメージ

正解へのヒントを表示しながら数字を入力させる「数当てゲーム」です。

図5-17　練習問題2の完成イメージ

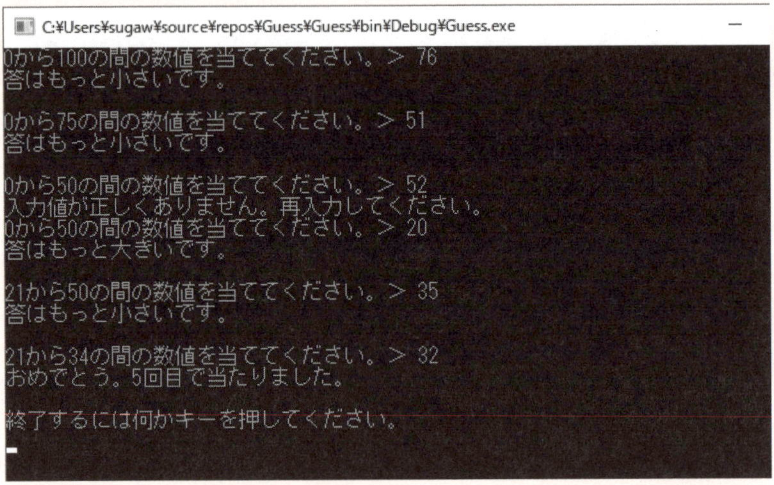

```
C:¥Users¥sugaw¥source¥repos¥Guess¥Guess¥bin¥Debug¥Guess.exe                 —

0から100の間の数値を当ててください。 > 76
答はもっと小さいです。

0から75の間の数値を当ててください。 > 51
答はもっと小さいです。

0から50の間の数値を当ててください。 > 52
入力値が正しくありません。再入力してください。
0から50の間の数値を当ててください。 > 20
答はもっと大きいです。

21から50の間の数値を当ててください。 > 35
答はもっと小さいです。

21から34の間の数値を当ててください。 > 32
おめでとう。5回目で当たりました。

終了するには何かキーを押してください。
```

●アプリケーションの仕様

⑴　当たりの数は0〜100の範囲とし、定数（3-3参照）で宣言します。

⑵　ユーザが数を入力したら、当たりの数との大小を判定し、完成
　　イメージのようにヒントの範囲を狭めます。

⑶　範囲外の数を入力したら再入力させます。

⑷　当たるまで繰り返します。

⑸　当たったら、何回目で当たったかを表示します。

CHAPTER 6

アラーム&タイマーでオブジェクト指向の基本を理解しよう

　1章で、.NET Frameworkにはたくさんのクラスライブラリが用意されていることを説明しました。実はこれまで作成した例題や練習問題のプログラムでも多くのクラスライブラリを使ってきたのです。この章では、タイマープログラムを作成しながら.NET Frameworkで用意されているクラスについて説明していきます。

本章で学習するC#の文法

- オブジェクト指向の考え方
- クラスとインスタンス
- フィールド
- 有効範囲（スコープ）
- 名前空間（ネームスペース）
- DateTime構造体

本章で学習するVisual Studioの機能

- Windowsフォームの追加
- メッセージボックスの表示
- Timerコンポーネント

この章でつくるもの

　指定した時刻になると通知するアラームと、指定時間が過ぎると通知するタイマーの両方が使えるデスクトップアプリケーションを作成します。

図6-1 例題の完成イメージ

　図6-1の「設定」ダイアログボックスは、新たにWindowsフォームを追加して作ります。利用するには、「オブジェクト指向」の「クラス」について知っていると理解が深まります。
　この章では、Visual C#でオブジェクト指向がどのように使われているのかを学習し、次章以降で実際にオブジェクト指向を使ったプログラムを作成していきます。

6-1 オブジェクト指向ってなんだろう

オブジェクト指向でプログラミングは変わった

　処理が中心のプログラミングを「手続き型プログラミング」と呼びます。たとえばテキストボックスを作ろうと思ったとき、手続き型プログラミングでは、座標やサイズ、色などの情報をもとにテキストボックスを描画します。さらにキー入力する場合には、座標を更新させながら文字を表示します。また、Back space キーを押すと文字を背景色で上書きしながら消して表示座標を戻し、後ろに文字がある場合にはそれらは全部書き直します。

　そんな効率の悪い手続き型プログラミングは「オブジェクト指向」が主流になることで一掃されました。テキストボックスの制御は個々のテキストボックスオブジェクトに任せて、プログラマはそれらのオブジェクトに指示を出すだけでいいのです。さらにVisual Studioのような統合開発環境はオブジェクト指向開発を強力にサポートし、飛躍的に効率化してくれました。

図6-2　手続き型プログラミングとオブジェクト指向プログラミング

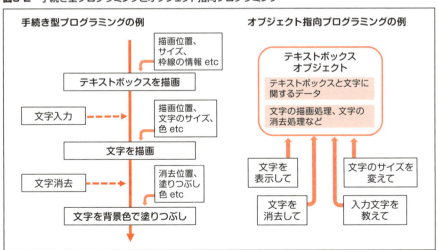

クラスとは

オブジェクト指向では、「データ」と「処理」をまとめて「クラス」という単位で扱います。本書でも「クラス」という言葉は何度か使ってきました。また、作成したプログラムにも「class」というキーワードが使われていました。

クラスは実態をもたない「ひな型」で、いわばプログラムの設計図です。クラスはオブジェクト指向プログラムの基本単位になります。

オブジェクトとは

では、クラスは何を「ひな型」として定義するのでしょう。それは、オブジェクトです。「object」を日本語に訳すと「物」や「対象」という意味になりますが、現実世界に存在する物理的な「モノ」はもちろん、予約や注文といった「概念」もオブジェクトにすることができます。オブジェクト指向では、プログラムを「小さく単純な役割」をもつオブジェクトの集合として設計し、オブジェクトどうしが連携しながら処理を進めていきます。

何をオブジェクトにするかは、図6-3のように開発するシステムによって異なりますし、プログラマの考え方によっても違ってきます。

図6-3 学生オブジェクトの属性例

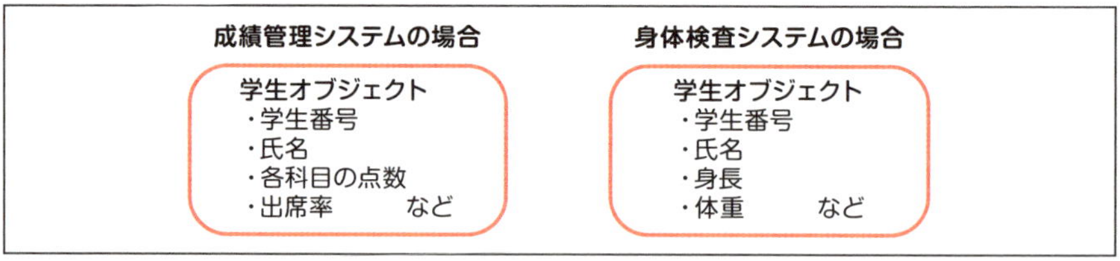

成績管理システムの場合	身体検査システムの場合
学生オブジェクト ・学生番号 ・氏名 ・各科目の点数 ・出席率　　　など	学生オブジェクト ・学生番号 ・氏名 ・身長 ・体重　　　など

インスタンスとは

クラスはオブジェクトを定義したものですが、クラスから生み出される実体を「インスタンス」と呼びます。オブジェクトとインスタンスは同じ意味で用いられることもあるのですが、オブジェクトがより広い意味で使われるのに対し、イ

ンスタンスはクラスから作られた実体を意味する場合に使われます。特に、クラスからインスタンスを生成することを「インスタンス化」と呼びます。

クラスとインスタンスは、よく「たい焼きの型」と「たい焼」にたとえられます。

- たい焼きの型に中身はないが、たい焼きには中身がある
- たい焼きの型があれば、たい焼きを何個でも焼くことができる
- 入れるあんを変えればいろいろな種類のたい焼きを焼くことができる

ということをたとえているのです。

図6-4　クラスとインスタンスのたとえ

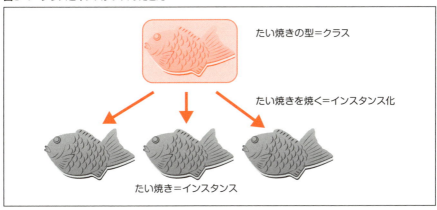

p.67でデータ型のうち「組み込み型」を学びましたが、クラスのように開発者が定義する型を「ユーザ定義型」と呼びます。ユーザ定義型にはクラスのほかに「配列（p.307）」「構造体（p.212）」「列挙型（p.326）」などがあり、これらの実体も「インスタンス」と呼びます。

6-2 Visual C#とオブジェクト指向

　用語の意味を中心にオブジェクト指向の概念的な説明が続きました。ここから
は、Visual Studioを使って実際にプロジェクトを作成し、オブジェクト指向がど
のような形でVisual C#のプログラムに使われているのかを見ていきましょう。

Windowsフォームアプリケーションとオブジェクト指向

　実は、今まで例題を作成する際に使用してきたWindowsフォームも、ボタン
などのコントロールも、クラスから生成されたインスタンスなのです。具体的に
コードで解説していきますので、まずは「WindowsFormsApp2」という名前で
「Windowsフォームアプリケーション」を作成してください。

●Programクラス

　プロジェクトを新規作成したら、ソリューションエクスプローラーで、
「Program.cs」をダブルクリックしてソースコードを表示してください。

リスト6-1 Programクラス (WindowsFormsApp2：Program.cs)

```
using System;
using System.Collections.Generic;
using System.Linq;
using System.Threading.Tasks;
using System.Windows.Forms;

namespace WindowsFormsApp2
{
    static class Program                 ――― ①
    {  ――― ②
        /// <summary>
        /// アプリケーションのメイン エントリ ポイントです。
        /// </summary>
```

```
    [STAThread]
    static void Main()
    {
        Application.EnableVisualStyles();
        Application.SetCompatibleTextRenderingDefault(false);
        Application.Run(new Form1());            ——— ③
    }
}  ——— ④
}
```

①はProgramクラスの宣言です。「class」は、クラスを宣言するキーワードで、「Program」という名前のクラスを宣言しています。このProgramクラスの範囲は②の{から④の}までのブロックになります。中に記述されている「static void Main()」はp.147で説明したように、C#プログラムのエントリポイントであるMainメソッドです。Visual StudioでC#のWindowsフォームアプリケーションを作成すると、Program.csファイルの中にMainメソッドをもつProgramクラスが自動的に作成されます。なお、「static」キーワードについては10-2で説明します。

③は2つのメソッドを1文で実行しています。この部分を2文に分解してみると、

```
Form1 インスタンス = new Form1();  ——— ⑤
Application.Run(インスタンス);  ——— ⑥
```

となります。⑤の文は、

```
クラス名 インスタンス名 = new クラス名();
```

で、クラスからインスタンスを生成することを意味します。「new」はクラスのための領域をメモリ上に確保する演算子です。つまり、この文でForm1クラスの実体がメモリ上に確保され、その値をインスタンス名で宣言した変数に代入します。インスタンスの生成手順は7章でさらに詳しく説明します。

⑥の文では、⑤で生成されたForm1のインスタンスを実行し、「メッセージループ」と呼ばれるイベントの監視状態に移行します。p.53でイベントとイベントハンドラについて説明しましたが、メッセージループは、マウスクリックやキーボード入力などのユーザイベントを処理するコード内のルーチンで、イベントドリブ

ン型プログラムには欠かせない技術です。ユーザがフォームを閉じるとメッセージループが終了し、Mainメソッドに処理が戻り、そのままMainが終了するのでアプリケーション自体も終了します。

なお、リスト6-1のそのほかの部分ですが、「using」はp.194で、「namespace」はp.193で説明します。また、「Application.EnableVisualStyles();」は、Windowsシステムの外観に合わせてフォームやボタンなどのコントロールのスタイルを変更するメソッドで、「Application.SetCompatibleTextRenderingDefault(false);」は、フォームのテキスト表示の方法を指定するメソッドです。

●Form1クラス

Windowsフォームデザイナー上で右クリックしてショートカットメニューを表示し、「コードの表示」をクリックしてコードエディターを表示してください。リスト6-2のようなコードが表示されますね。

リスト6-2 Form1クラス（WindowsFormsApp2：Form1.cs）

```csharp
using System;
using System.Collections.Generic;
using System.ComponentModel;
using System.Data;
using System.Drawing;
using System.Linq;
using System.Text;
using System.Threading.Tasks;
using System.Windows.Forms;

namespace WindowsFormsApp2
{
    public partial class Form1 : Form          ── ①
    {
        public Form1()
        {                                         ②
            InitializeComponent();
        }
```

186

```
        }
    }
```

①は、Form1クラスの定義です。「:Form」はForm1クラスがFormクラスを継承していることを示しています（継承については、8章で解説します）。

「partial」は、クラスの定義部分を分割可能にするキーワードです。Visual C#でWindowsフォームアプリケーションを作成すると、Form1クラスが、「Form1.cs」と「Form1.Designer.cs」という2つのファイルに分けて記述されます。ソリューションエクスプローラーで「Form1.cs」を展開し、「Form1.Designer.cs」ファイルをクリックしてコードを表示してみてください。リスト6-3①のようにForm1クラスが記述されていることがわかりますね。

> **リスト6-3** Windowsフォームデザイナーで作成されたコード（WindowsFormsApp2：Form1.Designer.cs）

```
namespace WindowsFormsApp2
{
    partial class Form1 ——— ①
    {
        /// <summary>
        /// 必要なデザイナー変数です。
        /// </summary>
        private System.ComponentModel.IContainer components = null;
```

さて、リスト6-2②の「public Form1()」はForm1という名前のメソッドですが、クラス名と同じ名前のメソッドは「コンストラクター」という特別なメソッドです。コンストラクターについてはp.243で詳しく説明しますが、インスタンスを生成するときに呼ばれ、初期処理を行います。つまり、リスト6-1の「new Form1()」でインスタンスを生成するときに、リスト6-2②のForm1コンストラクターが呼ばれ、「InitializeComponent();」が実行されます。

InitializeComponentメソッドの定義は、Form1.Designer.csに記述されています。先ほど開いたForm1.Designer.csの23行目付近を見てみてください。「Windowsフォーム デザイナーで生成されたコード」と書かれている行があり、#regionと#endregionキーワードを使ってコードが折りたたまれています[1]。➕をクリックして開くとInitializeComponentメソッドが現れると思います（リスト6-4①）。コ

---

1 #regionと#endregionで囲まれたブロックは、コードエディターのアウトライン機能を使用して展開や折りたたみができます。ソースコードが長い場合に可読性を増すために使用されます。

187

メントに書いてあるとおり、ユーザが変更するとプログラムが正しく動かなくなる可能性があるので、いじらないようにしてください。

リスト6-4 InitializeComponentメソッド（WindowsFormsApp2：Form1.Designer.cs）

```
#region Windows フォーム デザイナーで生成されたコード

/// <summary>
/// デザイナー サポートに必要なメソッドです。このメソッドの内容を
/// コード エディターで変更しないでください。
/// </summary>
private void InitializeComponent()          ——— ①
{
    this.components = new System.ComponentModel.Container();
    this.AutoScaleMode = System.Windows.Forms.AutoScaleMode.Font;
    this.ClientSize = new System.Drawing.Size(800, 450);      ——— ②
    this.Text = "Form1";      ——— ③
}

#endregion
```

このInitializeComponentに記述されている処理は難しいので説明を省略しますが、②でフォームのクライアント領域のサイズ、③でタイトルを設定していることは想像できるでしょう。この「this」は現在のインスタンスを参照することを意味するキーワードです。つまり、Form1のClientSizeとTextプロパティを示しています。

なお、Form1.Designer.cs中のDisposeメソッドは、フォームを閉じたときに実行される終了処理で、メモリの解放などを行います。

●フォームにコントロールを追加

では、次にWindowsフォームデザイナーを使って、Form1の上にラベルを2つ追加してからForm1.Designer.csを開いてください。リスト6-5のようにコードが増えましたね。

188

リスト6-5 ラベルを2個追加（`WindowsFormsApp2：Form1.Designer.cs`）

```
private void InitializeComponent()
{
    this.label1 = new System.Windows.Forms.Label(); ——— ①
    this.label2 = new System.Windows.Forms.Label(); ——— ②
    this.SuspendLayout(); ——— ③
    //
    // label1
    //
    this.label1.AutoSize = true;
    this.label1.Location = new System.Drawing.Point(13, 13);
    this.label1.Name = "label1";
    this.label1.Size = new System.Drawing.Size(35, 12);
    this.label1.TabIndex = 0;
    this.label1.Text = "label1";
    //
    // label2
    //
    this.label2.AutoSize = true;
    this.label2.Location = new System.Drawing.Point(93, 13);
    this.label2.Name = "label2";
    this.label2.Size = new System.Drawing.Size(35, 12);
    this.label2.TabIndex = 1;
    this.label2.Text = "label2";
    //
    // Form1
    //
    this.AutoScaleDimensions = new System.Drawing.SizeF(6F, 12F);
    this.AutoScaleMode = System.Windows.Forms.AutoScaleMode.Font;
    this.ClientSize = new System.Drawing.Size(800, 450);
    this.Controls.Add(this.label2);
    this.Controls.Add(this.label1);              ⑤
    this.Name = "Form1";
    this.Text = "Form1";
    this.ResumeLayout(false); ——— ⑥
    this.PerformLayout();
```

④

6

アラーム＆タイマーでオブジェクト指向の基本を理解しよう

①は、System.Windows.Forms名前空間（p.193）のLabelクラスをインスタンス化し、Form1のlabel1を生成しています。同様に、②はlabel2を生成しています。このように、1つのクラスから複数のインスタンスを生成することができます。

④は、label1とlabel2の各プロパティを設定している部分です。プロパティウィンドウでlabel1とlabel2のプロパティを確認してみてください。④と同じようにプロパティが設定されているはずです。

さらにコードの続きを見てみましょう。⑤でフォームにlabel1とlabel2を追加しています。

そして、③の「this.SuspendLayout();」は、コントロールのレイアウト処理を一時的に中断し、⑥の「this.ResumeLayout(false);」で再開する処理を行っています。もし、レイアウト処理を中断しないままコントロールのプロパティを変更すると、変更のたびに描画が行われてパフォーマンスが低下します。そのため、一時的にレイアウト処理を中断するのです。

Windowsフォームデザイナーを使ってフォームにコントロールを配置している裏で、Visual Studioが自動的にこれらのコードを記述してくれます。おかげで私たちは特に意識することなく、クラスからインスタンスを生成できるのです。

●コントロールを実行時に作成する

コントロールをフォームに配置するときには、Windowsフォームデザイナーを使うのが一般的です。けれども、実行時に動的にコントロールのインスタンスを生成し、フォームに配置することも可能です。

Windowsフォームデザイナーでフォームの上をダブルクリックし、Form1_Loadイベントハンドラを追加し、囲み部分のコードを記述してください。

リスト6-6 ボタンの追加（WindowsFormsApp2：Form1.cs）

```
public partial class Form1 : Form
{
    private Button button1;      ——— ①

    public Form1()
    {
        InitializeComponent();
```

```
    }

    private void Form1_Load(object sender, EventArgs e)
    {
        button1 = new Button();          ─────── ②

        button1.Name = "button1";    ┐
        button1.Text = "開く";        ┘③

        button1.Location = new Point(100, 100);   ┐
        button1.Size = new Size(80, 20);          ┘④

        Controls.Add(button1);           ───── ⑤
    }
}
```

　①はButtonクラスの変数button1の宣言です。まだインスタンス化は行われていないので、メモリ上にButtonクラスから生成した実体はありません。②でnew演算子によりインスタンス化が行われ、生成したインスタンスへの参照をbutton1に代入します。

　③はそれぞれ、button1のNameプロパティとTextプロパティを設定しています。

　④はボタンの位置とサイズのプロパティを設定している箇所で、new演算子でPoint構造体とSize構造体からインスタンスを生成しています。構造体とはクラスと同じようにデータをまとめて扱う単位です（p.212で説明します）。

　⑤はプロパティを設定したbutton1をフォームに追加しています。

　WindowsFormsApp2を実行すると、図6-5のようにフォームを表示するはずです。

図6-5 WindowsFormsApp2の実行画面

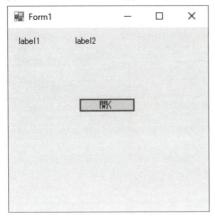

※Windowsフォームデザイナーで
　Form1の大きさを変えています。

　WindowsFormsApp2を構成しているインスタンスの関係を階層構造で表すと、図6-6のようになります。フォームもラベルやボタンなどのコントロールも、すべてクラスから生成されるインスタンスであることがわかるでしょう。

図6-6 WindowsFormsApp2を構成しているインスタンス例

名前空間（ネームスペース）

　さて、コントロールのインスタンスを生成するコードが、Form1.Designer.cs（リスト6-5）とForm1.cs（リスト6-6）とで違っていたことに気がついたでしょうか。

Form1.Designer.csのほうは、

```
this.label1 = new System.Windows.Forms.Label();
```

ですが、Form1.csのほうは、

```
button1 = new Button();
```

になっています。どうしてForm1.Designer.csのほうだけ「System.Windows.Forms.」が余分に付いているのでしょう。これは、「名前空間（ネームスペース）」と呼ばれるものです。

.NET Frameworkクラスライブラリには膨大な数のクラスが登録されています。この膨大なクラスを分類するのが名前空間です。.NET Frameworkクラスライブラリで使われている名前空間はネストになっています。たとえば、Labelコントロールの構造を見てみましょう。

図6-7 System.Windows.Forms.Labelクラスの名前空間

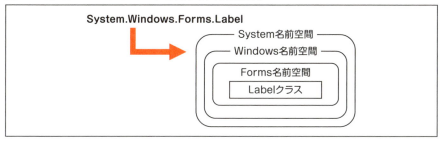

名前空間を見るだけで、クラスの機能が想像できるのではないでしょうか。このように、Visual C#では、名前空間を使ってクラスの所属をわかりやすく分類しています。ちょうど、ファイルをフォルダに分けて格納するのに似ていますね。また、名前空間が異なれば同じクラス名を付けてもいいことになっているので、膨大な量のクラスの名前付けで重複を避けるための労力を省くことができます。

●namespaceキーワード

名前空間を定義するには、「namespace」キーワードを使います。

構文	namespace

```
namespace 名前空間名
{
    クラスの定義など
}
```

　先ほど作ったWindowsFormsApp2のファイルを見てみてください。Program.
cs、Form1.cs、Form1.Designer.cs、それぞれのファイルの先頭に、

```
namespace WindowsFormsApp2
```

の記述があると思います。これは、Visual Studioが自動的に作成したコードで、
これらのファイルに記述されているクラスがWindowsFormsApp2名前空間に属
することを意味しています。この名前空間は変更も可能ですが、特に理由がなけ
れば、このまま既定のものを使用しましょう。

●using ディレクティブ

　さて、Form1.Designer.csでは「System.Windows.Forms.Label()」、Form1.csで
は「Button()」と記述していた件ですが、Form1.csのほうは、コードの先頭部分
に「using System.Windows.Forms;」という記述があるので、「System.Windows.
Forms.」の部分を省略できるのです。

　Form1.csの先頭部分には、usingから始まる行が続いていますね。仮に、いち
いち「System.Windows.Forms.Label()」や「System.Windows.Forms.Button()」のよ
うに書かなければならないとしたら、とても面倒ですし、コードも長くて読むの
が大変です。ですから、C#ではよく使われる名前空間をusingディレクティブで
宣言し、名前空間を指定しなくても済むようにしています。もし、あらかじめ
usingで名前空間を宣言していないクラスを使う場合には、usingで名前空間を指
定するか、名前空間を付けてクラスを記述してください。

```
using System.Windows.Forms;

                            省略可能          usingディレクティブで名前空間を宣言すると
                                            クラス名を記述するだけで済む

this.label1 = new System.Windows.Forms.Label();
```

194

新しいフォームの追加

p.185でProgramクラスの中でForm1クラスのインスタンスが生成されることを説明しました。実はForm1クラスの中で新しいフォームのインスタンスを生成することも可能です。

WindowsFormsApp2のボタンコントロールにイベントハンドラを登録して、新しいフォームを開くようにしてみましょう。

●Form2の追加

「プロジェクト」メニューの「Windowsフォームの追加」をクリックすると、「新しい項目の追加」のダイアログボックスが開きます。図6-8のように、「Visual C# アイテム」(①)の「Windowsフォーム」(②)が選択され、名前の欄に「Form2.cs」(③)が記入されていることを確認したら、「追加」(④)のボタンをクリックしてください。WindowsフォームデザイナーでForm2のフォームが開かれます。

図6-8　新しい項目の追加のダイアログボックス

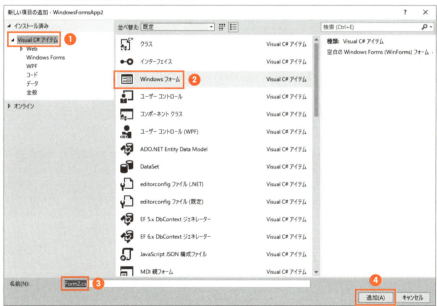

そうしたら、ツールボックスからラベル、テキストボックス、ボタンをドラッグして図6-9のように配置し、表6-1のようにプロパティを設定しましょう。

図6-9 新しいフォームの追加

表6-1 Form2のコントロールのプロパティ

	コントロール	Nameプロパティ	その他のプロパティ	
	Form	Form2	Text	今日の気分
①	Label	label1	Text	今の気分を入力してください
②	TextBox	textBoxFeeling		
③	Button	buttonOK	Text	OK
			DialogResult	OK
④	Button	buttonCancel	Text	キャンセル
			DialogResult	Cancel

次にコードを記述します。「OK」ボタンをダブルクリックすると、コードエディターが開き、ButtonOK_Clickイベントハンドラが追加されるので、リスト6-7の囲み部分のコードを追加してください。

リスト6-7 「OKボタン」クリックのイベントハンドラ (WindowsFormsApp2:Form2.cs)

```
public partial class Form2 : Form
{
    internal string Feeling;        ──── ①

    public Form2()
    {
        InitializeComponent();
    }
```

```
    private void ButtonOK_Click(object sender, EventArgs e)
    {
        Feeling = textBoxFeeling.Text;          ——— ②
    }
}
```

　P.203で詳しく解説しますが、①は「フィールド」と呼ばれ、すべてのメソッドからアクセスが可能になる変数です。「OK」ボタンがクリックされると、このフィールドにテキストボックスのテキストを代入します（②）。

●Form2を開く

　では、今度はForm1からForm2を開く処理を追加しましょう。イベントハンドラも、プロパティウィンドウを使用しないで追加します。「Form1.cs」にリスト6-8の囲み部分の記述を追加してください。

リスト6-8　Form1からForm2を開く処理（WindowsFormsApp2：Form1.cs）

```
private void Form1_Load(object sender, EventArgs e)
{
    button1 = new Button();

    button1.Name = "button1";
    button1.Text = "開く";

    button1.Location = new Point(100, 100);
    button1.Size = new Size(80, 20);

    button1.Click += new EventHandler(Button1_Click);      ——— ①

    Controls.Add(button1);
}

private void Button1_Click(object sender, EventArgs e)      ——— ②
{
    Form2 form2 = new Form2();      ——— ③
```

```
    if (form2.ShowDialog() == DialogResult.OK)          ─────── ④
    {
        label1.Text = form2.Feeling;        ─────── ⑤
    }
    form2.Dispose();        ─────── ⑥
}
```

　①がイベントハンドラの登録です。button1のクリックイベントにButton1_
Clickイベントハンドラを登録しています。

　②はButton1_Clickイベントハンドラの定義です。③でForm2クラスからインス
タンスを生成しています。Form2クラスは、p.195で「新しい項目の追加」のダイア
ログボックスで追加したクラスです。クラスからインスタンスを生成するには
new演算子を使うのでしたね。

　④は図6-10のように2つの処理を行っています。まず、「form2.ShowDialog()」で
form2をモーダルダイアログボックスとして表示します。モーダルダイアログボッ
クスを開いている最中はほかのフォームを操作することができないので（p.200参
照）、制御はform2に移ります。Form2クラスの「OK」と「キャンセル」ボタンの
DialogResultプロパティはp.196の表6-1で設定済みです。ですから、form2は「OK」
ボタンクリックで閉じたときには「DialogResult.OK」を、「キャンセル」ボタンク
リックで閉じたときには「DialogResult.Cancel」を返却してきます。そこで、「==
DialogResult.OK」でform2が「OK」ボタンで閉じたかどうかを判定しています。

　⑤はForm2クラスのフィールドのFeelingをlabel1のTextプロパティに代入し
ています。このFeelingはリスト6-7②で、Form2のテキストボックスに入力され
たテキストを代入した変数でしたね。

　⑥では、不要になったフォームのリソースを解放しています。

図6-10　「if (form2.ShowDialog() == DialogResult.OK)」の処理内容

```
form2.ShowDialog()
```

モーダルダイアログ
ボックスを開く

```
// 「OK」ボタンで閉じたか?
if ( … == DialogResult.OK)
```

「OK」なら「`DialogResult.OK`」
「キャンセル」なら「`DialogResult.Cancel`」
を返却

モーダルダイアログボックスを開
いている最中は、ほかのフォーム
を操作することができない

●ダイアログボックスの種類

「ShowDialog」メソッドで表示するフォームは「モーダルダイアログボックス」ですが、「Show」メソッドで表示するフォームは「モードレスダイアログボックス」です。両者には以下のような違いがあります。

- **モーダル**：フォームを表示している間は、そのフォーム以外操作できない
- **モードレス**：フォームを表示している間も、ほかのフォームの操作が可能

　ここまで記述できたら、WindowsFormsApp2を実行して動作を確認してください。Form1の「開く」ボタンをクリックすると（図6-11①）Form2を開きますね（②）。テキストボックスに何かテキストを入力し（③）、「OK」ボタンをクリックすると（④）Form2は閉じて、Form1のラベルにForm2のテキストボックスに入力した内容を表示します（⑤）。

図6-11 WindowsFormsApp2の実行例

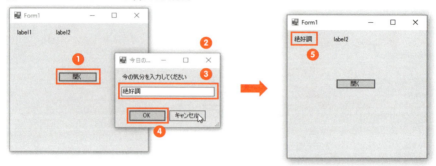

メッセージボックス

単にメッセージを表示するだけの場合には、メッセージボックスを利用することができます。MessageBoxクラスはインスタンスを生成せずに、staticメソッドのMessageBox.Showを使ってメッセージボックスを表示します。staticについては、10-2で学習しますが、実はクラスの中にはインスタンスを生成しないで利用するものもあるのです。

構文　メッセージボックスの表示

```
MessageBox.Show("メッセージ", "タイトル", ボタンの種類, アイコンの種類);
```

使用例　ユーザの意思を確認する

```
DialogResult result =
    MessageBox.Show("削除してもいいですか？", "確認",
        MessageBoxButtons.YesNo, MessageBoxIcon.Information);
if (result == DialogResult.Yes)
{
    //「はい」のときの処理
}
else
{
    //「いいえ」のときの処理
}
```

図6-12　使用例の実行結果

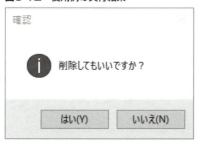

メッセージボックスのボタンとアイコンの種類を表6-2と表6-3にまとめます。

表6-2　メッセージボックスのボタンの種類

メンバー名	ボタン（DialogResultの戻り値）
AbortRetryIgnore	「中止（Abort）」「再試行（Retry）」および「無視（Ignore）」
OK	「OK（OK）」
OKCancel	「OK（OK）」「キャンセル（Cancel）」
RetryCancel	「再試行（Retry）」「キャンセル（Cancel）」
YesNo	「はい（Yes）」「いいえ（No）」
YesNoCancel	「はい（Yes）」「いいえ（No）」および「キャンセル（Cancel）」

表6-3　メッセージボックスのアイコンの種類

メンバー名	アイコン	メンバー名	アイコン
Asterisk	ⓘ	Error	✖
Exclamation	⚠	Hand	✖
Information	ⓘ	None	
Question	❓	Stop	✖
Warning	⚠		

6-3

変数の有効範囲（スコープ）を決める

　変数の利用できる範囲を「有効範囲」、あるいは「スコープ」と呼びます。変数は宣言した場所によって有効範囲が異なり、メモリ上に存在している寿命も異なります。C#の有効範囲は基本的に{}で囲まれたブロック単位になっています。

ローカル変数の有効範囲

　メソッドの内部で宣言される変数を「ローカル変数」と呼びます。ローカル変数はメソッドのブロック中でのみ利用することができます（図6-13①）。ただし、宣言前は有効範囲ではありません（②）。さらに、ifやfor、whileなどのブロック中で宣言した変数は、ブロックの中でのみ利用可能です（③）。メソッドの引数の場合にはメソッドの終了までが有効範囲です（④）。また、for文のカウンタ変数はforのブロックの中が有効範囲になります（⑤）。なお、ブロックがネストしている場合には、同じ変数名は使えませんが、ネストしていなければ同じ名前が使えます（⑥）。

図6-13 ローカル変数の有効範囲

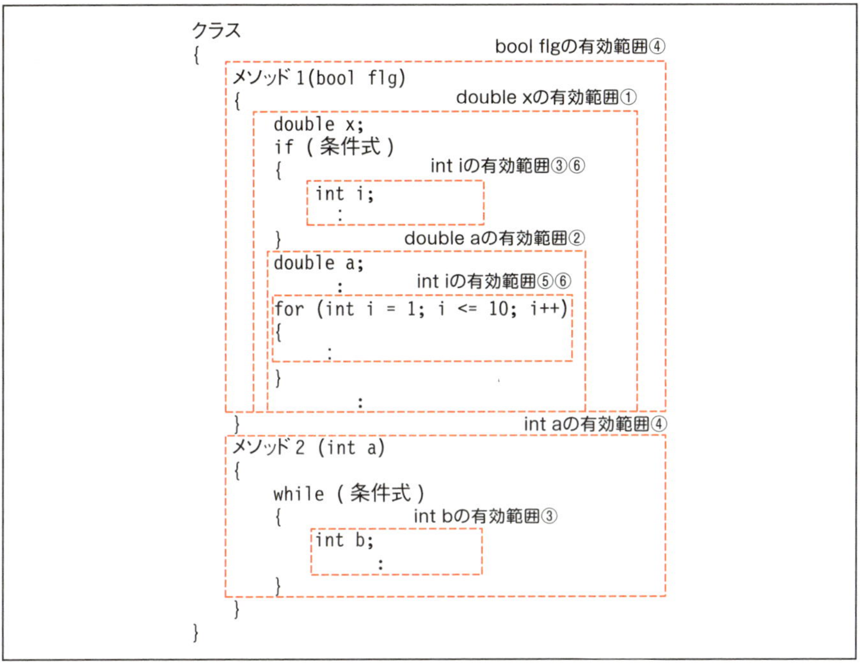

```
クラス
{                                              bool flgの有効範囲④
    メソッド1(bool flg)
    {                              double xの有効範囲①
        double x;
        if ( 条件式 )
        {                        int iの有効範囲③⑥
            int i;
             :
        }                        double aの有効範囲②
        double a;
             :               int iの有効範囲⑤⑥
        for (int i = 1; i <= 10; i++)
        {
             :
        }
             :
    }                                          int aの有効範囲④
    メソッド2 (int a)
    {
        while ( 条件式 )
        {                        int bの有効範囲③
            int b;
             :
        }
    }
}
```

フィールドの有効範囲

　クラス内で宣言し、クラス内で共通して使用される変数を「フィールド」または「メンバー変数」と呼びます。フィールドは、クラスのブロックの中、メソッドのブロックの外で宣言されます。6-2で作成したWindowsFormsApp2のForm1.csの

```
private Button button1;  ── リスト6-6①
```

と、Form2.csの

```
internal string Feeling;  ── リスト6-7①
```

はフィールドです。

構文	フィールドの宣言

アクセス修飾子　データ型　フィールド名;

使用例

```
private double max;
```

アクセス修飾子には、表6-4の5つがあります。

表6-4　アクセス修飾子

アクセス修飾子	内容
public	クラスの外へ公開。制限なくアクセスが可能
private	宣言したクラスの内部のみアクセスが可能
protected	宣言したクラスとその派生クラスではアクセス可能。それ以外では不可能
internal	現在のアセンブリのみアクセス可能
protected internal	現在のアセンブリ、または派生したクラスのみアクセス可能

　publicはクラスを越えてどこからでもアクセスが可能です。WindowsFormsApp2のForm1やForm2クラスでも、classの前に書かれたアクセス修飾子はpublicでしたね。

　privateは宣言したクラス内部のどのメソッドからもアクセスが可能ですが、外部のクラスからはアクセスすることができません。もし、フィールドの宣言時にアクセス修飾子を省略すると、privateとして宣言されます。

　protectedは、宣言したクラスとその派生クラスからアクセスが可能です。派生クラスについては8章で説明します。

　internalは同一のプロジェクト内であればどのクラスからもアクセスが可能です。Visual C#では、コンパイルの単位を「アセンブリ」と呼びますが、要はプロジェクトのことです。publicでは公開範囲が大きすぎるため、internalアクセス修飾子が存在します。WindowsFormsApp2のForm2.csで宣言した「Feeling」のアクセス修飾子はinternalでしたね。これは、Form1クラスからもアクセスするためだったのです。同一プロジェクトから参照できればいいので、publicではなく、internalで宣言しています。

　protected internalは、protected + internalの範囲からアクセスが可能になります。つまり、同一アセンブリ内とアセンブリ外では派生クラスからアクセスが可能です。

図6-14 アクセス修飾子の有効範囲

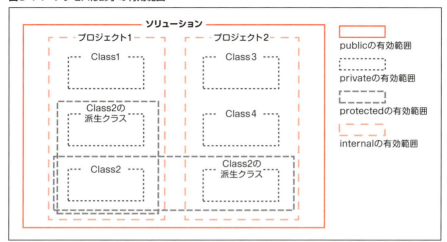

6-4

日付と時間の操作を行う

　プログラム内で日付や時間の操作を行えるように、ここでは、「Timerコンポーネント」と「DateTime構造体」を説明しましょう。

Timerコンポーネント

　一定時間間隔で処理を行うためのコンポーネントとして、「Timerコンポーネント」が用意されています。動作を確認するために、6-2で作成したWindowsFormsApp2にTimerコンポーネントを追加してみましょう。

●Timerコンポーネントの追加とプロパティの設定

　Form1.csをWindowsフォームデザイナーで開いたら、ツールボックスの「コンポーネント」から ⏱ Timer をダブルクリックしてください。すると、「timer1」がWindowsフォームデザイナーに追加されます（図6-15①）。

　「timer1」を右クリックして「プロパティ」を選択するとプロパティウィンドウが表示されます。「Interval」を「1000」に、「Enabled」を「True」に変更してください（②）。

　Timerコンポーネントは、「Enabled」を「True」にすると、「Interval」で設定した周期でTickイベントを発生させます。Intervalはミリ秒単位なので、1000を設定すると1秒ごとにTickイベントが発生します。

206

図6-15 Timerコンポーネント

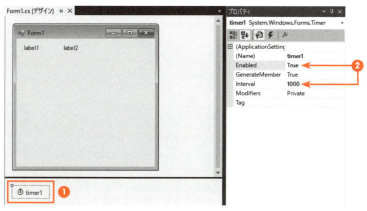

●Tickイベント

TimerのEnabledプロパティをTrueにするか、

```
timer1.Start();
```

のようにstartメソッドを呼ぶと、Intervalプロパティの周期でTickイベントが発生します。Tickイベントを終了するには、EnabledプロパティをFalseにするか、

```
timer1.Stop();
```

のように、stopメソッドを呼びます。

Windowsフォームデザイナーで「timer1」をダブルクリックすると、コードエディターにTimer1_Tickイベントハンドラが追加されます。リスト6-9のようにコードを追加してください。

リスト6-9 「タイマー」Tickのイベントハンドラ (WindowsFormsApp2：Form1.cs)

```
private void Timer1_Tick(object sender, EventArgs e)
{
    label2.Text = DateTime.Now.ToString();
}
```

実行すると、label2に現在の日時を表示し、1秒単位で更新されます。

図6-16 現在日時の表示

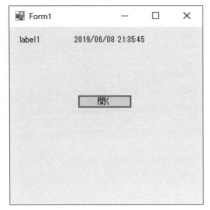

DateTime構造体

日付時刻を表すには、「DateTime構造体」を使います。

●DateTimeのプロパティ

DateTime構造体のプロパティから日時に関する情報を取得することが可能です。以下に例を示します。

リスト6-10 DateTimeのプロパティの使用例（DateTimeSample：Program.cs）

```csharp
static[2] void DateTimePropertyExample()
{
    Console.WriteLine("今日の日付：" + DateTime.Today);
    Console.WriteLine("現在の日付と日時：" + DateTime.Now);

    // 現在の日付と日時を取得する
    DateTime now = DateTime.Now;

    Console.WriteLine("年 = " + now.Year);
    Console.WriteLine("月 = " + now.Month);
    Console.WriteLine("日 = " + now.Day);
    Console.WriteLine("時 = " + now.Hour);
    Console.WriteLine("分 = " + now.Minute);
```

2 リスト6-10〜13のメソッドは静的メソッドであるMainメソッドから呼び出されます。そのため、これらのメソッドの先頭にはstaticキーワードが付いています。詳しくは10-2を参照してください。

```
    Console.WriteLine("秒 = " + now.Second);
    Console.WriteLine("曜日 = " + now.DayOfWeek);
}
```

実行結果

```
今日の日付：2019/06/08 0:00:00
現在の日付と日時：2019/06/08 21:34:15
年 = 2019
月 = 6
日 = 8
時 = 21
分 = 34
秒 = 15
曜日 = Saturday
```

●DateTimeのメソッド

日付の加算などを行うメソッドも用意されています。よく使うものを以下に示します。

●Addメソッド

指定したTimeSpanの値を加算します。TimeSpanは時間間隔を表す構造体です。

リスト6-11 Addメソッドの使用例（DateTimeSample：Program.cs）

```
static void DateTimeAddExample()
{
    DateTime now = DateTime.Now;                    //現在の日時を得る
    Console.WriteLine(now);                         //現在日時の表示
    TimeSpan addSpan = new TimeSpan(10, 10, 10);    //TimeSpan（時,分,秒）
    DateTime answer = now.Add(addSpan);             //TimeSpanの加算
    Console.WriteLine(answer);
    addSpan = new TimeSpan(1, 1, 1, 1);             //TimeSpan（日,時,分,秒）
    answer = now.Add(addSpan);                      //TimeSpanの加算
    Console.WriteLine(answer);
}
```

実行結果

```
2019/06/08 21:40:26 ─────┐
2019/06/09 7:50:36 ◄────┤ 10時間10分10秒加算される
2019/06/09 22:41:27 ◄────┘ 1日1時間1分1秒加算される
```

● ToXxxxXxxxString

ToLongDateStringメソッド：長い形式の日付の文字列形式に変換します。

ToLongTimeStringメソッド：長い形式の時刻の文字列形式に変換します。

ToShortDateStringメソッド：短い形式の日付の文字列形式に変換します。

ToShortTimeStringメソッド：短い形式の時刻の文字列形式に変換します。

リスト6-12 ToXxxxXxxxStringメソッドの使用例（DateTimeSample：Program.cs）

```csharp
static void DateTimeToXxxxXxxxStringExample()
{
    DateTime now = DateTime.Now;
    Console.WriteLine(now);
    Console.WriteLine(now.ToLongDateString());
    Console.WriteLine(now.ToLongTimeString());
    Console.WriteLine(now.ToShortDateString());
    Console.WriteLine(now.ToShortTimeString());
}
```

実行結果

```
2019/06/08 21:41:24
2019年6月8日
21:41:24
2019/06/08
21:41
```

●ToStringメソッド

文字列形式に変換します。

リスト6-13 ToStringメソッドの使用例（`DateTimeSample：Program.cs`）

```csharp
static void DateTimeToStringExample()
{
    DateTime now = DateTime.Now;
    Console.WriteLine(now.ToString());
    Console.WriteLine("D = " + now.ToString("D"));
    Console.WriteLine("T = " + now.ToString("T"));
    Console.WriteLine("d = " + now.ToString("d"));
    Console.WriteLine("t = " + now.ToString("t"));
    Console.WriteLine("m = " + now.ToString("m"));
}
```

実行結果

```
2019/06/08 21:42:11
D = 2019年6月8日
T = 21:42:11
d = 2019/06/08
t = 21:42
m = 6月8日
```

　書式は上記以外にもたくさんあるのでMicrosoft Docs（1-7参照）で調べてみましょう。

コラム ● 構造体

DateTimeとTimeSpanは「構造体」と呼ばれる、データをまとめて扱うユーザ定義型です。C言語を学んだことのある人には、構造体はお馴染みのデータ型だと思います。しかし、C#の構造体はC言語と異なり、メンバーにメソッドも含むなど、クラスと大変によく似ています。ただし、以下の点で大きな違いがあります。一般に、データ量が少なく、高速に動作することを求められる場合には構造体を使い、それ以外はクラスで宣言します。

表6-5　クラスと構造体の相違点[3]

	クラス	構造体

定義	アクセス修飾子 class クラス名
	{
	　メンバーの定義
	}
		アクセス修飾子 struct 構造体名
		{
		　メンバーの定義
		}

型の分類	参照型	値型
継承	できる	できない
ポリモーフィズム	使える	使えない

3　型の分類についてはp.230、継承については8章、ポリモーフィズムについては10章で、それぞれ詳しく解説します。

例題のアプリケーションの作成

　この章の学習をとおして、Visual C#がオブジェクト指向の考え方に基づいて作られていることがよくわかったのではないでしょうか。それでは、例題のアプリケーションを作っていきましょう。

●完成イメージ

　メインフォームの「設定」ボタンをクリックすると、「設定」ダイアログボックスを開き、アラームの時刻設定、または、タイマーの時間設定を行うことができます。設定時刻になるとメッセージボックスを表示します。

図6-17　例題の完成イメージ

メインフォーム

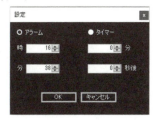
「設定」ダイアログボックス

メッセージボックス

●アプリケーションの仕様

(1)　メインフォームを起動すると、現在の日付と時間をラベルに表示します。以後、毎秒時刻が更新されます。

(2)　「設定」ボタンをクリックすると、「設定」ダイアログボックスが開きます。

(3)　「設定」ダイアログボックスでは、次の処理を行います。
　　①立ち上げ時に現在時刻をアラームの時と分に表示します。
　　②アラーム時刻を変更するとラジオボタンは「アラーム」を選択し、タイマー時間を変更すると「タイマー」を選択します。

(4)　ダイアログボックスを「OK」ボタンで閉じると、メインフォームのラベルに設定時刻を表示します。「タイマー」を選択した場合には、現在時刻にタイマー時間を加算した時刻を表示します。

(5)　設定時刻になったらメッセージボックスで知らせます。

(6) 「リセット」ボタンがクリックされた場合には、設定時刻の表示を消し、時刻設定も解除します。

(7) 表6-6にクラスの処理内容を示します。なお、太字になっている同一のメンバーはそれぞれ対応しています。

表6-6　クラスの処理内容

メインフォームクラス：アラーム&タイマーのメインフォームのクラス		
データ	**アラームセット中** （フィールド）	アラームセット中かどうかを判定するフラグ
	アラーム時・分・秒 （フィールド）	**設定ダイアログクラス**で設定した時・分・秒を保存する
メソッド	「メインフォーム」ロード （イベントハンドラ）	・タイマーを起動する ・設定時刻ラベルに空白を表示する ・現在日時をラベルに表示する
	「タイマー」Tick （イベントハンドラ）	・現在日時ラベルの表示を更新する ・**アラームセット中**に、**アラーム時・分・秒**と同じ時刻になったらメッセージボックスを表示する
	「設定ボタン」クリック （イベントハンドラ）	・「設定」ダイアログを表示する ・「設定」ダイアログを「OK」で閉じたら以下を行う 　・ **アラームセット中**にする 　・ **アラーム時・分・秒**にダイアログの時刻をセットする 　・ ラベルに設定時刻を表示する
	「リセットボタン」クリック （イベントハンドラ）	・**アラームセット中**を解除する ・設定時刻ラベルに空白を表示する

設定ダイアログクラス：「設定」ダイアログを管理するクラス		
データ	**アラーム時・分・秒** （フィールド）	このダイアログで設定した時・分・秒を保存する （アクセス修飾子は公開設定にする）
メソッド	「設定ダイアログ」ロード （イベントハンドラ）	「アラーム」ニューメリックアップダウンの時と分に現在時刻を表示する
	「アラームニューメリックアップダウン」値変更 （イベントハンドラ）	「アラーム」ラジオボタンをONにする
	「タイマーニューメリックアップダウン」値変更 （イベントハンドラ）	「タイマー」ラジオボタンをONにする
	「OKボタン」クリック （イベントハンドラ）	・「アラーム」のラジオボタンがONの場合 　**アラーム時・分**に「アラーム」ニューメリックアップダウンの時と分を設定する ・「タイマー」のラジオボタンがONの場合 　**アラーム時・分・秒**に、現在時刻と「タイマー」ニューメリックアップダウンの分と秒を加算して設定する

作成手順

1 プロジェクトの新規作成

プロジェクト名「AlarmTimer」で、「Windowsフォームアプリケーション」を新規作成してください（1-4参照）。

2 メインフォームのコントロールの追加とプロパティの変更

各コントロールを図6-18のようにフォームに貼り付け、表6-7のようにプロパティを変更してください。なお、表に指定のないラベルのNameプロパティは任意、Textプロパティは表示どおりに設定してください（2-1〜2-2参照）。

図6-18 FormMainのコントロールの配置

表6-7 FormMainのコントロールのプロパティ

	コントロール	Nameプロパティ	その他のプロパティ	
	Form	FormMain	Text	アラーム&タイマー
			FormBorderStyle	FixedToolWindow
			BackColor	MediumBlue
①	Label	labelTime	Text	12:59:59
			Font	MS UI Gothic, 28pt, style=Bold
			ForeColor	Yellow

②	Label	labelDate	Text	YYYY年MM月DD日(曜)
			ForeColor	White
③	Label	labelStatus	Text	♪ hh:mm:ss
			ForeColor	Aqua
④	Button	buttonSet	Text	設定
⑤	Button	buttonReset	Text	リセット
④、⑤			BackColor	MediumBlue
			ForeColor	White

次の順にタブオーダーを設定してください(2-4参照)。

④ → ⑤

さらに、ツールボックスからTimerコンポーネントを追加し、「Interval」プロパティを「1000」にしてください(p.206参照)。

3 「設定」ダイアログボックスの追加

次に、「設定」のダイアログボックスを追加します。p.195を参考に、新しいフォームを追加したら、図6-19のように各コントロールをフォームに貼り付け、表6-8のようにプロパティを変更してください。また、「⑥→⑦→⑧→⑨→⑩→⑪→⑫→⑬」の順にタブオーダーを設定してください。

図6-19 FormSetのコントロールの配置

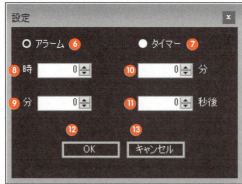

表6-8 FormSetのコントロールのプロパティ

	コントロール	Nameプロパティ	その他のプロパティ	
			Text	設定
	Form	FormSet	FormBorderStyle	FixedToolWindow
			BackColor	MediumBlue
⑥	RadioButton	radioButtonAlarm	Text	アラーム
⑦	RadioButton	radioButtonTimer	Text	タイマー
⑧	NumericUpDown	numericUpDownAlmHour	Maximum	23
⑨	NumericUpDown	numericUpDownAlmMnt	Maximum	59
⑩	NumericUpDown	numericUpDownTimMnt	Maximum	59
⑪	NumericUpDown	numericUpDownTimSec	Maximum	59
⑧〜⑪			TextAlign	Right
⑫	Button	buttonOK	Text	OK
			DialogResult	OK
⑬	Button	buttonCancel	Text	キャンセル
			DialogResult	Cancel
⑫、⑬			BackColor	MediumBlue
			ForeColor	White

4 FormMainクラスのフィールドの設定

アラームのために使うフィールドを設定します。以下のようにForm1.cs
のFormMainクラスの先頭にフィールドを追加してください（6-3参照）。

リスト6-14 フィールドの設定（AlarmTimer：Form1.cs）

```
public partial class FormMain : Form
{
    private bool alarmSetFlag = false;   // アラームセット中フラグ
    private int alarmHour = 0;           // アラーム時
    private int alarmMinute = 0;         // アラーム分
    private int alarmSecond = 0;         // アラーム秒
```

5 「アプリケーションの仕様」(1)を記述

メインフォームの何もコントロールが置かれていない部分でダブルクリックして、「メインフォーム」ロードのイベントハンドラを追加し、リスト6-15のコードを記述してください。タイマーを起動し、ラベルに現在日時を表示します。

リスト6-15 「メインフォーム」ロードのイベントハンドラ (AlarmTimer：Form1.cs)

```
private void FormMain_Load(object sender, EventArgs e)
{
    timer1.Start();        ←── タイマーを起動（6-4参照）
    labelStatus.Text = "";    以後1秒ごとにTickイベントが発生
    labelDate.Text = DateTime.Today.ToString
        ("yyyy年MM月dd日(ddd)");             現在の日付を西暦
                                          年月日と曜日の文
    labelTime.Text = DateTime.Now.ToLongTimeString();  字列に変換
}
```

以後、毎秒日時を更新するためには、「タイマー」Tickのイベントハンドラで日時を書き直す必要があります。「timer1」をダブルクリックしてイベントハンドラを追加し、リスト6-16のコードを記述してください。

リスト6-16 「タイマー」Tickのイベントハンドラ (AlarmTimer：Form1.cs)

```
private void Timer1_Tick(object sender, EventArgs e)
{
    DateTime now = DateTime.Now;
    labelTime.Text = now.ToLongTimeString();
    labelDate.Text = DateTime.Today.ToString("yyyy年MM月dd日(ddd)");
}
```

ここで実行確認してみましょう。毎秒日時が更新されるはずです。

6 「アプリケーションの仕様」(2)を記述

メインフォームの「設定」ボタンをダブルクリックして、「設定ボタン」クリックのイベントハンドラを追加したら、リスト6-17のコードを記述してください。「設定」ダイアログのインスタンスを生成し、モーダルダイアログボックスとして開きます（p.197参照）。

リスト6-17 「設定ボタン」クリックのイベントハンドラ（AlarmTimer：Form1.cs）

```
private void ButtonSet_Click(object sender, EventArgs e)
{
    FormSet formSet = new FormSet();
    formSet.ShowDialog();
    formSet.Dispose();
}
```

7 「アプリケーションの仕様」(3)①を記述

「設定」ダイアログのコントロールがない部分でダブルクリックして「設定ダイアログ」ロードのイベントハンドラを追加し、リスト6-18のコードを記述してください。

リスト6-18 「設定ダイアログ」ロードのイベントハンドラ（AlarmTimer：Form2.cs）

```
private void FormSet_Load(object sender, EventArgs e)
{
    // 現在時刻の表示
    numericUpDownAlmHour.Value = DateTime.Now.Hour;
    numericUpDownAlmMnt.Value = DateTime.Now.Minute;
}
```

8 「アプリケーションの仕様」(3)②を記述

まず、WindowsフォームデザイナーでFormSetのアラーム「時」のニューメリックアップダウンを選択し、プロパティウィンドウをイベントに切り替え（①）、「ValueChanged」のイベントに、「NumericUpDownAlm_ValueChanged」と入力してください（②）。

図6-20 ニューメリックアップダウンのValueChangedイベントハンドラ

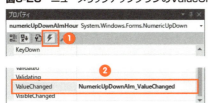

そのまま Enter キーを押すと、Form2.csにNumericUpDownAlm_ValueChanged
イベントハンドラが追加されるので、リスト6-19のコードを記述してくだ
さい。アラーム「時」の値が変更になると、ラジオボタンも切り替わるよう
になります。

リスト6-19 「アラームニューメリックアップダウン」値変更のイベントハンドラ（AlarmTimer：Form2.cs）

```
private void NumericUpDownAlm_ValueChanged(object sender, EventArgs e)
{
    radioButtonAlarm.Checked = true;
}
```

さらに、アラーム「分」のニューメリックアップダウンを選択し、プロパ
ティウィンドウの「ValueChanged」のイベントの ▼ を押し
「NumericUpDownAlm_ValueChanged」を選択してください。これで、
アラーム「分」のほうも値が変わると、「NumericUpDownAlm_ValueChanged」に
飛ぶようになりました。このように、異なるコントロールから同一のイベン
トハンドラを呼ぶように設定することができます。

同様に、タイマー「分」と「秒」もNumericUpDownTim_ValueChangedイベント
ハンドラを追加しリスト6-20のコードを記述してください。タイマー「分」
か「秒」の値が変更になると、ラジオボタンも切り替わるようになります。

リスト6-20 「タイマーニューメリックアップダウン」値変更のイベントハンドラ（AlarmTimer：Form2.cs）

```
private void NumericUpDownTim_ValueChanged(object sender, EventArgs e)
{
    radioButtonTimer.Checked = true;
}
```

9 「アプリケーションの仕様」(4)を記述

まず、Form2.csのFormSetクラスの先頭にフィールドを追加してください。
このフィールドは、FormMainクラスでも参照するので、アクセス修飾子は
「internal」(6-3参照)にします。

リスト6-21 フィールドの設定（AlarmTimer：Form2.cs）

```
public partial class FormSet : Form
{
    internal int alarmHour = 0;      // アラーム時
    internal int alarmMinute = 0;    // アラーム分
    internal int alarmSecond = 0;    // アラーム秒
```

　次に、「OK」ボタンをダブルクリックして「OKボタン」クリックのイベントハンドラを追加したら、リスト6-22を記述してください。ラジオボタンのチェックに応じてアラームかタイマーの時間設定を行います。

リスト6-22 「OKボタン」クリックのイベントハンドラ（AlarmTimer：Form2.cs）

```
private void ButtonOK_Click(object sender, EventArgs e)
{
    if (radioButtonAlarm.Checked == true)
    {
        // アラーム時刻の設定
        alarmHour = (int)numericUpDownAlmHour.Value;
        alarmMinute = (int)numericUpDownAlmMnt.Value;
        alarmSecond = 0;
    }
    else
    {
        // タイマー時間を現在時刻に加算してアラーム時刻に設定
        DateTime dtNow = DateTime.Now;
        TimeSpan addSpan =
            new TimeSpan(0, (int)numericUpDownTimMnt.Value,
                            (int)numericUpDownTimSec.Value);
        DateTime setTime = dtNow.Add(addSpan);
        alarmHour = setTime.Hour;
        alarmMinute = setTime.Minute;
        alarmSecond = setTime.Second;
    }
}
```

Valueはdecimal型なのでintの変数に代入するためにはキャストが必要（p.87参照）

最後に、Form1.csの`ButtonSet_Click`イベントハンドラをリスト6-23の囲み部分のように書き換えます。「設定」ダイアログをOKで閉じたときにアラームをセットし、ラベルに設定時刻を表示します。

リスト6-23 「設定」ダイアログを閉じたときの処理（AlarmTimer：Form1.cs）

```csharp
private void ButtonSet_Click(object sender, EventArgs e)
{
    // 設定ダイアログボックスの表示
    FormSet formSet = new FormSet();
    if (formSet.ShowDialog() == DialogResult.OK)
    {
        // アラームの設定
        alarmSetFlag = true;
        alarmHour = formSet.alarmHour;
        alarmMinute = formSet.alarmMinute;
        alarmSecond = formSet.alarmSecond;
        labelStatus.Text = "♪ " + alarmHour.ToString("00") + ":"
                                 + alarmMinute.ToString("00") + ":"
                                 + alarmSecond.ToString("00");
    }
    formSet.Dispose();
}
```

10 「アプリケーションの仕様」（5）を記述

`Timer1_Tick`イベントハンドラにリスト6-24の囲みのコードを追加してください。アラーム設定中に設定時刻になった場合にはメッセージボックス（p.200参照）を表示します。

リスト6-24 設定時刻になったときの処理（AlarmTimer：Form1.cs）

```csharp
private void Timer1_Tick(object sender, EventArgs e)
{
    // 現在日時の表示
    DateTime now = DateTime.Now;
    labelTime.Text = now.ToLongTimeString();
```

```
labelDate.Text = DateTime.Today.ToString("yyyy年MM月dd日(ddd)");

// アラーム設定中
if (alarmSetFlag == true)
{
    // 設定時刻になった
    if (alarmHour == now.Hour &&
        alarmMinute == now.Minute &&
        alarmSecond == now.Second)
    {

        alarmSetFlag = false;
        MessageBox.Show("時間ですよ！", "アラーム",
            MessageBoxButtons.OK, MessageBoxIcon.Information);
        labelStatus.Text = "";
    }
}

}
```

11 「アプリケーションの仕様」（6）を記述

「リセット」ボタンをダブルクリックして「リセットボタン」クリックのイベントハンドラを追加したら、リスト6-25のコードを記述してください。アラームが解除され、ラベルの表示も消えます。

リスト6-25 「リセットボタン」クリックのイベントハンドラ（AlarmTimer：Form1.cs）

```
private void ButtonReset_Click(object sender, EventArgs e)
{
    alarmSetFlag = false;
    labelStatus.Text = "";
}
```

これで例題のアプリケーションは完成です。実行して、アラームとタイマーがきちんと動作するか確認してみてください。

練習問題　　プロジェクト名：MultiAlarm

　3つまで時刻を設定できるアラームをWindowsフォームアプリケーションで作成してください。

●完成イメージ

　各アラームの「設定」ボタンをクリックすると、「時刻設定」ダイアログボックスを開き、アラーム時刻を設定することができます。設定時刻になったら、メッセージボックスを表示します。

図6-21　練習問題の完成イメージ

●アプリケーションの仕様

(1)　起動すると現在時刻を表示し、以降、毎秒ごとに更新します。

(2)　アラームは3つ設定することができます。それぞれ、「設定」ボタンをクリックすると「時刻設定」ダイアログボックスを表示し、アラーム時刻を設定することができます。ダイアログを閉じると、設定時刻をラベルに表示し、チェックボックスをONにします。

(3)　設定時刻になると、メッセージボックスを表示し、チェックボックスをOFFにします。

●補足事項

　時刻設定ダイアログボックスは1つだけ作成し、各設定ボタンのクリック時にインスタンスを生成してください。

CHAPTER 7

成績判定を作り替えて カプセル化を 理解しよう

　6章では、Visual C#でオブジェクト指向がどのように使われているのかを学習しました。この章では、プロジェクトにオリジナルのクラスを追加し、さらにオブジェクト指向について学んでいきます。

本章で学習するC#の文法
- クラスとインスタンス
- カプセル化
- プロパティ
- コンストラクター
- 値型と参照型

本章で学習するVisual Studioの機能
- クラスの追加

この章でつくるもの

「氏名」と各科目の「得点」、「出席時数」を入力すると「合否判定」と「平均点と比較」を表示するデスクトップアプリケーションを作成します。

図7-1　例題の完成イメージ

4章の例題で作成した「GradeCheck」は、入力した出席率と点数から成績を求めるという「手続き」を中心に記述されたプログラムでした。本章では、オブジェクト指向の考えにもとづいて「学生クラス」と「科目クラス」という2つのクラスを追加し、4章の例題のプログラムを作り替えます。

7-1 クラスからインスタンスを生成する

　現実にあるものをオブジェクトとして扱うには、必要がある要素だけに絞り、関係のないものは無視します。そのままオブジェクトにするわけではないのです。

　テレビをプログラムとして扱うことを考えてみましょう。必要になる属性と振る舞いは、以下のとおりです。

図7-2　テレビの属性と振る舞い

【属性】
・電源の状態
・現在のチャンネル
・現在の音量
・設定できるチャンネル
・設定できる音量の範囲

【振る舞い】
・電源をON/OFFする
・チャンネルを設定する
・チャンネルを+1する
・チャンネルを-1する
・音量を上げる
・音量を下げる

クラスの定義

　C#でオブジェクトからクラスを作る場合、属性であるデータと振る舞いである処理は以下のような「データメンバー」と「関数メンバー」で構成されます。

図7-3　C#のクラスの構成要素

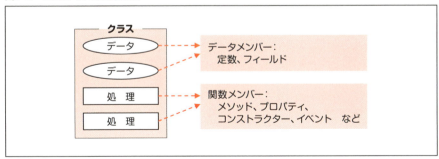

クラスは以下のような構文で記述されます。

構文　クラス

```
アクセス修飾子 class クラス名
{
    メンバーの定義
}
```

アクセス修飾子には、「public」か「internal」が記述可能です。メンバーの定義は、データメンバーと関数メンバーの両方をもつ、データメンバーのみ、関数メンバーのみの3種類があります。たとえば、先ほど例にした「テレビクラス」は両方のメンバーをもち、リスト7-1のようになります。

リスト7-1　Televisionクラス

```
public class Television
{
    public bool power;                    // 電源の状態
    public int channel;                   // 現在のチャンネル
    public int volume;                    // 現在の音量       │ データ
    public const int ChannelMin = 1;      // チャンネル下限   │ メンバー
    public const int ChannelMax = 12;     // チャンネル上限
    public const int VolumeMin = 0;       // 音量下限
    public const int VolumeMax = 40;      // 音量上限

    // メソッド
    // テレビの電源をON/OFFする
    public void OnOff()
    {
        if (power == true)
            power = false;     // 電源OFF         │ 関数
        else                                       │ メンバー
            power = true;      // 電源ON
    }
```

```
    // チャンネルを設定する
    public void SetChannel(int c)
    {
        if (c >= ChannelMin && c <= ChannelMax)
            channel = c;
    }

    // チャンネルを+1する
    public void ChannelUP()
    {
        if (channel < ChannelMax)
            channel++;
    }

    // チャンネルを-1する
    public void ChannelDown()
    {
        if (channel > ChannelMin)
            channel--;
    }

    // 音量を上げる
    public void VolumeUP()
    {
        if (volume < VolumeMax)
            volume++;
    }

    // 音量を下げる
    public void VolumeDown()
    {
        if (volume > VolumeMin)
            volume--;
    }
}
```

関数
メンバー

インスタンスの生成

6章で学んだように、クラスからはインスタンスというオブジェクトの実体を生成することができます。これを「インスタンス化」と呼ぶのでしたね。インスタンスを生成するには「new演算子」を使い、以下の構文のように行います。

構文 インスタンスの生成

クラス名 変数名 = new クラス名(引数1, 引数2, …);

※引数がない場合もあります。

使用例

```
Television tv = new Television();
      ①        ③              ②
```

この文は、次のように3つの役割をもっています。

①Televisionクラス型の変数tvを宣言する
②new演算子でTelevisionクラス型のインスタンスを生成する
③インスタンスへの参照を変数tvに代入する

この使用例は、次のように変数の宣言とインスタンスの生成を分けて記述することもできます。

```
Television tv;              // 変数の宣言
tv = new Television();      // インスタンスの生成
```

値型と参照型

ここで「参照」という言葉が出てきたので、「値型」と「参照型」について説明しておきましょう。

●値型

p.67で説明した「組み込みデータ型」では、「string」と「object」以外は値型です。値型の変数を宣言すると、図7-4のように型サイズ分の領域がメモリ上に確保

され、その中にデータが格納されます。

図7-4　値型の変数のメモリ上のイメージ

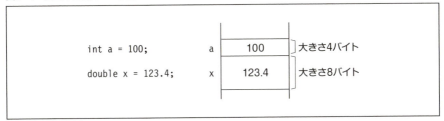

●参照型

「組み込みデータ型」では、「string」と「object」は参照型です。たとえば、

```
string s;       ──①
s = "ABC";      ──②
```

と記述した場合、次の手順でメモリ上に文字列リテラルの実体が確保されます。

　まず、①の段階でメモリ上に確保されるのは、「文字列リテラルの位置情報」を格納する領域です。この位置情報のことを「参照情報」と呼びます。そして、②で文字列リテラル"ABC"への参照情報を変数sに代入しているのです。

　クラスも参照型ですから、「Television tv = new Television();」では、変数tvにTelevisionインスタンスへの参照情報が代入されます。

図7-5　string型とクラス型の変数のメモリ上のイメージ

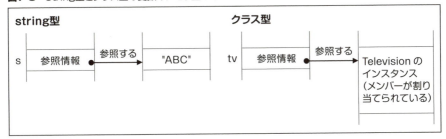

Visual C#によるクラスの生成

実際にVisual C#のプログラムでクラスを生成してみましょう。

まず、「ClassSample」という名前のコンソールアプリのプロジェクトを新規作成してください。5-1で学習したように、「Program.cs」が表示されると思います。では、次にクラスを追加します。

●クラスファイルの作成

「プロジェクト」メニューの「クラスの追加」をクリックします。すると図7-6のように、「新しい項目の追加」ダイアログボックスが表示されるので、テンプレートの「クラス」が選択されていることを確認したら（①）、名前に「Television.cs」と入力して（②）、「追加」ボタンをクリックしてください（③）。

図7-6　「新しい項目の追加」ダイアログボックス

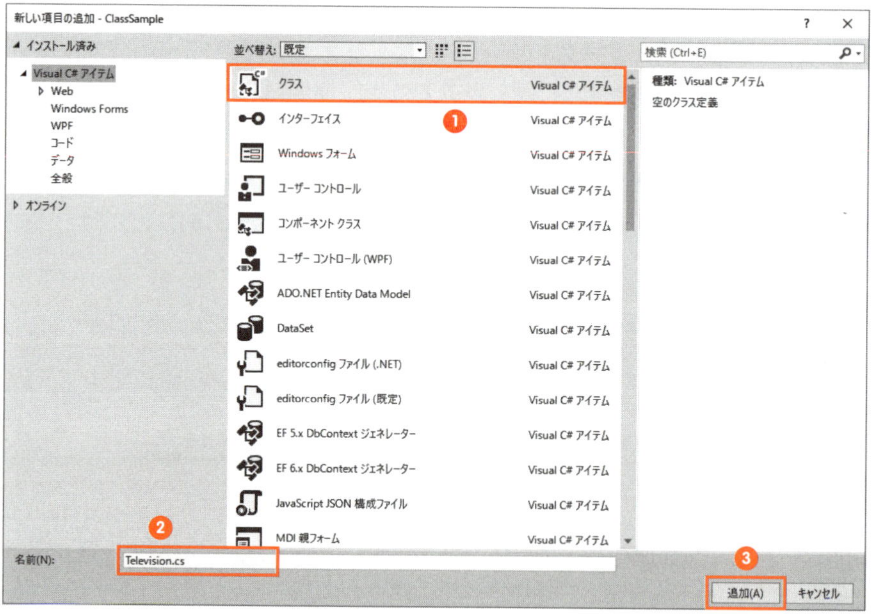

すると、クラス専用のファイルが作成されます。

Visual C#で作成したclassではアクセス修飾子が省略されていますね。省略すると「internal」(p.204参照)が規定値として設定されます。

では、p.228のTelevisionクラス(リスト7-1)の中身をそのまま記述してください。クラスのアクセス修飾子はそのまま省略していいでしょう。

●Program.csでインスタンスを生成する

インスタンスはnew演算子でクラスから生成するのでしたね(p.230参照)。では、「Program.cs」ファイルのMainメソッドにリスト7-2の記述を追加してください。

リスト7-2 Televisionクラスのインスタンスの生成 (ClassSample：Program.cs)

```
static void Main(string[] args)
{
    Television tv = new Television();
}
```

クラスのメンバーにアクセスする

クラスのメンバーにアクセスする場合には、ドット演算子(.)を用います。

構文 クラスのメンバーへのアクセス

インスタンス名.メンバー名

では、Mainメソッドにリスト7-3のコードを追加してください。

リスト7-3 クラスのメンバーにアクセスする (ClassSample：Program.cs)

```
static void Main(string[] args)
{
    Television tv = new Television();

    Console.WriteLine("10チャンネルを設定します。");
    tv.SetChannel(10);
    Console.WriteLine($"TVは{tv.channel}チャンネルです。");
```

7

成績判定を作り替えてカプセル化を理解しよう

```
        Console.WriteLine("チャンネルを+2します。");
        tv.ChannelUP();
        tv.ChannelUP();
        Console.WriteLine($"TVは{tv.channel}チャンネルです。");

        Console.WriteLine("チャンネルを-1します。");
        tv.ChannelDown();
        Console.WriteLine($"TVは{tv.channel}チャンネルです。");
}
```

　このとき、ChannelUP()やChannelDown()のようにインスタンス名の後ろに続く
メソッドを「インスタンスメソッド」と呼びます。

構 文　**インスタンスメソッドの呼び出し**

インスタンス名.メソッド名(引数1，引数2，…);

※引数がない場合もあります。

　ここまでできたら実行してみましょう。次のように表示されます。

実行結果

```
10チャンネルを設定します。
TVは10チャンネルです。
チャンネルを+2します。
TVは12チャンネルです。
チャンネルを-1します。
TVは11チャンネルです。
```

7-2

カプセル化を理解しよう

データの破壊や漏洩を防ぐというのは、オブジェクト指向の重要な目的の1つです。そのためにはオブジェクトの中にデータを隠蔽し、最低限のアクセス手段のみを公開する「カプセル化」を実装する必要があります。

プロパティ

実は、これまで説明してきたTelevisionクラスでは、カプセル化を考慮していませんでした。フィールドと定数をpublicで公開しているため、外から丸見えです。このままpublicにしておくと、上下限値を無視してchannelとvolumeに値を代入することが可能になってしまいます。フィールドや定数はprivateにして、クラス外部からは容易にアクセスできないようにカプセル化するべきです。

次のように、Televisionのフィールドと定数をprivateに修正してください。

リスト7-4　フィールドと定数をprivateに修正（ClassSample：Television.cs）

```csharp
class Television
{
    private bool power;                    // 電源の状態
    private int channel;                   // 現在のチャンネル
    private int volume;                    // 現在の音量
    private const int ChannelMin = 1;      // チャンネル下限
    private const int ChannelMax = 12;     // チャンネル上限
    private const int VolumeMin = 0;       // 音量下限
    private const int VolumeMax = 40;      // 音量上限
```

修正すると、Mainメソッドの「tv.channel」を記述している部分でエラーが発生しますね。これは、channelがpublicからprivateに変更されたためにアクセスできなくなってしまったからです。このように、隠蔽されたデータにアクセスする場合には、「プロパティ」を使います。

235

●アクセサー

　プロパティは次の構文のように、getアクセサーとsetアクセサーを使ってフィールドの値にアクセスします。

構文	プロパティの定義

```
アクセス修飾子 データ型 プロパティ名
{
    get
    {
        プロパティ取得時に実行する処理
            :
        return フィールド名;
    }
    set
    {
        プロパティ設定時に実行する処理
            :
        フィールド名 = value;
    }
}
```

getアクセサー：フィールドをチェックして返す

setアクセサー：値をチェックしてフィールドに設定する

　プロパティのアクセス修飾子は一般にpublicです。getで始まるブロックを「getアクセサー」、setで始まるブロックを「setアクセサー」と呼びます。setアクセサーに記述されている「value」は、プロパティをとおしてフィールドに代入される値です。このvalueは宣言なしに使用することができ、常にこの名前で用います。

　では、Television.csのフィールドと定数の下にリスト7-5のようにコードを追加してください。また、チャンネルの設定をするSetChannelメソッドは、Channelプロパティを使えば不要になるので削除しましょう。

リスト7-5	プロパティの追加（ClassSample：Television.cs）

```
class Television
{
    private bool power;         // 電源の状態
    private int channel;        // 現在のチャンネル
    private int volume;         // 現在の音量
```

```
private const int ChannelMin = 1;      // チャンネル下限
private const int ChannelMax = 12;     // チャンネル上限
private const int VolumeMin = 0;       // 音量下限
private const int VolumeMax = 40;      // 音量上限
```

```
// プロパティ
public bool Power
{
    get { return power; }
    set { power = value; }
}

public int Channel
{
    get { return channel; }
    set
    {
        if (value >= ChannelMin && value <= ChannelMax)
            channel = value;
    }
}

public int Volume{
    get { return volume; }
    set
    {
        if (value >= VolumeMin && value <= VolumeMax)
            volume = value;
    }
}
```

```
// メソッド
// テレビの電源をON/OFFする
public void OnOFF()
{
```

```
    if (power == true)
        power = false;      // 電源OFF
    else
        power = true;       // 電源ON
}
```

← SetChannelメソッドを削除

```
// チャンネルを+1する
```
（以下省略）

フィールドのchannelとvolumeは上下限値が決まっています。ですから、setアクセサーでチェックして、その範囲内のvalueのみフィールドに代入するようにしています。

では、プロパティを呼び出すほうも修正しましょう。Program.csをリスト7-6のように修正してください。

リスト7-6 プロパティを呼び出す部分の修正 (`ClassSample：Program.cs`)

```
static void Main(string[] args)
{
    Television tv = new Television();

    Console.WriteLine("10チャンネルを設定します。");
    tv.Channel = 10;
    Console.WriteLine($"TVは{ tv.Channel }チャンネルです。");

    Console.WriteLine("チャンネルを+2します。");
    tv.ChannelUP();
    tv.ChannelUP();
    Console.WriteLine($"TVは{ tv.Channel }チャンネルです。");

    Console.WriteLine("チャンネルを-1します。");
    tv.ChannelDown();
    Console.WriteLine($"TVは{ tv.Channel }チャンネルです。");
}
```

これで、エラーが消え、実行できるようになりました。

プロパティは、オブジェクトを使用する側からはフィールドのように見えますが、クラスを実装する側ではメソッドのように振る舞います。

図7-7 プロパティをとおしてのフィールドデータのやりとり

```
class Program
{
    static void Main(string[] args)
    {
        Television tv = new Television();

        Console.WriteLine("10 チャンネルを設定します。");
        tv.Channel = 10;
        Console.WriteLine($"TV は {tv.Channel} チャンネルです。");
        :
```

```
class Television
{
                    getアクセサーでchannelを返す
    :
    private int channel;          // フィールド
    :
    public int Channel            // プロパティ
    {
        get { return channel; }
        set
        {
            if (value >= ChannelMin && value <= ChannelMax)
                channel = value;
        }
                    setアクセサーでchannelに10を代入する
    }
}
```

なお、getアクセサーとsetアクセサーには異なるアクセスレベルを指定でき、setの前にprivateを書くと外からセットできないフィールドになります。

setアクセサーを実装せずに読み取り専用のプロパティにすることもできます。通常、テレビの電源と音量を外部から直接指定することはありませんね。ですから、TelevisionクラスのPowerとVolumeは、次のように読み取り専用のプロパティに書き換えてください。

7

成績判定を作り替えてカプセル化を理解しよう

239

リスト7-7 読み取り専用のプロパティへの変更（ClassSample：Television.cs）

```
private int channel;                    // 現在のチャンネル
private int volume;                     // 現在の音量
:

public bool Power
{
    get { return power; }
}

:

public int Volume
{
    get { return volume; }
}
```

●自動実装プロパティ

C#3.0からサポートされた自動実装プロパティを使うと、非常に簡潔にプロパティを定義できます。

構文 自動実装プロパティ

アクセス修飾子 データ型 プロパティ名 { get; set; }

使用例

```
public string Name { get; set; }
```

自動実装プロパティを宣言すると、コンパイル時にフィールドが内部に自動的に作成されるので、プログラムにフィールドを記述する必要がなくなります。もし、値の取得のみを行いたい場合には、次のようにsetの前にprivateを付けて外部からはsetができないようにしてください。

```
public string Name { get; private set; }
```

リスト7-8 自動実装プロパティの適用（ClassSample：Television.cs）

```
class Television          自動的に内部でフィールドが生成されるので、
{                         powerとvolumeを削除する
    private int channel;                           // 現在のチャンネル
    private const int ChannelMin = 1;              // チャンネル下限
    private const int ChannelMax = 12;             // チャンネル上限
```

```csharp
private const int VolumeMin = 0;              // 音量下限
private const int VolumeMax = 40;             // 音量上限

// プロパティ
public bool Power { get; private set; }       // テレビのON/OFF状態
public int Volume { get; private set; }       // 現在の音量
public int Channel                            // 現在のチャンネル
{
    get { return channel; }        自動実装プロパティに変更
    set
    {
        if (value >= ChannelMin && value <= ChannelMax)
            channel = value;
    }
}

// メソッド
// テレビの電源をON/OFFする
public void OnOFF()          フィールドのpowerを削除したので、プロパティを使
{                            ってアクセスするように修正
    if ( Power == true)
        Power = false;        // 電源OFF
    else
        Power = true;         // 電源ON
}

// チャンネルを+1する
public void ChannelUP()
{
    if ( Channel < ChannelMax)
        Channel++;
}                      フィールドから削除したpowerとvolumeに合わせて、
                       channelもプロパティを使ってアクセスするように修正
// チャンネルを-1する
public void ChannelDown()
```

7

成績判定を作り替えてカプセル化を理解しよう

```csharp
    {
        if ( Channel > ChannelMin)
            Channel--;
    }

    // 音量を上げる
    public void VolumeUP()
    {
        if ( Volume < VolumeMax)
            Volume++;
    }

    // 音量を下げる
    public void VolumeDown()
    {
        if ( Volume > VolumeMin)
            Volume--;
    }
}
```

フィールドのvolumeを削除したので、プロパティを使ってアクセスするように修正

●自動実装プロパティの新機能

C#6.0から自動実装プロパティに次の機能が追加になりました。

●初期化

初期化子を記述することで初期化が可能になりました。

使用例

```csharp
public string Name { get; set; } = "桃太郎";
```

●getのみ

setはできずgetのみの自動実装プロパティが利用可能になりました。もし、値の取得のみを行いたい場合には、例のようにgetだけ書いてください。初期化あるいはコンストラクター（p.243参照）でしか値を設定できなくなります。

使用例

```csharp
public string Name { get; }
```

コンストラクター

Televisionクラスのカプセル化は実装できましたが、インスタンスを生成した直後にPowerとVolumeに値を設定する方法がなくなってしまいました。このようなときに利用するのが、「コンストラクター」と呼ばれるクラスの初期化メソッドです。コンストラクターは、インスタンスの生成時に一度だけ呼び出され、フィールドやプロパティの初期化などを行います[1]。

構文	コンストラクターの定義

```
アクセス修飾子 クラス名(引数1，引数2，…)
{
    処理
}
```

コンストラクターの記述には次のような特徴があります。

● コンストラクター名はクラス名と同じにする
● 戻り値はない（voidは書かない）
● アクセス修飾子は通常「public」にする

コンストラクターは、クラスからインスタンスをnew演算子で生成するときに呼び出されます。

構文	コンストラクターの呼び出し

```
クラス名 変数名 = new クラス名(引数1，引数2，…);
```

実は、これまで説明に用いてきたTelevisionクラスのように、コンストラクターを記述しない場合でも、インスタンスを生成する際に、コンパイラが何も行わない引数なしのデフォルトのコンストラクターを呼び出していたのです。

では、Televisionクラスにコンストラクターを追加しましょう。コンストラクターにもp.119で学んだメソッドのオーバーロードを適用することができるので、今回は3種類のコンストラクターを記述することにします。

---

1 インスタンスが破棄されるときに呼び出される終了メソッドの「デストラクター」もありますが、ほとんど利用されないので本書では説明を割愛します。

243

リスト7-9 コンストラクターの追加（`ClassSample：Television.cs`）

```csharp
class Television
{
    private int channel;                  // 現在のチャンネル
    private const int ChannelMin = 1;     // チャンネル下限
    private const int ChannelMax = 12;    // チャンネル上限
    private const int VolumeMin = 0;      // 音量下限
    private const int VolumeMax = 40;     // 音量上限

    // コンストラクター
    public Television()
    {
        Console.WriteLine("引数のないコンストラクターの呼び出し");
        Power = false;
        Channel = 1;
        Volume = 20;
    }

    public Television(int channel, int volume)
    {
        Console.WriteLine("引数が2個のコンストラクターの呼び出し");
        Power = false;
        Channel = channel;
        Volume = volume;
    }

    public Television(bool power, int channel, int volume)
    {
        Console.WriteLine("引数が3個のコンストラクターの呼び出し");
        Power = power;
        Channel = channel;
        Volume = volume;
    }
```

（以下省略）

　Program.csのメインメソッドも次のように書き換えてください。インスタン

スを2個生成し、それぞれ引数の違うコンストラクターを呼び出しています。なお、
コード中の「?:」は4章のコラム（p.110参照）で扱った「条件演算子」です。

リスト7-10 コンストラクターの呼び出し（ClassSample：Program.cs）

```
static void Main(string[] args)
{
    Television tv= new Television();

    Console.WriteLine($"TV1　電源：{(tv.Power ? "ON" : "OFF")}　" +
        $"チャンネル:{tv.Channel}　音量：{tv.Volume}");

    Console.WriteLine("チャンネルを+2します。");
    tv.ChannelUP();
    tv.ChannelUP();
    Console.WriteLine($"TV1は{tv.Channel}チャンネルです。");

    Console.WriteLine("音量を-2します。");
    tv.VolumeDown();
    tv.VolumeDown();
    Console.WriteLine($"TV1の音量は{tv.Volume}です。");

    Television tv2 = new Television(8, 25);

    Console.WriteLine($"TV2　電源：{(tv2.Power ? "ON" : "OFF")}　" +
        $"チャンネル:{tv2.Channel}　音量：{tv2.Volume}");

    Console.WriteLine("チャンネルを+2します。");
    tv2.ChannelUP();
    tv2.ChannelUP();
    Console.WriteLine($"TV2は{tv2.Channel}チャンネルです。");

    Console.WriteLine("音量を-2します。");
    tv2.VolumeDown();
    tv2.VolumeDown();
    Console.WriteLine($"TV2の音量は{tv2.Volume}です。");
}
```

7

成績判定を作り替えてカプセル化を理解しよう

実行結果

```
引数のないコンストラクターの呼び出し
TV1　電源：OFF　チャンネル:1　音量：20
チャンネルを+2します。
TV1は3チャンネルです。
音量を-2します。
TV1の音量は18です。
引数が2個のコンストラクターの呼び出し
TV2　電源：OFF　チャンネル:8　音量：25
チャンネルを+2します。
TV2は10チャンネルです。
音量を-2します。
TV2の音量は23です。
```

thisキーワード

　「thisキーワード」は、クラスの現在のインスタンスを参照するもので、自分自身のメンバーを参照する場合などに使用されます。

使用例　フィールド名と引数名が同じ場合

```
class Class1
{
    private string name;        // フィールド

    public Class1(string name)
    {                                    引数のname
        this.name = name;
    }
}                      Class1フィールドのname
```

使用例　自分自身のメソッドを明示的に呼び出す場合[2]

```
public partial class Form1 : Form
{
    public Form1()
    {
```

2　この場合のthisは省略可能ですが、自分自身を閉じることを明示して付けています。

```
        InitializeComponent();
    }

    // ボタンをクリックするとフォームを閉じる
    private void Button1_Click(object sender, EventArgs e)
    {
        this.Close();          ← Form1のCloseメソッドの呼び出し
    }
}
```

使用例　　自分自身のコンストラクターに引数を渡す場合

```
class Class2
{
    public string name;

    public Class2(string n)
    {
        name = n;                    引数が1個のコンストラクターを呼び出し、引数を渡す
    }

    public Class2() : this("匿名") { }
}
```

例題のアプリケーションの作成

カプセル化については理解できたでしょうか。それでは、例題のアプリケーションを作っていきましょう。

●完成イメージ

「氏名」と各科目の「得点」「出席時数」を入力し「判定」ボタンをクリックすると、「合否判定」と「平均点と比較」をラベルに表示します。また、「リセット」ボタンをクリックすると表示を初期状態に戻します。

図7-8　例題の完成イメージ

●アプリケーションの仕様

(1) 起動時に各科目の「総時数」「合格点」「平均点」を表示します。また、「○○さんの成績」「合否判定」「平均点と比較」の内容は表示しません。

(2) 「氏名」と各科目の「得点」「出席時数」を入力し「判定」ボタンをクリックすると、「○○さんの成績」と「合否判定」「平均点と比較」の結果をラベルに表示します。

(3) 「得点」に「0以上100以下」以外の値が入力されたらメッセージボックスで警告します。

(4) 「出席時数」に「0以上総時数以下」以外の値が入力されたらメッセージボックスで警告します。

(5) 「リセット」ボタンをクリックすると起動時の表示に戻します。

(6) 表7-1にクラスの処理内容を示します。太字になっている同一のメンバーはそれぞれ対応しています。

表7-1 クラスの処理内容

学生クラス：学生の得点と出席時数を管理するクラス		
データ	**学生名**（プロパティ）	学生の氏名
	数学・物理・英語の得点（プロパティ）	学生の得点。「0以上100以下」のみ可（**得点チェック**メソッドでチェックする）
	数学・物理・英語の出席時数（プロパティ）	学生の出席時数。正数のみ可（**出席時数チェック**メソッドでチェックする）
メソッド	**得点チェック**（privateなメソッド）	引数で受け取った値が「0以上100以下」以外ならエラーをメッセージボックスに表示する
	出席時数チェック（privateなメソッド）	引数で受け取った値が負ならエラーをメッセージボックスに表示する

科目クラス：科目の平均点、出席総時数、合格点を管理するクラス		
データ	**科目名**（プロパティ）	科目の名称
	平均点（プロパティ）	科目の平均点。「0.0以上100.0以下」のみ可。それ以外ならエラーをメッセージボックスに表示する
	出席総時数（プロパティ）	科目の出席総時数。正数のみ可。それ以外ならエラーをメッセージボックスに表示する
	合格点（プロパティ）	科目の合格点。「0以上100以下」のみ可。それ以外ならエラーをメッセージボックスに表示する
	合格出席率（プロパティ）	科目の合格出席率。「0.0以上100.0以下」のみ可。それ以外ならエラーをメッセージボックスに表示する
メソッド	**合否判定**（インスタンスメソッド）	引数の得点が**合格点**以上で、引数の出席時数と**出席総時数**から求めた出席率が**合格出席率**以上なら「合格」、それ以外なら「不合格」を返却する
	平均点判定（インスタンスメソッド）	引数の得点が**平均点**以上なら「平均点以上」、それ以外なら「平均点未満」を返却する

成績フォームクラス：成績判定アプリケーションのメインフォームを管理するクラス		
データ	**数学・物理・英語**（フィールド）	数学・物理・英語のインスタンスを格納する変数
メソッド	**表示クリア**（privateなメソッド）	氏名のテキストボックスと結果を表示するラベルをクリアする
	文字列を整数値に変換（privateなメソッド）	引数で受け取った文字列の書式チェック行い整数値に変換して返却する
	「成績フォーム」ロード（イベントハンドラ）	・**科目クラス**から**数学・物理・英語**のインスタンスを生成する ・**数学・物理・英語**の**出席総時数、合計点、平均点**を取得してラベルに表示する ・**表示クリア**メソッドで画面を初期化する
	「判定ボタン」クリック（イベントハンドラ）	・テキストボックスの得点と出席時数を、**文字列を整数値に変換**メソッドで整数値に変換してから範囲チェックする ・**学生クラス**から**学生**のインスタンスを生成する ・**学生**の**学生名、数学・物理・英語**の**合否判定**結果と**平均点**判定結果をラベルに表示する
	「リセット」ボタンクリック（イベントハンドラ）	**表示クリア**メソッドでラベルをクリアする。さらにテキストボックスをクリアする

7

成績判定を作り替えてカプセル化を理解しよう

作成手順

1 プロジェクトの新規作成

　プロジェクト名「GradeCheck2」で、「Windowsフォームアプリケーション」を新規作成してください（1-4参照）。

2 コントロールの追加とプロパティの変更

　各コントロールを図7-9のようにフォームに貼り付け、表7-2のようにプロパティを変更してください。なお、表に指定のないラベルのNameプロパティは任意、Textプロパティは表示どおりに設定してください（2-1〜2-2参照）。

　さらに、次の順にタブオーダーを設定してください（2-4参照）。

　①→②→⑤→③→⑥→④→⑦→㉔→㉕

図7-9 FormGradeのコントロールの配置

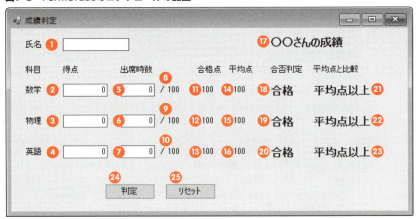

表7-2 FormGradeのコントロールのプロパティ

	コントロール	Nameプロパティ	その他のプロパティ	
	Form	FormGrade	Text	成績判定
①	TextBox	textBoxName		
②	TextBox	textBoxScoreM	Text	0
③	TextBox	textBoxScoreP	Text	0

④	TextBox	textBoxScoreE	Text	0
⑤	TextBox	textBoxAttendanceM	Text	0
⑥	TextBox	textBoxAttendanceP	Text	0
⑦	TextBox	textBoxAttendanceE	Text	0
②～⑦			TextAlign	Right
⑧	Label	labelTotalM	Text	/ 100
⑨	Label	labelTotalP	Text	/ 100
⑩	Label	labelTotalE	Text	/ 100
⑪	Label	labelPassScoreM	Text	100
⑫	Label	labelPassScoreP	Text	100
⑬	Label	labelPassScoreE	Text	100
⑭	Label	labelAverageM	Text	100
⑮	Label	labelAverageP	Text	100
⑯	Label	labelAverageE	Text	100
⑰	Label	labelName	Text	○○さんの成績
⑱	Label	labelResultM	Text	合格
⑲	Label	labelResultP	Text	合格
⑳	Label	labelResultE	Text	合格
㉑	Label	labelCompAvgM	Text	平均点以上
㉒	Label	labelCompAvgP	Text	平均点以上
㉓	Label	labelCompAvgE	Text	平均点以上
⑰～㉓			Font	12pt, style=Bold
㉔	Button	buttonJudge	Text	判定
㉕	Button	buttonReset	Text	リセット

3 「学生クラス」の新規作成

　p.232を参考に、「Student.cs」を追加して、リスト7-11のコードを記述してください。このとき、「フィールド」→「privateなメソッド」→「プロパティ」→「コンストラクター」の順に記述すると未定義のエラーが出ません。

リスト7-11 学生クラス（GradeCheck2：Student.cs）

```
// 学生クラス
class Student
```

```csharp
{
    // フィールド      ◀── p.203参照
    private int scoreM;           // 数学の得点
    private int scoreP;           // 物理の得点
    private int scoreE;           // 英語の得点
    private int attendanceM;      // 数学の出席時数
    private int attendanceP;      // 物理の出席時数
    private int attendanceE;      // 英語の出席時数

    // コンストラクター    ◀── p.243参照
    public Student(string name, int scoreM, int scoreP, int scoreE,
        int attendanceM, int attendanceP, int attendanceE)
    {
        Name = name;
        ScoreM = scoreM;
        ScoreP = scoreP;
        ScoreE = scoreE;
        AttendanceM = attendanceM;
        AttendanceP = attendanceP;
        AttendanceE = attendanceE;
    }

    // プロパティ   ◀── p.235参照
    public string Name { get; set; }          // 学生名
    public int ScoreM                         // 数学の得点
    {
        get { return scoreM; }
        set { scoreM = ScoreCheck(value); }
    }
    public int ScoreP                         // 物理の得点
    {
        get { return scoreP; }
        set { scoreP = ScoreCheck(value); }
    }
    public int ScoreE                         // 英語の得点
```

```
{
    get { return scoreE; }
    set { scoreE = ScoreCheck(value); }
}
public int AttendanceM            // 数学の出席時数
{
    get { return attendanceM; }
    set { attendanceM = AttendanceCheck(value); }
}
public int AttendanceP            // 物理の出席時数
{
    get { return attendanceP; }
    set { attendanceP = AttendanceCheck(value); }
}
public int AttendanceE            // 英語の出席時数
{
    get { return attendanceE; }
    set { attendanceE = AttendanceCheck(value); }
}

// 得点の値が正しいかチェック
// (仮引数) val : 得点
// (返却値) 正しいときは得点   正しくないときには0
private int ScoreCheck(int val)
{
    if (val >= 0 && val <= 100)
        return val;
    else
    {
        System.Windows.Forms.MessageBox.Show
            ("得点の入力が正しくありません。", "確認");
        return 0;
    }
}
```

253

```
// 出席時数の値が正しいかチェック
//（仮引数）val：出席時数
//（返却値）正しいときは出席時数　正しくないときには0
private int AttendanceCheck(int val)
{
    if (val >= 0)
        return val;
    else
    {
        System.Windows.Forms.MessageBox.Show
            ("出席時数の入力が正しくありません。", "確認");
        return 0;
    }
}
```

4 「科目クラス」の新規作成

「Subject.cs」を追加して、リスト7-12のコードを記述してください。
このとき、「フィールド」→「プロパティ」→「コンストラクター」→「インスタンスメソッド」の順に記述すると未定義のエラーが出ません。

リスト7-12　科目クラス（GradeCheck2：Subject.cs）

```
// 科目クラス
class Subject
{
    // フィールド
    private double average;        // 平均点
    private int totalHours;        // 出席総時数
    private int passScore;         // 合格点
    private double passAttendance; // 合格出席率

    // コンストラクター
    public Subject(string name, double average, int totalHours, int
    passScore, double passAttendance)
    {
```

```csharp
        Name = name;
        Average = average;
        TotalHours = totalHours;
        PassScore = passScore;
        PassAttendance = passAttendance;
    }

    // プロパティ
    public string Name { get; set; } // 科目名
    public double Average              // 平均点
    {
        get { return average; }
        set
        {
            if (value >= 0.0 && value <= 100.0)
                average = value;
            else
            {
                System.Windows.Forms.MessageBox.Show
                    ("平均点の入力が正しくありません。", "確認");
                average = 0.0;
            }
        }
    }

    public int TotalHours     // 出席総時数
    {
        get { return totalHours; }
        set
        {
            if (value >= 0)
                totalHours = value;
            else
            {
                System.Windows.Forms.MessageBox.Show
```

```csharp
                    ("総合時数の入力が正しくありません。", "確認");
                totalHours = 0;
            }
        }
    }

    public int PassScore        // 合格点
    {
        get { return passScore; }
        set
        {
            if (value >= 0 && value <= 100)
                passScore = value;
            else
            {
                System.Windows.Forms.MessageBox.Show
                    ("合格点の入力が正しくありません。", "確認");
                passScore = 0;
            }
        }
    }
    public double PassAttendance            // 合格出席率
    {
        get { return passAttendance; }
        set
        {
            if (value >= 0.0 && value <= 100.0)
                passAttendance = value;
            else
            {
                System.Windows.Forms.MessageBox.Show
                    ("合格出席率の入力が正しくありません。", "確認");
                passAttendance = 0.0;
            }
        }
    }
```

```csharp
    }

    // 合否判定
    // (仮引数) score：得点   attendance：出席時数
    // (返却値) 判定結果
    public string OverPass(int score, int attendance)
    {
        double percent = (double)attendance / TotalHours * 100;
        if (percent >= PassAttendance)
        {
            if (score >= PassScore)
                return "合格";
            else
                return "不合格";
        }
        else
        {
            return "不合格";
        }
    }

    // 平均点以上か判定
    // (仮引数) score：得点
    // (返却値) 判定結果
    public string OverAverage(int score)
    {
        if (score >= Average)
            return "平均点以上";
        else
            return "平均点未満";
    }
}
```

インスタンスメソッド (p.234参照)

インスタンスメソッド

5 「科目クラス」から数学、物理、英語のフィールドを作成

FormGradeクラスの先頭にリスト7-13のようにフィールドを追加してく

ださい。「科目クラス」の数学、物理、英語のインスタンスは、イベントハンドラをまたいで使用することになるので、宣言をフィールドとして記述し、生成は「成績フォーム」ロードのイベントハンドラで行うことにします。

リスト7-13 フィールドの追加（GradeCheck2：Form1.cs）

```
public partial class FormGrade : Form
{
    // フィールド
    Subject subjectM;        // 数学のインスタンス
    Subject subjectP;        // 物理のインスタンス
    Subject subjectE;        // 英語のインスタンス


    public FormGrade()
    {
        InitializeComponent();
    }
```

6 「アプリケーションの仕様」(1)を記述

フォームの何もコントロールが置かれていない部分でダブルクリックして、「成績フォーム」ロードのイベントハンドラを追加します。そして、リスト7-14のコードを記述してください。このとき、LabelClearメソッドを記述してからイベントハンドラの内容を記述すると未定義のエラーが出ません。

リスト7-14 「成績フォーム」ロードのイベントハンドラ（GradeCheck2：Form1.cs）

```
private void FormGrade_Load(object sender, EventArgs e)
{
    // 科目クラスから数学、物理、英語のインスタンスを生成
    subjectM = new Subject("数学", 73, 80, 60, 80.0);
    subjectP = new Subject("物理", 65, 50, 50, 80.0);      ①
    subjectE = new Subject("英語", 77, 100, 70, 80.0);

    // 各科目の出席総時数の表示
    labelTotalM.Text = "/ " + subjectM.TotalHours.ToString();
    labelTotalP.Text = "/ " + subjectP.TotalHours.ToString();   ②
    labelTotalE.Text = "/ " + subjectE.TotalHours.ToString();
```

```
    // 各科目の合格点の表示
    labelPassScoreM.Text = subjectM.PassScore.ToString();
    labelPassScoreP.Text = subjectP.PassScore.ToString();
    labelPassScoreE.Text = subjectE.PassScore.ToString();     ②

    // 各科目の平均点の表示
    labelAverageM.Text = subjectM.Average.ToString();
    labelAverageP.Text = subjectP.Average.ToString();
    labelAverageE.Text = subjectE.Average.ToString();

    // ラベルのクリア
    LabelClear();        ──── ③
}

// 結果を表示するラベルのクリア
private void LabelClear()
{
    labelName.Text = "";
    labelResultM.Text = "";
    labelResultP.Text = "";
    labelResultE.Text = "";          ④
    labelCompAvgM.Text = "";
    labelCompAvgP.Text = "";
    labelCompAvgE.Text = "";
}
```

　リスト7-14①では、「科目クラス」のインスタンスを3個生成します。その際、コンストラクターによって「科目名」「平均点」「出席総時数」「合格点」「合格出席率」を設定します。そして、生成したインスタンスをリスト7-13で用意したフィールドに代入します。

　②では、各科目の「出席総時数」「合計点」「平均点」をラベルに表示します。これらの値は各科目のインスタンスが知っているので、それぞれプロパティを呼んで取得します。

　③では、図7-9⑰〜㉓のラベルを非表示にします。これらのラベルは「リ

セット」ボタンをクリックしたときにも非表示にするので、privateなメソッド（④）を作って呼び出すことで非表示にしましょう。

7 「アプリケーションの仕様」（2）（3）（4）を記述

「判定」ボタンをダブルクリックして、「判定ボタン」クリックのイベントハンドラを追加し、リスト7-15を記述してください。このとき、TextToValueメソッドを記述してからイベントハンドラの内容を記述すると未定義のエラーが出ません。

リスト7-15 「判定ボタン」クリックのイベントハンドラ（GradeCheck2：Form1.cs）

```csharp
private void ButtonJudge_Click(object sender, EventArgs e)
{
    // 得点を整数値に変換
    int scoreM, scoreP, scoreE;
    TextToValue(textBoxScoreM.Text, out scoreM);
    TextToValue(textBoxScoreP.Text, out scoreP);
    TextToValue(textBoxScoreE.Text, out scoreE);

    // 点数の範囲チェック
    if (scoreM < 0 || scoreM > 100 || scoreP < 0 ||
        scoreP > 100 || scoreE < 0 || scoreE > 100)
    {
        MessageBox.Show("得点の入力が正しくありません。",
        "確認");
        return;
    }

    // 出席時数を整数値に変換
    int attendanceM, attendanceP, attendanceE;
    TextToValue(textBoxAttendanceM.Text, out attendanceM);
    TextToValue(textBoxAttendanceP.Text, out attendanceP);
    TextToValue(textBoxAttendanceE.Text, out attendanceE);

    // 出席時数の範囲チェック
    if (attendanceM < 0 || attendanceM > subjectM.TotalHours ||
```

① ②

```csharp
        attendanceP < 0 || attendanceP > subjectP.TotalHours ||
        attendanceE < 0 || attendanceE > subjectE.TotalHours)
    {
        MessageBox.Show("出席時数の入力が正しくありません。",
        "確認");
        return;
    }


    // 学生クラスから学生のインスタンスを生成
    Student student
        = new Student(textBoxName.Text, scoreM, scoreP,
            scoreE, attendanceM, attendanceP, attendanceE);


    // 名前の表示
    labelName.Text = student.Name + "さんの成績";


    // 合否判定
    labelResultM.Text = subjectM.OverPass(student.ScoreM,
        student.AttendanceM);
    labelResultP.Text = subjectP.OverPass(student.ScoreP,
        student.AttendanceP);
    labelResultE.Text = subjectE.OverPass(student.ScoreE,
        student.AttendanceE);


    // 平均値以上か未満か判定する
    labelCompAvgM.Text = subjectM.OverAverage(student.ScoreM);
    labelCompAvgP.Text = subjectP.OverAverage(student.ScoreP);
    labelCompAvgE.Text = subjectE.OverAverage(student.ScoreE);
}


// テキストを整数値に変換
// (仮引数) text：変換する文字列  val：変換した整数値
private void TextToValue(string text, out int val)
{
    if (int.TryParse(text, out val) == false)
```

```
        val = -1;
    }
```

　リスト7-15③では、「学生クラス」からインスタンスを生成します。

　④では、図7-9⑱～㉓のラベルに合否判定と平均点以上か未満かの結果を表示します。合否と平均点以上かの判定は、「Subjectクラス」のインスタンスが知っているので、それぞれインスタンスメソッドを呼んで教えてもらいます。

　①と②のチェックは「Studentクラス」と「Subjectクラス」でも行っていますが、チェックできる箇所それぞれで行うべきでしょう。

8 「アプリケーションの仕様」(5)を記述

　「リセット」ボタンをクリックして「リセットボタン」クリックのイベントハンドラ」を追加します。リスト7-16のコードを記述してください。

リスト7-16　「リセットボタン」クリックのイベントハンドラ (GradeCheck2：Form1.cs)

```csharp
private void ButtonReset_Click(object sender, EventArgs e)
{
    LabelClear();

    textBoxName.Text = "";
    textBoxAttendanceM.Text = "0";
    textBoxAttendanceP.Text = "0";
    textBoxAttendanceE.Text = "0";
    textBoxScoreM.Text = "0";
    textBoxScoreP.Text = "0";
    textBoxScoreE.Text = "0";
}
```

　「LabelClearメソッド」はリスト7-14で作成しています。「LabelClearメソッド」を呼んで結果を表示するラベルをクリアしてから、テキストボックスを初期化しています。

完成したら実行して処理を確認しましょう。正常処理だけではなく、エラーを表示するような値も入力して確認してください。

　さて、この章の例題「GradeCheck2」は、4章の例題で作成した「GradeCheck」と随分プログラムの書き方が違いますね。4章のほうは、FormGradeクラスだけで判定処理を行っていました。FormGradeに記述した変数だけが得点や出席率という値を保持し、プログラムではその変数を処理するだけでした。

　しかし、この章では、「学生クラス」と「科目クラス」から生成されたインスタンスが得点や合格点という重要な値を保持します。これらの値はインスタンスに聞かなければ知ることができませんし、判定処理もインスタンスに頼んで行ってもらいます。

　このように、オブジェクト指向では、あくまでもインスタンス、つまりオブジェクトが主体で処理が行われるのです。

7

成績判定を作り替えてカプセル化を理解しよう

練習問題　プロジェクト名：SwimmingSchedule

　スイミングスクールの各コースの授業日と開始時間、授業料を表示するアプリケーションを作成してください。

●完成イメージ

　西暦年と月とコース名を指定して「表示」ボタンをクリックすると、「授業日」「開始時間」「授業料」を表示します。

図7-10　練習問題の完成イメージ

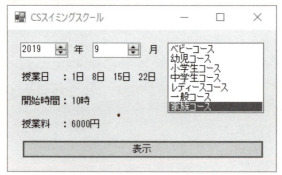

●アプリケーションの仕様

(1) 起動時に現在の年と月をニューメリックアップダウンに表示します。リストボックスには、「ベビーコース、幼児コース、小学生コース、中学生コース、レディースコース、一般コース、家族コース」の項目を表示します。

(2) 年、月、コースを選択し、「表示」ボタンをクリックすると、「授業日」「開始時間」「授業料」を表示します。

(3) 各コースの実施曜日と開始時間、1回分の授業料を表7-3に示します。

表7-3　各コースの実施曜日、開始時間、授業料

コース名	曜日	開始時間	1回分の授業料
ベビーコース	月	14	1000
幼児コース	火	10	1000
小学生コース	水	17	800
中学生コース	木	19	800
レディースコース	金	20	1000
一般コース	土	20	1200
家族コース	日	10	1500

(4) 授業日は毎週決められた「曜日」に行われますが、月の最後の3日間はプールの水の入れ替えと清掃のために休講です。たとえば、2019年9月の日曜日のコースの場合には、1日、8日、15日、22日に授業があります。

(5) 授業料は「1回分の授業料×授業回数」です。

●補足事項

(1) スイミングスクールのコースは「コースクラス」を新規作成して管理します。

(2) ListBoxコントロールに要素を追加するには、以下のどちらかの方法で行ってください。

- コードで追加する場合：「フォーム」ロードのイベントハンドラに以下のようにコードを入力する

```
listBoxCourse.Items.Add("ベビーコース");
```

- デザイン時に追加する場合：プロパティウィンドウのItemsプロパティの右側の ... ボタンを押すと「文字列コレクションエディター」が表示されるので図7-11のように1行ずつ入力する

図7-11　文字列コレクションエディター

(3) ListBoxコントロールの選択されている要素のインデックスは、SelectedIndexプロパティで知ることができます。項目のインデックス番号は0から始まります。

```
int n = listBoxCourse.SelectedIndex;
```

(4) DateTime.DaysInMonthメソッドを使うと月の最終日を知ることができます。

```
int year = 2020, month = 2;
int daysInMonth = DateTime.DaysInMonth(year, month);   // 29
```

次のようにDateTime構造体を使うと年月日から曜日を取得することができます。

```
int year = 2020, month = 2, day = 7;
DateTime dt = new DateTime(year, month, day);
string week = dt.DayOfWeek .ToString();     // Friday
```

intでキャストすると、「0：日〜6：土」の整数値に変換することができます。

```
int w = (int) dt.DayOfWeek;          // 5
```

CHAPTER 8

乗り物の競争ゲームで継承を理解しよう

「カプセル化」「継承」「ポリモーフィズム（多態）」はオブジェクト指向の3大要素といわれています。「カプセル化」については7章で学びました。この章では、かんたんな競争ゲームの作成をとおして「継承」について学習し、オブジェクト指向の知識をさらに深めましょう。

本章で学習するC#の文法
- 継承
- Randomクラス

本章で学習するVisual Studioの機能
- PictureBox
- マウスイベント
- キーイベント

この章でつくるもの

　バイク、救急車、ヘリコプターが事故現場にたどり着くスピードを競う、かんたんなゲームのデスクトップアプリケーションを作成します。

図8-1　例題の完成イメージ

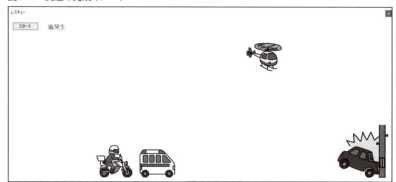

　バイク、救急車、ヘリコプターが災害現場に向かう場合、それぞれに得手不得手があります。救急車はサイレンを鳴らし法定速度を無視して走ることができますが、渋滞には弱いです。バイクは法定速度を守りますが、渋滞には強いです。法定速度も渋滞も関係なく空を飛ぶヘリコプターですが、嵐のときには途中で飛行を断念します。

　これらは乗り物なので、すべて別のクラスとして作るよりも、共通部分を取り出し差分だけプログラミングするほうが楽になります。その差分だけプログラミングする方法が「継承」です。

8-1 クラスの継承を理解しよう

　これまでの章では、それぞれ独立したクラスを作成してきました。しかし、ほかのクラスのデータを流用したい場合も出てくることでしょう。

　ほかのクラスのデータや手続きを引き継ぎ、新たなクラスを作ることを「継承」といいます。元になるクラスを「基本クラス」、継承して作成するクラスを「派生クラス」と呼びます。継承は、基本クラスの機能に対して新たな機能を追加したり、一部の機能を作り替えたりする目的で行われ、そのほかの機能に関しては基本クラスの機能はそっくりそのまま「継承」されます。継承により、差分のみプログラミングすればよくなりますので、大変に効率よくプログラムを開発することが可能になります。

図8-2　継承のイメージ

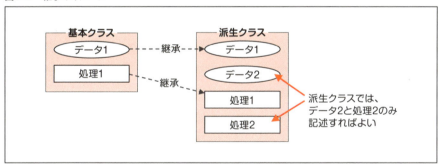

継承の考え方

　7章では「テレビ」を例にして「カプセル化」を説明しました。テレビは電気製品の一種です。世の中にはたくさんの電気製品が存在しますが、その中のいくつかを継承関係を考えて図に示すと以下のようになるでしょう。

図8-3 電気製品の継承関係

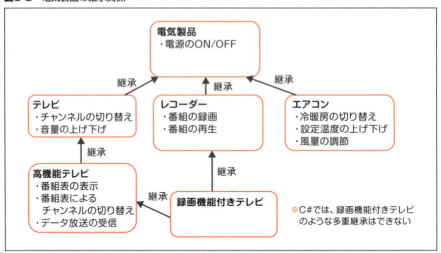

　図8-3で、「録画機能付きテレビ」は「高機能テレビ」と「レコーダー」の2つを継承していますが、このような継承の仕方を「多重継承」と呼びます。C++のように多重継承を許しているプログラミング言語もありますが、C#では多重継承はできません。C#では、すべてのクラスが共通の1つの基本クラスから派生することになっています。実は3-1で学習した「C#の組み込みデータ型」(p.68)の表にあった「object型」はすべてのクラスの基本クラスなのです。
　継承を使うと、派生クラスは基本クラスの差分のみを作成すればよくなります。順次不足する機能を付け足したり、カスタマイズしたりするだけです。

派生クラスの生成

派生クラスは以下のような構文で記述します。

構文　派生クラスの定義

```
アクセス修飾子 class 派生クラス名 : 基本クラス名
{
    追加するメンバーの記述
}
```

派生クラスでは、クラス名の後ろに「:」を記述し、その後に基本クラス名を指定します。実際に、7章で作成した「ClassSample」プロジェクトを、図8-3の「電気製品」と「テレビ」を参考に書き替えながら確認していきましょう。

　「InheritanceSample」という名前のコンソールアプリのプロジェクトを新規作成し、「プロジェクト」メニューの「クラスの追加」で「ElectronicProducts」という名前のクラスを追加してください。このクラスが基本クラスになります。リスト8-1のようにクラスの内容を記述してください。

リスト8-1　電気製品クラス(`InheritanceSample：ElectronicProducts.cs`)

```csharp
namespace InheritanceSample
{
    // 電気製品クラス
    class ElectronicProducts
    {
        // コンストラクター
        public ElectronicProducts()
        {
            Power = false;
        }

        public ElectronicProducts(bool power)
        {
            Power = power;
        }

        // プロパティ
        public bool Power { get; private set; }    // 電源の状態

        // メソッド
        // 電源をON/OFFする
        public void OnOff()
        {
            if (Power == true)
                Power = false;      // 電源OFF
            else
```

271

```
        Power = true;      // 電源ON
    }
  }
}
```

　次に派生クラスを記述します。「ElectronicProducts」クラスと同様の手順で
「Television」という名前のクラスを追加し、リスト8-2のコードを記述してください。

リスト8-2 テレビクラス (`InheritanceSample：Television.cs`)

```
namespace InheritanceSample
{
    // テレビクラス
    class Television : ElectronicProducts  ◀──── ElectronicProductsクラスを
    {                                              継承する
        // フィールド
        private int channel;                   // 現在のチャンネル
        private const int ChannelMin = 1;      // チャンネル下限
        private const int ChannelMax = 12;     // チャンネル上限
        private const int VolumeMin = 0;       // 音量下限
        private const int VolumeMax = 40;      // 音量上限

        // コンストラクター
        public Television()
        {
            Volume = 20;
            Channel = 1;
        }

        // プロパティ
        public int Volume { get; private set; } // 現在の音量
        public int Channel                      // 現在のチャンネル
        {
            get { return channel; }
            set
            {
                if (value >= ChannelMin && value <= ChannelMax)
```

```
                channel = value;
        }
    }

    // メソッド
    // チャンネルを+1する
    public void ChannelUP()
    {
        if (Channel < ChannelMax)
            Channel++;
    }

    // チャンネルを-1する
    public void ChannelDown()
    {
        if (Channel > ChannelMin)
            Channel--;
    }

    // 音量を上げる
    public void VolumeUP()
    {
        if (Volume < VolumeMax)
            Volume++;
    }

    // 音量を下げる
    public void VolumeDown()
    {
        if (Volume > VolumeMin)
            Volume--;
    }
    }
}
```

最後に、Mainメソッドに派生クラスのインスタンスの生成とアクセスを記述し

ましょう。

リスト8-3 Mainメソッド (InheritanceSample：Program.cs)

```
namespace InheritanceSample
{
    class Program
    {
        static void Main(string[] args)
        {
            Television tv = new Television();

            Console.Write($"電源：{(tv.Power ? "ON" : "OFF")}  ");
            Console.WriteLine($"チャンネル:{tv.Channel} 音量：{tv.Volume}");

            Console.WriteLine("電源ボタンを押します。");
            tv.OnOff();
            Console.WriteLine($"電源：{(tv.Power ? "ON" : "OFF")}");

            Console.WriteLine("電源ボタンを押します。");
            tv.OnOff();
            Console.WriteLine($"電源：{(tv.Power ? "ON" : "OFF")}");
        }
    }
}
```

実行結果

```
電源：OFF　チャンネル:1　音量：20
電源ボタンを押します。
電源：ON
電源ボタンを押します。
電源：OFF
```

　このように派生クラスをとおして基本クラスの電源のON／OFFが行えますね。
Televisionクラスを利用しているProgramクラスからは、電源もチャンネルも音
量もすべてTelevisionクラスのメンバーのように見えます。

継承とコンストラクター

コンストラクターは継承されないので、派生クラスから基本クラスのコンストラクターを呼び出す必要があります。この場合、基本クラスのコンストラクターが先に呼び出され、次に派生クラスのコンストラクターが呼び出されます。

図8-4 継承しているコンストラクターの呼び出し順

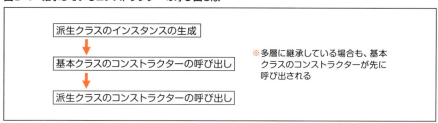

●baseキーワード

基本クラスのコンストラクターに引数がない場合には、特に何もしなくても、派生クラスのコンストラクターから基本クラスのコンストラクターが暗黙的に呼び出されます。しかし、引数がある場合には、「baseキーワード」を使って基本クラスを明示的に呼び出し、引数を渡してやる必要があります。

p.246で説明した「this」は、自分のインスタンスを参照しましたが、「base」は、すぐ上の基本クラスのインスタンスを参照します。

構文 派生クラスから基本クラスのコンストラクターに引数を渡す

```
アクセス修飾子 派生クラスのコンストラクター名(引数型と引数の並び)
: base(基本クラスに渡す引数の並び)
{
    処理
}
```

図8-5のように、派生クラスのインスタンス生成時に基本クラスのコンストラクターに渡す引数も一緒に記述します（①）。派生クラスでは、基本クラスへの引数をbaseキーワードの後ろに記述します（②）。すると、その引数は基本クラスのコンストラクターに渡されます（③）。そのまま、基本クラスのコンストラ

クターが実行されます（④）。そして、最後に派生クラスのコンストラクターが実行されます（⑤）。

図8-5　派生クラスから基本クラスのコンストラクターへ引数を渡す場合

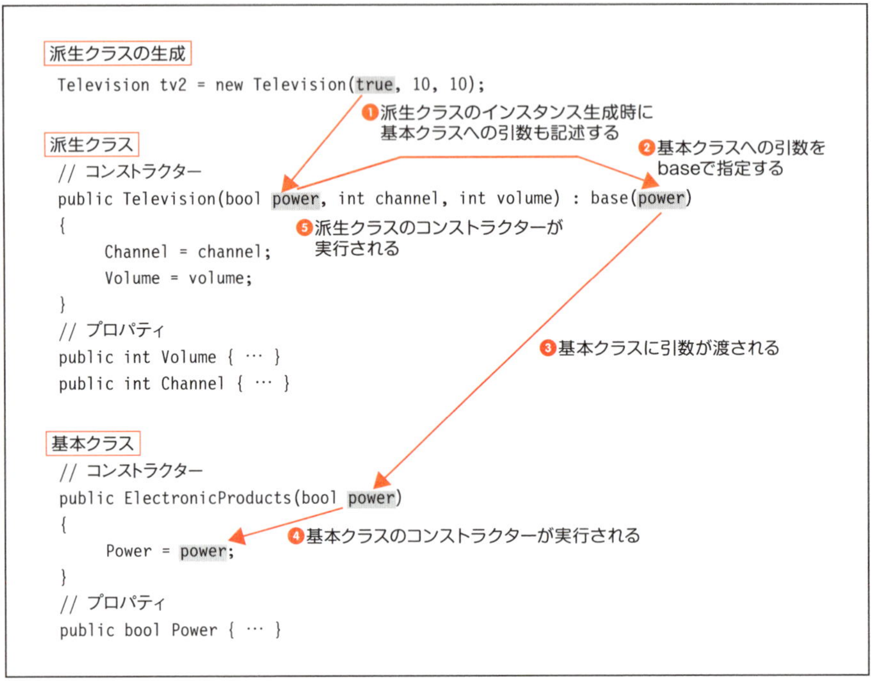

```
派生クラスの生成
  Television tv2 = new Television(true, 10, 10);
                      ❶派生クラスのインスタンス生成時に
                         基本クラスへの引数も記述する
派生クラス                              ❷基本クラスへの引数を
  // コンストラクター                      baseで指定する
  public Television(bool power, int channel, int volume) : base(power)
  {                     ❺派生クラスのコンストラクターが
      Channel = channel;    実行される
      Volume = volume;
  }
  // プロパティ
  public int Volume { … }
  public int Channel { … }          ❸基本クラスに引数が渡される

基本クラス
  // コンストラクター
  public ElectronicProducts(bool power)
  {                    ❹基本クラスのコンストラクターが実行される
      Power = power;
  }
  // プロパティ
  public bool Power { … }
```

●派生クラスの継承

　派生クラスをさらに別のクラスが継承することもできます。その場合、派生クラスのコンストラクターは、baseキーワードを使って順次継承元のクラスのコンストラクターに引数を送るように記述します。

　クラスの継承関係は、「表示」メニューの「クラスビュー」で、図8-6のようにツリー表示させることができます。p.270で説明したように、すべてのクラスはObjectクラスを継承しています。

276

図8-6 クラスビュー

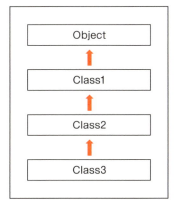

protectedアクセス修飾子

アクセス修飾子については、6-3で説明しましたが、もう一度確認しておきたいと思います。

カプセル化を考慮した場合、7-2で説明したようにフィールドはprivateにして外からは見えなくするべきです。そしてpublicなプロパティを使って最小限のアクセスを許すようにします。

派生クラスは基本クラスの内容をまるごと継承しているので、基本クラスのフィールドにアクセスしたい場合も生じます。しかし、基本クラスのprivateなフィールドは派生クラスからアクセスすることはできません。このような場合には基本クラスのフィールドを「protected」にすることでアクセスが可能になります。

リスト8-4 protectedアクセス修飾子の例（InheritanceSample3）

```
class Program
{
    static void Main(string[] args)
    {
        Class2 c2 = new Class2("旧姓");
```

```csharp
            Console.WriteLine(c2.Name);          // "旧姓"を出力

            //c2.name = "新しい姓";
            c2.NameChange("結婚後の姓");
            Console.WriteLine(c2.Name);          // "結婚後の姓"を出力
        }
    }
```

「アクセスできない保護レベル」の
エラー

基本クラス

```csharp
class Class1
{
    protected string name;          // 派生クラスからはアクセス可能

    public Class1(string n)
    {
        name = n;
    }

    public string Name
    {
        get { return name; }
    }
}
```

基本クラスのnameはアクセス修飾子が
protectedなので、派生クラスからは
アクセスできるが、それ以外のクラス
からはアクセスできない

派生クラス

```csharp
class Class2 : Class1
{
    public Class2(string n) : base(n) { }

    public void NameChange(string n)
    {
        base.name = n;    // 基本クラスのnameはprotectedなのでアクセス可能
    }
}
```

実行結果

旧姓
結婚後の姓

　基本クラスClass1のnameはprotectedなので、派生クラスのClass2からは直接アクセスすることができます。しかし、Class1を継承していないProgramクラスからはアクセスすることができません。リスト8-4では「c2.name = "新しい姓";」をコメントで伏せてありますが、コメントを取るとビルドエラーが発生します。

　リスト8-4では、派生クラスから基本クラスのメンバーにアクセスする処理を

```
base.name = n;
```

のように、baseキーワードを使って明示しています（付けなくてもエラーにはなりません）。

メンバーの隠蔽

　継承では、基本クラスのメンバーと派生クラスのメンバーの名前を同じにすることができます。この場合、基本クラスのメンバーは派生クラスのメンバーで上書きされ、隠されてしまいます。これを「隠蔽」と呼びます。

　隠蔽をしていることを明示するためには、リスト8-5のClass2のように、隠蔽するメンバーの先頭に「newキーワード」を付けます（このnewは、インスタンスを生成するnew演算子とは異なります）。これで、基本クラスClass1のフィールドxとメソッドMが派生クラスClass2のメンバーで隠蔽されます。

　もし、このnewを付けずにコンパイルすると、

```
'Class2.x' は継承されたメンバー 'Class1.x' を非表示にします。非表示にする
場合は、キーワードnew を使用してください。
```

という警告を出力します。これは意図しない名前の重複を避けるためです。

　なお、基本クラスのメンバーを隠蔽していないのにnewキーワードを使用すると警告が出力されるので注意してください。また、引数の数や型が異なる場合には、p.119で説明したオーバーロードが適用され隠蔽されません。

リスト8-5 メンバーの隠蔽の例 (InheritanceSample4)

```csharp
class Program
{
    static void Main(string[] args)
    {
        Class1 c1 = new Class1();
        Class2 c2 = new Class2();

        c1.M();
        Console.WriteLine("c1.x = " + c1.x);
        c2.M();
        Console.WriteLine("c2.x = " + c2.x);
    }
}
```

基本クラス

```csharp
class Class1
{
    public int x = 10;

    public void M()
    {
        Console.WriteLine("基本クラスのメソッドが呼ばれました。");
    }
}
```

派生クラス

```csharp
class Class2 : Class1
{
    public new int x = 20;              // 基本クラスの変数xを隠蔽

    public new void M()                 // 基本クラスのMメソッドを隠蔽
    {
        Console.WriteLine("派生クラスのメソッドが呼ばれました。");
    }
}
```

実行結果

```
基本クラスのメソッドが呼ばれました。
c1.x = 10
派生クラスのメソッドが呼ばれました。  派生クラスのメンバーを表示
c2.x = 20
```

　なお、隠蔽されてしまった基本クラスのメンバーを使用する場合には、baseキーワードを使います。たとえば、派生クラスから隠蔽した基本クラスのMメソッドを呼び出したい場合には、

```
base.M();
```

のように記述します。

オーバーライド

　隠蔽とは別に、基本クラスのメソッドを派生クラスで再定義する方法に「オーバーライド」があります。

　オーバーライドを使うには、次のような決まりがあります。

● 基本クラスのメソッドに「virtual」キーワードを指定し（これを「仮想メソッド」と呼ぶ）、派生クラスのメソッドに「override」キーワードを指定する
● 仮想メソッドとオーバーライドするメソッドの名前、戻り値の型、引数の並びは一致していなければいけない
● virtualの付いていないメソッドをオーバーライドすることはできない
● virtualは、static（p.357）、abstract（p.352）と一緒には使用できない

リスト8-6　オーバーライドの例（InheritanceSample5）

```
class Program
{
    static void Main(string[] args)
    {
```

8

乗り物の競争ゲームで継承を理解しよう

281

```
        Class1 c1 = new Class1();
        Class2 c2 = new Class2();

        c1.M();
        c2.M();
    }
}
```

基本クラス

```
class Class1
{                          ← 基本クラスのメソッドにはvirtualキーワードを付ける
    public virtual void M()
    {
        Console.WriteLine("基本クラスのMメソッドが呼ばれました。");
    }
}
```

派生クラス

```
class Class2 : Class1
{                          ← 派生クラスのメソッドにはoverrideキーワードを付ける
    public override void M()
    {
        Console.WriteLine("派生クラスのMメソッドが呼ばれました。");
    }
}
```

実行結果

基本クラスのMメソッドが呼ばれました。　　派生クラスのメソッドでオーバーラ
派生クラスのMメソッドが呼ばれました。 ← イドされた

8-2
Randomクラスで乱数を生成する

　たとえばコンピュータと対戦するじゃんけんゲームを作成する場合、コンピュータに不規則に拳を出してもらうためにランダムな値が必要になります。コンピュータが作り出すランダムな値を「擬似乱数」と呼び、C#では、Randomクラス（System名前空間）を使用することで発生させることができます。

Randomクラスのインスタンスの生成

　Randomクラスのインスタンスを生成するには、2通りの方法があります。

構文	Randomクラスのインスタンスの生成

```
Random 変数名 = new Random(整数値);        ──── ①
Random 変数名 = new Random();             ──── ②
```

　擬似乱数とは文字どおり擬似的に作り出した乱数なので、同じパターンで繰り返し発生させることができます。構文の①には、整数値の引数が記述されていますが、この引数をseed（種）と呼びます。このseedに同じ値を与えてインスタンスを生成すると、常に同じパターンで擬似乱数を発生させることができます。

　けれども、ゲームのプログラムのように、実行のたびに全く異なるパターンで擬似乱数を発生させたい場合もあります。このような場合には構文の②のように引数に何も記述しません。引数を省略するとシステム時計から取得した値がseedに与えられます。つまりseedは毎秒異なるので、引数なしで記述すれば異なるパターンの疑似乱数を得ることができます。

擬似乱数の発生

　Randomクラスから生成したインスタンスから擬似乱数を発生させるには、Nextメソッドを使用します。

構 文	擬似乱数の発生

```
int 変数 = インスタンス名.Next();                       ──── ①
int 変数 = インスタンス名.Next(最大値);                  ──── ②
int 変数 = インスタンス名.Next(最小値, 最大値);          ──── ③
```

①の構文では、0以上でMaxValue (2,147,483,647) より小さい擬似乱数を発生します。②の構文では、0以上で最大値より小さい擬似乱数を発生します。③の構文では、最小値以上で最大値より小さい擬似乱数を発生します。なお、最小値と最大値にはint型の値を指定してください。

リスト8-7にRandomクラスの使用例を示します。

リスト8-7	Randomクラスを使用した例 (RandomSample:Program.cs)

```
class Program
{
    static void Main(string[] args)
    {
        Random rnd = new Random();          //Randomインスタンスの生成

        // 0 以上で MaxValue (2,147,483,647) より小さい乱数を5個
        for (int i = 0; i < 5; i++)
            Console.Write(rnd.Next() + " ");
        Console.WriteLine();

        // 0 以上で100より小さい乱数を10個
        for (int i = 0; i < 10; i++)
            Console.Write(rnd.Next(100) + " ");
        Console.WriteLine();

        // 10 以上で20より小さい乱数を10個
        for (int i = 0; i < 10; i++)
            Console.Write(rnd.Next(10, 20) + " ");
        Console.WriteLine();
    }
}
```

実行結果

```
1517253010 1321800460 1850110938 294359451 2085346681
12 59 65 95 42 68 6 72 19 64
14 17 14 16 19 18 12 17 15 12
```

　リスト8-7に示したように、Randomクラスのインスタンスは1つだけ用意し、Nextメソッドで使いまわします。もし、リスト8-8のようにインスタンスを複数同時に宣言すると、コンピュータの処理速度はとても速いのでseedが重なってしまい、同じパターンで乱数を発生させてしまいます。

リスト8-8　インスタンスを複数同時に宣言した例（RandomSample2：Program.cs）

```csharp
class Program
{
    static void Main(string[] args)
    {
        Random rnd1 = new Random();
        Random rnd2 = new Random();

        for (int i = 0; i < 5; i++)
            Console.Write(rnd1.Next() + " ");
        Console.WriteLine();

        for (int i = 0; i < 5; i++)
            Console.Write(rnd2.Next() + " ");
        Console.WriteLine();
    }
}
```

実行結果例

```
472953052 1281358283 1657653480 1800959928 989628540
472953052 1281358283 1657653480 1800959928 989628540
```
同じパターン

285

8-3 ユーザの操作とイベントを知る

　これまでの説明では、マウスのClickイベントやフォームのLoadイベントを取り上げましたが、ほかにもたくさんのイベントが存在します。ここで少し、そのほかのイベントについてもまとめておきましょう。なお、これらのイベントを使ったかんたんなアプリケーション（EventSample）をp.5のサポートページに用意したので参考にしてください。

マウス操作で発生するイベント

　マウス操作で発生するイベントには主に以下のものがあります。

表8-1　マウス操作で発生する主なイベント

イベント	内容
Click	コントロールがクリックされたときに発生
DoubleClick	コントロールがダブルクリックされたときに発生
MouseClick	マウスでコントロールをクリックしたときに発生
MouseDown	マウスのボタンを押したときに発生
MouseEnter	マウスポインタがコントロールの上に移動してきたときに発生
MouseHover	マウスポインタがコントロールの上で移動を停止したときに発生
MouseLeave	マウスポインタがコントロールの上から離れていったときに発生
MouseMove	マウスポインタがコントロールの上を移動すると発生
MouseUp	すでに押されているマウスのボタンを離したときに発生

キーボード操作で発生するイベント

　キーボード操作で発生するイベントには主に以下のものがあります。

表8-2　キーボード操作で発生する主なイベント

イベント	内容
KeyDown	キーを押したときに発生
KeyPress	キーボードから文字キーを入力したときに発生
KeyUp	すでに押されているキーを離したときに発生

リスト8-9にKeyPressとKeyDownイベントの使用例を示します。なお、キーボード入力をフォームで処理する場合には、フォームのKeyPreviewプロパティにtrueを設定する必要があります。

リスト8-9　入力文字を判定する（EventSample：Form1.cs）

```
private void Form1_KeyPress(object sender, KeyPressEventArgs e)
{
    if (e.KeyChar == 'A')
        label1.Text = "A";
    else     // A以外の文字を入力したらそのまま表示
        label1.Text = e.KeyChar.ToString();
}


private void Form1_KeyDown(object sender, KeyEventArgs e)
{
    if (e.KeyCode == Keys.A)
        label2.Text = "A か a";
    else     // A以外の文字を入力したらそのまま表示
        label2.Text = e.KeyCode.ToString();
}
```

KeyPressは文字を入力したときに発生するイベントなので、大文字と小文字を判別することができます。しかし、 Shift キーや Ctrl キーのように文字入力を伴わない場合にはイベントが発生しません。一方、KeyDownとKeyUpはコードを取得するので、大文字と小文字の判別をすることができません。これらのイベントは、用途に応じて使い分けてください。

例題のアプリケーションの作成

継承を使うと似たようなクラスを別々に作らずに済むので、コードを効率的に記述することができます。例題を作成することでそれを実感してみましょう。

●完成イメージ

「スタート」ボタンをクリックすると、バイクと救急車とヘリコプターが表8-3の仕様で災害現場に向かいます。

表8-3 災害現場に向かう乗り物の仕様

	移動方法	移動速度	渋滞	嵐
バイク	道路を走る	低速		
救急車	道路を走る	高速	速度を下げる	
ヘリコプター	空を飛ぶ	超高速		その場で着陸

図8-7 例題の完成イメージ

●アプリケーションの仕様

(1) 「ゲームフォームクラス」のほかに「乗り物クラス」「バイククラス」「救急車クラス」「ヘリコプタークラス」の4つのクラスをもっています。「ゲームフォームクラス」はゲームの進行を制御します。

(2) 「乗り物クラス」は自分の位置xy座標、スピード、目的地のx座標、画像を

データとして管理します。また、「進む」処理と「画像の移動」処理をもっています。

(3) 「バイククラス」は「乗り物クラス」を継承しメンバーをそのまま使用します。

(4) 「救急車クラス」は「乗り物クラス」を継承し、渋滞の処理を追加します。渋滞すると速度を半分に下げます。ただし、50ピクセル/秒以下には下がらないようにします。

(5) 「ヘリコプタークラス」は「乗り物クラス」を継承し、飛行最高高度と飛行最低高度の属性と嵐の処理を追加します。また、乗り物クラスの「進む」メソッドを飛行するメソッドでオーバーライドします。飛行は、前進しながら飛行最高高度まで徐々に高度を上げ、目的地に着いたらその位置で高度を下げ着陸します。嵐が来たらその場で高度を下げ着陸します。

(6) 「スタート」ボタンのクリックで100msごとに各乗り物は進みます。目的地に着いたら停止します。途中、10秒に1回の確率で嵐と渋滞が発生します。

(7) 表8-4にクラスの処理内容を示します。太字になっている同一のメンバーはそれぞれ対応しています。

表8-4　クラスの処理内容

乗り物クラス：乗り物を管理する基本クラス		
データ	**乗り物の画像**（フィールド）	乗り物の画像を表示するPictureBoxのインスタンスを保存する変数
	位置x・y（プロパティ）	乗り物の現在位置のxとy座標
	スピード（プロパティ）	乗り物の現在のスピード
	目的地（プロパティ）	乗り物の目的地のx座標
メソッド	**進む**（仮想メソッド）	・**目的地**に着いていなければ、**位置x**を**スピード**分進め、trueを返す ・**目的地**に着いたらfalseを返す
	画像移動（インスタンスメソッド）	**乗り物の画像**の座標を引数の座標で更新する

バイククラス：乗り物クラスを継承しバイクを管理する派生クラス
乗り物クラスのメンバーを継承するのみで自クラスのメンバーは追加しない

救急車クラス：乗り物クラスを継承し救急車を管理する派生クラス		
データ	最低スピード（定数）	渋滞中の救急車が走行する最低スピード
メソッド	渋滞 （インスタンスメソッド）	**最低スピード**は下回らないように、**スピード**を半分にする

ヘリコプタークラス：乗り物クラスを継承しヘリコプターを管理する派生クラス		
データ	最高高度（プロパティ）	ヘリコプターが飛行可能な最高高度
データ	最低高度（プロパティ）	ヘリコプターが飛行可能な最低高度
メソッド	進む（オーバーライド）	・**目的地**に着いていなければ、**位置x**を**スピード**分進め、**最高高度**を超えないように**位置y**を上げ、trueを返す ・**目的地**に着いたら、その場で**最低高度**まで**位置y**を下げ、falseを返す
メソッド	嵐（インスタンスメソッド）	**目的地**を**位置x**にすることで飛行を中止させる

ゲームフォームクラス：ゲームの進行を制御するメインフォームのクラス		
データ	ヘリコプター・救急車・バイク（フィールド）	**ヘリコプター**、**救急車**、**バイク**のインスタンスを格納する変数
データ	乱数（フィールド）	乱数のインスタンスを格納する変数
メソッド	「ゲームフォーム」ロード（イベントハンドラ）	・**バイククラス**から**バイク**のインスタンスを生成する ・**救急車クラス**から**救急車**のインスタンスを生成する ・**ヘリコプタークラス**から**ヘリコプター**のインスタンスを生成する ・**乱数**のインスタンスを生成する
メソッド	「スタートボタン」クリック（イベントハンドラ）	・タイマーをスタートさせる ・**乗り物移動**メソッドを呼んで乗り物を進める
メソッド	「タイマー」Tick（イベントハンドラ）	・**乗り物移動**メソッドを呼んで乗り物を進める ・1/100の確率で**渋滞**メソッドを呼んで救急車を遅くする ・1/100の確率で**嵐**メソッドを呼んでヘリコプターを着陸させる
メソッド	乗り物移動（privateなメソッド）	・**ヘリコプター**、**救急車**、**バイク**の**位置x・y**を**進む**メソッドで進める ・**ヘリコプター**、**救急車**、**バイク**のピクチャーボックスを**画像移動**メソッドで移動する ・全部の乗り物が到着したらタイマーを止める

作成手順

1 プロジェクトの新規作成

　プロジェクト名「Rescue」で、「Windowsフォームアプリケーション」を新規作成してください（1-4参照）。

2 コントロールの追加とプロパティの変更

各コントロールを図8-8のようにフォームに貼り付け、表8-5のようにプロパティを変更してください（2-1～2-2参照）。

図8-8 FormGameのコントロールの配置

表8-5 FormGameのコントロールのプロパティ

	コントロール	Nameプロパティ	その他のプロパティ	
	Form	FormGame	Text	レスキュー
			BackColor	White
			FormBoderStyle	FixedToolWindow
			AutoScaleMode	None
			Size	1100,500
①	Button	buttonStart	Text	スタート
②	Label	labelNotice	Text	label1
			ForeColor	Red
			Font	12pt, style=Bold
③	PictureBox	pictureBoxMotorcycle	SizeMode	AutoSize
			Image	motorcycle.png（※）
④	PictureBox	pictureBoxAmbulance	SizeMode	AutoSize
			Image	ambulance.png（※）
⑤	PictureBox	pictureBoxHelicopter	SizeMode	AutoSize
			Image	helicopter.png（※）
⑥	PictureBox	pictureBox1	SizeMode	AutoSize
			Image	accident.png（※）
⑦	Timer（p.206参照）	timer1		

※PictureBoxのイメージの設定については 3 で説明します。

3 PictureBoxへ画像を表示

まず、p.5のサポートページから画像をダウンロードします。「CSharpGoal.zip」-「8章」-「例題のアプリケーション」-「画像」内の4つの画像を適当な場所に保存してください。

次に、WindowsフォームデザイナーでpictureBoxMotorcycleを選択してからプロパティウィンドウの「Image」の 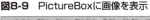 をクリックしてください。「リソースの選択」のダイアログボックスを開くので、「ローカルリソース」(図8-9①)を選択し、「インポート」ボタンをクリックします(②)。すると、「開く」ダイアログボックスを開くので(③)、保存した画像の中から該当する画像ファイルを選び(④)「開く」をクリックしてください(⑤)。「リソースの選択」ダイアログは「OK」で閉じてください。PictureBoxに画像が表示されます。

図8-9 PictureBoxに画像を表示

なお、PictureBoxのSizeModeプロパティには以下の種類があります。PictureBoxのサイズを画像と同じにするには「AutoSize」を選んでください。

表8-6 PictureBoxのSizeModeプロパティ

AutoSize	PictureBoxは、格納しているイメージと同じ大きさ
CenterImage	イメージは中央に表示する。外にはみ出した部分はクリップする
Normal	イメージは左上隅に配置。外にはみ出した部分はクリップする
StretchImage	イメージのサイズは、PictureBoxのサイズに合うように調整される
Zoom	イメージのサイズは、サイズ比率を維持したままで拡大または縮小する

4 「アプリケーションの仕様」(2) を記述

「乗り物クラス」を新規作成します。p.232を参考に、「Vehicle.cs」を追加して、リスト8-10のコードを記述してください。

このとき、未定義のエラーが出ないように「フィールド」と「プロパティ」→「コンストラクター」→「インスタンスメソッド」の順に記述してください。これ以降のクラスについても記述順に留意してください。

リスト8-10 乗り物クラス (Rescue：Vehicle.cs)

```
// 乗り物クラス
class Vehicle
{
    // フィールド
    private System.Windows.Forms.PictureBox picture;          ——— ①

    // コンストラクター
    public Vehicle(int positionX, int positionY, int speed,
        int distanceX, System.Windows.Forms.PictureBox picture)
    {
        PositionX = positionX;
        PositionY = positionY;
        Speed = speed;
        DistanceX = distanceX;
        this.picture = picture;
    }

    // プロパティ
    public int PositionX { get; set; }   // 位置x
```

8

乗り物の競争ゲームで継承を理解しよう

```csharp
    public int PositionY { get; set; }  // 位置y
    public int Speed { get; set; }      // スピード
    public int DistanceX { get; set; }  // 目的地x


    // 進む
    //（仮引数）x：更新座標x　y：更新座標y
    //（戻り値）true：前進可能　false：到着
    public virtual bool Run(out int x, out int y)
    {
        bool rc = true;

        // 現在位置をスピード分進める
        PositionX += Speed;

        // 目的地に着いたらもう進めない
        if (PositionX >= DistanceX)
        {
            PositionX = DistanceX;
            rc = false;                 // 目的地に着いたらfalseを返す
        }

        x = PositionX;
        y = PositionY;

        return rc;
    }


    // ピクチャーボックスを移動する
    //（仮引数）x：移動先座標x　y：移動先座標y
    public void PictureMove(int x, int y)
    {
        picture.Location = new System.Drawing.Point(x, y);  ──── ②
    }

}
```

outキーワードは
p.118参照
virtualキーワード
はp.281参照

294

このクラスが基本クラスになります。「System.Windows.Forms（①）」と
「System.Drawing（②）」を記述したくない場合には「usingディレクティブ」
を追加してください（p.194参照）。

5 「アプリケーションの仕様」（3）を記述

「バイククラス」を新規作成します。「Motorcycle.cs」を追加して、リス
ト8-11のコードを記述してください。

リスト8-11 バイククラス（Rescue：Motorcycle.cs）

```
// バイククラス
class Motorcycle : Vehicle    ← 乗り物クラスを継承
{
    // コンストラクター
    public Motorcycle(int positionX, int positionY, int speed,
        int distanceX, System.Windows.Forms.PictureBox picture)
        : base(positionX, positionY, speed, distanceX, picture)
    {
        ↑
        baseキーワードで乗り物クラスのコンストラクターに引数を渡す
        (p.275参照)
    }
}
```

このクラスは乗り物クラスを継承するだけで、特に追加するコードはあり
ません。

6 「アプリケーションの仕様」（4）を記述

「救急車クラス」を新規作成します。「Ambulance.cs」を追加して、リス
ト8-12のコードを記述してください。

リスト8-12 救急車クラス（Rescue：Ambulance.cs）

```
// 救急車クラス
class Ambulance : Vehicle    ← 乗り物クラスを継承
{
    private const int MinSpeed = 5;  // 最低スピード
```

8
乗り物の競争ゲームで継承を理解しよう

```
// コンストラクター
public Ambulance(int positionX, int positionY, int speed,
    int distanceX, System.Windows.Forms.PictureBox picture)
    : base(positionX, positionY, speed, distanceX, picture)
{

}

// 渋滞
//（戻り値）現在のスピード
public int TrafficJam()
{
    // スピードを半分にする。ただし、最低スピード以下にはしない。
    Speed /= 2;
    if (Speed < MinSpeed)         ◀──── 繰り返し渋滞が起こる場合を考えて、
        Speed = MinSpeed;                最低スピード以下にしない
                                         100msごとに進むので、50ピクセル/
    return Speed;                        秒以下にするにはMinSpeedは5になる
}
}
```

7 「アプリケーションの仕様」（5）を記述

「ヘリコプタークラス」を新規作成します。「Helicopter.cs」を追加して、リスト8-13のコードを記述してください。

リスト8-13 ヘリコプタークラス (Rescue:Helicopter.cs)

```
// ヘリコプタークラス
class Helicopter : Vehicle   ◀── 乗り物クラスを継承
{
    // コンストラクター
    public Helicopter(int positionX, int positionY, int speed,
        int distanceX,System.Windows.Forms.PictureBox picture,
        int maxHigh, int minHigh)
        : base(positionX, positionY, speed, distanceX, picture)
    {
```

```
        MaxHigh = maxHigh;
        MinHigh = minHigh;
    }


    // プロパティ
    public int MaxHigh { get; private set; } // 最高高度
    public int MinHigh { get; private set; } // 最低高度


    // 飛ぶ
    //（仮引数）x：更新座標x  y：更新座標y
    //（戻り値）true：前進可能  false：到着
    public override bool Run(out int x, out int y)          ── ①
    {
        bool rc = true;

        // 現在位置をスピード分進める
        PositionX += Speed;

        // 目的地に着いたら
        if (PositionX >= DistanceX)
        {
            PositionX = DistanceX;    // もう進めない
            PositionY += Speed / 2;  // 高度を下げる          ── ②
            if (PositionY >= MinHigh)
            {
                PositionY = MinHigh; // 最低高度を下回らない
                rc = false;
            }
        }
        // 目的地に着いていない
        else
        {
            PositionY -= Speed / 2;  // 高度を上げる          ── ③
            if (PositionY <= MaxHigh)
                PositionY = MaxHigh; // 最高高度を超えない
        }
```

```
        x = PositionX;
        y = PositionY;

        return rc;
    }

    // 嵐が来た
    public void Storm()
    {
        // 目的地を現在地にして途中で飛行を中止する
        DistanceX = PositionX;
    }
}
```

　ヘリコプターは飛ぶので、乗り物クラスの「進む」処理をオーバーライド
して飛行するように変更します（①）（p.281参照）。表示するフォームの原
点座標は左上なので、「PositionY += Speed / 2;」（②）で高度を下げ、
「PositionY -= Speed / 2;」（③）で高度を上げるので注意してください。

8 「アプリケーションの仕様」（1）を記述

　「ゲームフォームクラス」に各乗り物と疑似乱数のインスタンスを代入す
るための変数をフィールドとして宣言します。リスト8-14のフィールドを
記述してください。

リスト8-14　**FormGameのフィールドの宣言（Rescue：Form1.cs）**

```
public partial class FormGame : Form
{
    private Helicopter helicopter;    // ヘリコプタークラスのインスタンス
    private Ambulance ambulance;      // 救急車クラスのインスタンス
    private Motorcycle motorcycle;    // バイククラスのインスタンス
    private Random random;            // 疑似乱数のインスタンス
```

　続けて、フォームの何もコントロールが置かれていない部分でダブルクリ
ックして、「ゲームフォーム」ロードのイベントハンドラを追加します。リス
ト8-15のコードを記述してください。

リスト8-15 「ゲームフォーム」ロードのイベントハンドラ (Rescue：Form1.cs)

```csharp
private void FormGame_Load(object sender, EventArgs e)
{
    int formSizeW = this.ClientSize.Width;  ——— ①

    const int MotorcycleSpeed = 10;     // バイクのスピード
    const int AmbulanceSpeed = 15;      // 救急車のスピード
    const int HelicopterSpeed = 30;     // ヘリコプターのスピード
    const int HelicopterMaxHigh = 30;   // ヘリコプターの最高高度

    // バイククラスのインスタンス生成
    int x = pictureBoxMotorcycle.Location.X;
    int y = pictureBoxMotorcycle.Location.Y;
    int distanceW = formSizeW - pictureBoxMotorcycle.Size.Width;  ②
    motorcycle = new Motorcycle
        (x, y, MotorcycleSpeed, distanceW, pictureBoxMotorcycle);

    // 救急車クラスのインスタンス生成
    x = pictureBoxAmbulance.Location.X;
    y = pictureBoxAmbulance.Location.Y;
    distanceW = formSizeW - pictureBoxAmbulance.Size.Width;  ③
    ambulance =  new Ambulance
        (x, y, AmbulanceSpeed, distanceW, pictureBoxAmbulance);

    // ヘリコプタークラスのインスタンス生成
    x = pictureBoxHelicopter.Location.X;
    y = pictureBoxHelicopter.Location.Y;
    distanceW = formSizeW - pictureBoxHelicopter.Size.Width;  ④
    helicopter = new Helicopter(x, y,HelicopterSpeed,
        distanceW, pictureBoxHelicopter, HelicopterMaxHigh, y);

    random = new Random();  // 乱数のインスタンス生成

    labelNotice.Text = "";
}
```

8

乗り物の競争ゲームで継承を理解しよう

299

各乗り物のインスタンスを生成し、フィールドに代入します。①の
ClientSizeはフォームから境界線とタイトルバーを除いたクライアント領域
のサイズです。各乗り物のインスタンスを生成する際に、乗り物の目的地に
クライアント領域の幅から画像の幅を引いた値を設定しています（②③④）。

9 **「アプリケーションの仕様」（6）を記述**

　　フォームの「スタート」ボタンをダブルクリックして、「スタートボタン」ク
リックのイベントハンドラを追加し、リスト8-16を記述してください。

リスト8-16 「スタートボタン」クリックのイベントハンドラ（Rescue：Form1.cs）

```
private void ButtonStart_Click(object sender, EventArgs e)
{
    timer1.Start();

    // 乗り物を進める
    MoveVehicle();
}

// 乗り物移動
private void MoveVehicle()
{
    // ヘリコプター、救急車、バイクの位置を進める
    bool rc1 = motorcycle.Run(out int x1, out int y1);
    bool rc2 = ambulance.Run(out int x2, out int y2);
    bool rc3 = helicopter.Run(out int x3, out int y3);

    // ピクチャボックスの位置を進める
    motorcycle.PictureMove(x1, y1);
    ambulance.PictureMove(x2, y2);
    helicopter.PictureMove(x3, y3);

    // 全部の乗り物が到着したらタイマーを止める
    if (rc1 == false && rc2 == false && rc3 == false)
    {
        timer1.Stop();
```

```
        labelNotice.Text = "終了";
    }
}
```

privateなメソッドMoveVehicleは、各乗り物のPictureBoxの位置を進める処理を行っています。

位置を進めるにはインスタンスメソッドのRunを呼びます。Runメソッドは進んだ位置のxy座標を返してくるので、PictureMoveメソッドでPictureBoxをその位置に進めます。また、Runメソッドはこれ以上進めない場合にはfalseを返すので、すべてのインスタンスでfalseになった場合にはタイマーを止めます。

続けて、タイマー周期の処理を追加します。フォームの「timer1」をダブルクリックして、「タイマー」Tickのイベントハンドラを追加し、リスト8-17のコードを記述してください。

リスト8-17 「タイマー」Tickのイベントハンドラ (Rescue：Form1.cs)

```
private void Timer1_Tick(object sender, EventArgs e)
{
    // 乗り物を進める
    MoveVehicle();

    int r = random.Next(100);
    if (r == 0)
    {
        ambulance.TrafficJam ();      // 救急車に渋滞を通知
        labelNotice.Text += " 渋滞発生 ";
    }
    else if (r == 50)
    {
        helicopter.Storm(); // ヘリコプターに嵐を通知
        labelNotice.Text += " 嵐発生 ";
    }
}
```

8

乗り物の競争ゲームで継承を理解しよう

301

ここでは、MoveVehicleメソッド（リスト8-16）を呼んで各乗り物の
PictureBoxを進めます。また、嵐と渋滞も発生させます。「アプリケーショ
ンの仕様」(6)より、100msごとにタイマーのイベントが発生するので、0
〜99の範囲で擬似乱数を発生させ、0のときに救急車に渋滞を通知し、50
のときにヘリコプターに嵐を通知しています。

　以上で完成です。実行して動作を確認してください。
　なお、このアプリケーションは、ゲームとしてはかなり不完全なものです。
あくまでも継承を理解していただくためのものですから、細部にはこだわっ
ていないことをご理解ください。

プロジェクト名：Fishing

フィッシングゲームをWindowsフォームアプリケーションで作成してください。

●完成イメージ

「スタート」ボタンをクリックすると魚が回遊するので、餌の位置で数字キーを押して捕まえます。制限時間は1分です。

図8-10 練習問題の完成イメージ

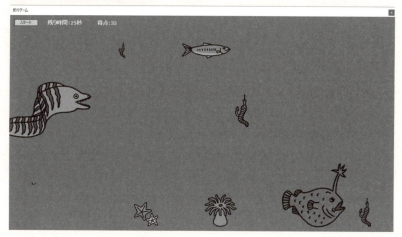

●アプリケーションの仕様

(1) 「魚クラス」を基本クラスにして、「イワシクラス」「ウツボクラス」「アンコウクラス」を継承させてください。

(2) 制限時間は60秒です。昼10秒→夜5秒の繰り返しでフォームの背景を明るめの色と暗めの色で切り替えます。

(3) どの魚も、左から右に回遊します。餌を食べたら釣られるので見えなくします。しかし、再度左から現れます。

(4) 魚の画像と餌の画像が完全に重なってから（図8-11①）30ピク

セルの間（②）に数字キーが押されたときに餌を食べたことにします。押した数字キーが得点になり、加算されます。

図8-11　魚の画像と餌の画像の関係

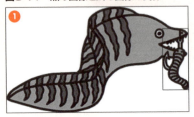
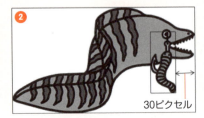

(5) イワシは、3以下の数字キーを押したときにしか餌を食べません。また、夜には寝るので餌を食べません。ただし、寝ながら回遊します。毎秒200ピクセル移動します。

(6) ウツボは、7以上の数字キーを押したときにしか餌を食べません。また、夜には寝るので泳がなくなり、餌も食べません。毎秒100ピクセル移動します。

(7) アンコウは、どんな大きさの餌でも食べます。また、昼夜の区別はないのでいつでも泳いで餌を食べます。毎秒100ピクセル移動します。

(8) 残り時間と得点は常にフォームの左上に表示します。

●補足事項

(1) 画像はp.5のサポートページからダウンロードしてください。

(2) 数字キーの入力判定はp.287のリスト8-9を参考にしてください。フォームのKeyPreviewプロパティに「true」を設定することを忘れないでください。

CHAPTER

神経衰弱で配列を理解しよう

　これまでの学習で、intやstringのような組み込みデータ型と、クラスのようなユーザ定義型について学びました。これらの型は同種のものを複数まとめて「配列」にすることができます。配列を使うと、forなどの反復制御を使ってデータを一括で処理できるようになるので大変に効率的です。この章では、神経衰弱のゲームの作成をとおして「配列」について学びましょう。

本章で学習するC#の文法
- 配列
- foreach文
- 文字列操作

この章でつくるもの

　24枚のカードを使った「神経衰弱ゲーム」のデスクトップアプリケーションを作成します。

図9-1　例題の完成イメージ

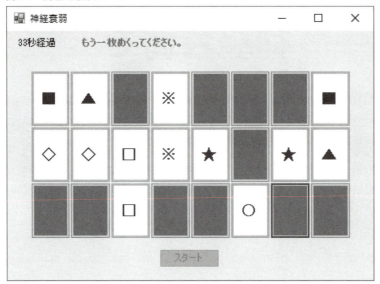

　カードゲームのような、同じ型のデータをまとめて扱うプログラムでは、配列の使用は必須です。この章では、神経衰弱のプログラムを作りながら配列の使い方を学習します。

9-1 配列でデータをまとめよう

　複数の同じ型のデータを扱う場合には「配列」を使うと大変に効率よく処理することができます。たとえば、5人分のテストの点数をint型の変数と配列で宣言し、それぞれ合計値を求めて比べてみましょう。

　変数を使って5人分の点数を格納するには、変数も5個用意する必要があります。けれども、配列の場合には、1個の配列を用意すればOKです。

　また、合計値を計算する場合にも、変数の場合にはすべての変数を記述して加算する必要があります。しかし、配列の場合には、「添え字」と呼ばれるインデックスを、for文などのループを使ってインクリメントすることで、要素の加算を行うことができます。

図9-2 5人分のテスト結果の合計値を求める

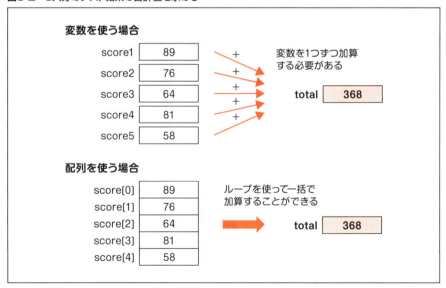

1次元配列

配列の中で最も基本的なものは1次元配列です。1次元配列は概念上、図9-2で説明したような1列のリストの構造をしています。

●1次元配列の宣言

構 文 1次元配列の宣言

```
データ型[] 配列名;
```

使用例

```
int[] score;
score = new int[5];
```

int[]と記述することで、int型の配列を宣言することを示します。この場合、配列の宣言をしただけで、メモリ上に実体はありません。実体、つまりインスタンスを生成するには、new演算子を使って要素数分の領域をメモリ上に確保する必要があります。この配列の宣言とインスタンスの生成をまとめて行うには、次のような構文で記述します。

構 文 1次元配列の宣言とインスタンスの生成

```
データ型[] 配列名 = new データ型[要素数];
```

使用例

```
int[] score = new int[5];      ──── ①
int n = 5;
int[] score2 = new int[n];     ──── ②
```

要素数には使用例の①のように整数値を記述しますが、②のように変数を指定することもできます。ただし、一度決定した要素数を後から変更することはできません。

なお、生成直後の配列のインスタンスはデータ型に応じて規定値で初期化されます。整数型は「0」、浮動小数点型は「0.0」、bool型は「false」、参照型は「null」がそれぞれの規定値です。

●1次元配列のアクセス

配列の要素にアクセスをするには、「添え字」と呼ばれる0から始まるインデックスを指定します。

構文	1次元配列のアクセス

配列名[添え字];

図9-3 1次元配列のアクセス

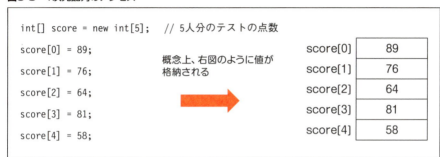

図9-3のように記述すると、添え字0〜4の配列要素に値を代入することができます。宣言時に[]の中に記述するのは要素数（上記例では[5]）ですが、アクセスするときに[]の中に記述するのは添え字（図9-3では[0]〜[4]）です。混同しないようにしてください。

●1次元配列の初期化

宣言と同時に値を格納する場合には、次の構文で初期化してください。このとき、要素数を記述する必要はありません。コンパイラが初期値の数から自動的に要素数を決定します。仮に要素数を記述する場合には、初期値と数を合わせないとコンパイルエラーになります。

構文	1次元配列の初期化

型名[] 配列名 = new 型名[] {値1, 値2, ...};
または
型名[] 配列名 = {値1, 値2, ...};

図9-4 配列の初期化

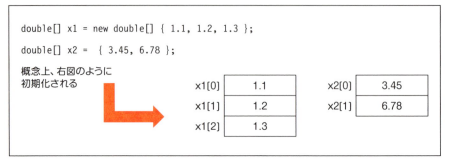

配列は参照型

さきほどは、説明をかんたんにするために1次元配列を単なる1列のリストだと書きました。しかし、実は配列は参照型であり、

の場合には、

①配列の参照情報を格納する変数scoreを宣言
②配列の実体であるインスタンスを生成
③配列のインスタンスへの参照情報を左辺のscoreに代入

しているのです(参照型についてはp.231で説明しました。忘れた人はもう一度確認してみましょう)。

このことを理解しないで、配列を別の配列に代入すると思わぬバグを生じます。たとえば、図9-5のように同じ型の2つの配列x1とx2を宣言し、x1をx2に代入すると、参照情報を代入したことになり、x1とx2が同じインスタンスを参照するようになります。ここで、x2[0]の要素を2倍すると、x1[0]の要素も2倍されてしまうのです。つまり、配列同士の代入は要素のコピーではなく、参照情報の代入であることを十分に理解しておく必要があります。

図9-5 配列の代入は要注意

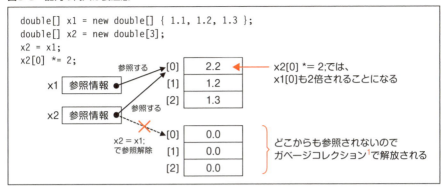

なお、クラスも参照型なので、同様の現象はクラスでも起こりますので注意してください。

参照型の配列

配列は参照型だと説明しましたが、値型だけではなく、string型やクラスのような参照型を配列にすることもできます。この場合、配列のインスタンスとは別に参照型のインスタンスも生成する必要があります。

値型の配列を宣言すると、図9-6のように、配列のそれぞれの要素は「0」で初期化されます。しかし参照型の配列を宣言した場合、配列要素には、参照するインスタンスがないことを示す「null」が格納されます。

図9-6 値型の配列と参照型の配列の比較

string型の配列の場合には、図9-7のように文字列リテラルで初期化すればstring型のインスタンスが生成され、配列のインスタンスはそれを参照するよう

1　ガベージコレクションとは、不要になったメモリ領域を自動的に解放する機能です。

になります。

図9-7 string型の配列

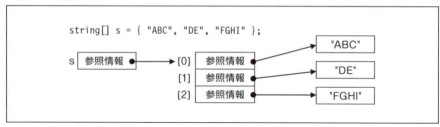

クラスの場合には、インスタンスを1個ずつnewする必要があります。

使用例
```
Class1[] c1 = {
        new Class1(1),
        new Class1(2),
        new Class1(3)
};
```

配列のプロパティとメソッド

C#の配列は、基本型のSystem.Arrayクラスを継承しています。そのため、System.Arrayクラスのプロパティやメソッドを使用することができます。System.Arrayクラスのプロパティやメソッドは数が多いので、詳しくはMicrosoft Docs（1-7参照）をご確認いただきたいのですが、ここでは、覚えておくと便利なものをいくつか紹介します。

●Lengthプロパティ

Lengthプロパティは、要素の総数を取得します。配列をループで参照するときに、間違えて要素数を超えてアクセスするとIndexOutOfRangeException例外（p.123参照）がスローされます。ですから、リスト9-1のようにLengthプロパティを使用してアクセスできる上限を指定するようにしてください。

リスト9-1　Lengthプロパティの使用例 (ArraySample2：Program.cs)

```
static² void ArrayLengthExample()
{
    double[] x1 = new double[] { 1.1, 1.2, 1.3 };
    for (int i = 0; i < x1.Length; i++)
        Console.Write(x1[i] + " ");
    Console.WriteLine();
}
```

実行結果

```
1.1 1.2 1.3
```

●Rankプロパティ

　Rankプロパティは、配列の次元数を取得します。配列の次元については、p.315 で説明します。

リスト9-2　Rankプロパティの使用例 (ArraySample2：Program.cs)

```
static void ArrayRankExample()
{
    int[] n1 = { 1, 2, 3, 4, 5, 6, 7, 8, 9 };             // 1次元配列
    int[ , ] n2 = { {1, 2, 3}, {4, 5, 6}, {7, 8, 9} };    // 2次元配列
    int r1 = n1.Rank;        // r1 = 1
    int r2 = n2.Rank;        // r2 = 2
}
```

●Clearメソッド

　Clearメソッドは、配列の要素を既定値 (p.308参照) で初期化します。引数に開始インデックスと個数を指定できるので部分的な初期化も可能です。

リスト9-3　Clearメソッドの使用例 (ArraySample2：Program.cs)

```
static void ArrayClearExample()
{
    int[] n1 = { 1, 2, 3, 4, 5, 6, 7, 8, 9 };
```

2　リスト9-1～9-6のメソッドは静的メソッドであるMainメソッドから呼び出されます。そのため、これらのメソッドの先頭にはstaticキーワードが付いています。詳しくは10-2を参照してください。

```
    // 配列n1をn1[3]から4個分初期化
    Array.Clear(n1, 3, 4);              // 1 2 3 0 0 0 0 8 9
    // 配列n1の全要素を初期化
    Array.Clear(n1, 0, n1.Length);     // 0 0 0 0 0 0 0 0 0
}
```

●Sortメソッド

Sortメソッドは、1次元配列の要素を並べ替えます。引数に開始インデックスと個数を指定できるので、部分的な並び替えも可能です。

リスト9-4 Sortメソッドの使用例（ArraySample2：Program.cs）

```
static void ArraySortExample()
{
    int[] n1 = { 28, 56, 23, 79, 12, 43, 93, 81, 54, 73 };

    // 配列n1をn1[3]から4個分並び替え
    Array.Sort(n1, 3, 4);             // 28 56 23 12 43 79 93 81 54 73
    // 配列n1の全要素を昇順に並びかえ
    Array.Sort(n1);                   // 12 23 28 43 54 56 73 79 81 93
}
```

●Reverseメソッド

Reverseメソッドは、1次元配列の要素の順序を反転します。引数に開始インデックスと個数を指定できるので、部分的な反転も可能です。

リスト9-5 Reverseメソッドの使用例（ArraySample2：Program.cs）

```
static void ArrayReverseExample()
{
    int[] n1 = { 28, 56, 23, 79, 12, 43, 93, 81, 54, 73 };

    // 配列n1をn1[3]から4個分反転
    Array.Reverse(n1, 3, 4);          // 28 56 23 93 43 12 79 81 54 73

    // 降順に並び替える
```

```
        //配列n1の全要素を昇順に並びかえてから全要素を反転
        Array.Sort(n1);
        Array.Reverse(n1);                      // 93 81 79 73 56 54 43 28 23 12
}
```

●Copyメソッド

Copyメソッドは、配列の要素を他方の配列にコピーします。指定範囲のコピーが可能です。

> **リスト9-6** Copyメソッドの使用例（ArraySample2：Program.cs）

```
static void ArrayCopyExample()
{
    int[] n1 = { 28, 56, 23, 79, 12, 43, 93, 81, 54, 73 };
    int[] n2 = new int[5];
    // n1の要素を先頭から5個分、n2にコピー
    Array.Copy(n1, n2, 5);                      // n2 : 28 56 23 79 12
    // n1の要素をn1[3]から5個分、n2の先頭にコピー
    Array.Copy(n1, 3, n2, 0, 5);                // n2 : 79 12 43 93 81
}
```

多次元配列

図9-3では1次元配列を使って5人分のテストの点数を扱いました。しかし、これが5人分の4教科のテストの点数だったらどうでしょう。1次元配列を4教科分用意するようになり効率が悪いですよね。

C#には、2次元、3次元というように、1次元以上の配列も存在し、それらはまとめて「多次元配列」と呼ばれます。多次元配列にはさらに「四角い多次元配列」と「ジャグ配列」が存在します。単に多次元配列と言う場合には、各次元の大きさが一定の「四角い多次元配列」を指します。ジャグ配列は、配列の配列です。本書では四角い多次元配列のみ説明し、ジャグ配列の説明は割愛します。

図9-8　多次元配列のイメージ

四角い多次元配列のイメージ

	[0]	[1]	[2]	[3]
[0]	値	値	値	値
[1]	値	値	値	値
[2]	値	値	値	値

ジャグ配列のイメージ

	[0]	[1]	[2]	[3]
[0]	値	値	値	
[1]	値	値		
[2]	値	値	値	値

●2次元配列

　一般に多次元配列と言った場合には四角い多次元配列を指し、その中でも1番使われるのは2次元配列です。2次元配列は次の構文のように[]をカンマ(,)で区切り、縦の要素数と横の要素数を記述して宣言し、インスタンスを生成します。

> **構文　2次元配列の宣言とインスタンスの生成**
>
> データ型[,] 配列名 = new データ型[縦の要素数, 横の要素数];

　2次元配列は概念上、縦横の表の形をしています。もちろんこれは概念上の話であり、メモリに縦横はありません。
　2次元配列にアクセスする場合も[]をカンマ(,)で区切り、縦横の添え字を指定します。

> **構文　2次元配列のアクセス**
>
> 配列名[縦の添え字, 横の添え字]

図9-9　2次元配列のアクセス

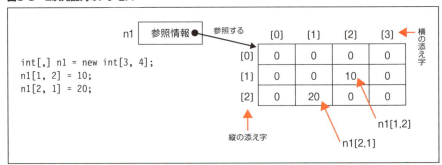

2次元配列を初期化するには{}で2重に囲み、初期値を順に記述してください。

> **構文** 2次元配列の初期化
>
> 型名[,] 配列名 = new 型名[,] { {値, 値, ...}, {値, 値, ...}, ...};
> または
> 型名[,] 配列名 = { {値, 値, ...}, {値, 値, ...}, ...};

図9-10 2次元配列の初期化

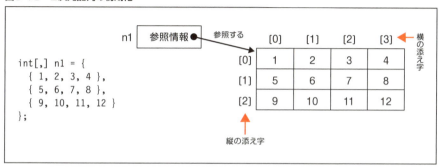

●3次元以上の配列

3次元以上の配列の場合は、[]の中をカンマで次元分区切るだけで、基本的には2次元配列と同じように処理をします。

多次元配列の全要素を繰り返し扱うには、GetLengthメソッドを使うと便利です。

> **リスト9-7** 3次元配列のアクセス（ArraySample3：Program.cs）

```
class Program
{
    static void Main(string[] args)
    {
        int[,,] n3 = new int[2, 3, 4];
        int m = 1;
        for (int i = 0; i < n3.GetLength(0); i++)   // 2を取得
        {
            for (int j = 0; j < n3.GetLength(1); j++)   // 3を取得
            {
                for (int k = 0; k < n3.GetLength(2); k++)   // 4を取得
```

```
                {
                    n3[i, j, k] = m++;
                }
            }
        }
    }
}
```

図9-11 3次元配列のアクセス

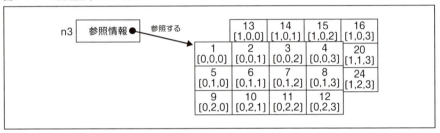

9-2 配列を一括して参照するには

配列のように複数の同じ型のデータをまとめて扱う構造を「コレクション」と呼びますが、C#にはコレクションを一括して参照するのに大変に便利な「foreach」という制御文が用意されています。foreachはコレクションの要素を、先頭から順に最後まで変数に取り出す制御文です。

foreachの基本的な使用方法

foreachは次のような構文で記述します。

構文 foreach文

```
foreach(データ型 変数 in コレクション)
{
    処理
}
```

リスト9-8 foreachの使用例（ForeachSample：Program.cs）

```
class Program
{
    static void Main(string[] args)
    {
        int[] number = { 123, 456, 789, 1000 };

        foreach (int n in number)          ──── ①
        {
            Console.Write($"{n}  ");
        }
    }
}
```

実行結果

123　456　789　1000

リスト9-8①では、まず配列numberの先頭要素の123を変数nに取り出します。次の繰り返しでは、その次の要素の456を変数nに取り出します。というように、配列numberから取り出す要素がなくなるまで繰り返します。

この例をfor文で書き直すと次のようになります。

```
for (int i = 0; i < number.Length; i++)
{
    int n = number[i];
    Console.Write($"{n}  ");
}
```

配列の要素数をLengthプロパティで取得する必要がないなど、forに比べるとforeachのほうがはるかにスッキリと記述することができますね。

配列のようなコレクションの全要素を処理する場合には、forではなく、foreachを使用すると便利です。ただし、次の点に注意してください。

● コレクションを取り出す変数のデータ型はコレクションと同じ型（または互換性のある型）にする
● コレクションを取り出す変数は読み取り専用なので、foreachを使ってコレクションの内容を変更することはできない

foreachでクラスの配列のメンバーを変更する

foreachのコレクションを取り出す変数は読み取り専用ですが、クラスのような参照型を配列にした場合には、foreachで取り出した参照情報（図9-12①）が参照するインスタンスのメンバーを変更することは可能です（②）。

320

図9-12 クラス型配列でのforeachの使用例

```
Class1[] number = {
  new Class1(123),
  new Class1(456),
  new Class1(789),
  new Class1(1000)
};

foreach (Class1 n in number)
{
  n.Number *= 2;
}
```

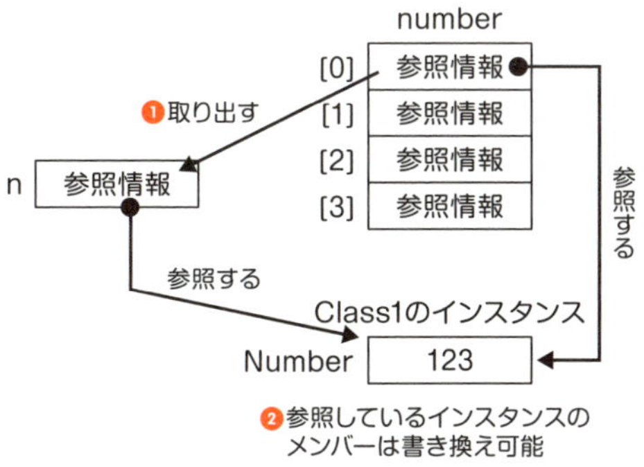

number

[0]	参照情報 ●
[1]	参照情報
[2]	参照情報
[3]	参照情報

❶取り出す

n 参照情報

参照する

参照する

Class1のインスタンス

Number 123

❷参照しているインスタンスの
　メンバーは書き換え可能

9
神経衰弱で配列を理解しよう

321

9-3

文字列を操作する

　C#で文字列を扱うには、参照型のオブジェクトであるstring型を使うことは説明済みです。けれども、文字列の中に文字列を挿入したり、文字列を分割したりする文字列操作については説明していませんでした。そこで、ここでは改めて文字列について取り上げます。

文字列のプロパティとメソッド

　C#のstring型は.NET FrameworkのSystem.String型のエイリアス（p.67参照）であり、文字列を複数の文字のコレクションとして扱うプロパティやメソッドが用意されています。覚えておくと便利なものをいくつか紹介します。その他についてはMicrosoft Docs（1-7参照）を確認してください。

●Charsプロパティ

　Charsプロパティは、配列のように添え字を指定することで、文字列内の指定した位置にある文字を取得します。

リスト9-9　Charsプロパティの使用例（StringSample：Program.cs）

```
static³ void StringCharsExample()
{
    string str = "ABC";
    char c = str[1];    // c = 'B'
}
```

●Lengthプロパティ

　Lengthプロパティは、文字列の文字数を取得します。

リスト9-10　Lengthプロパティの使用例（StringSample：Program.cs）

```
static void StringLengthExample()
{
```

3　リスト9-9〜9-15のメソッドは静的メソッドであるMainメソッドから呼び出されます。そのため、これらのメソッドの先頭にはstaticキーワードが付いています。詳しくは10-2を参照してください。

```
    string str = "ABC", str2 = "あいうえお";
    int length1 = str.Length;    // length1 = 3
    int length2 = str2.Length;   // length2 = 5(全角文字も1字と数える)
}
```

●IndexOfメソッド

IndexOfメソッドは、指定した文字（文字列も可）が、文字列内で最初に見つかった位置の0から始まるインデックスを返却します。見つからなかった場合は−1を返却します。

リスト9-11　IndexOfメソッドの使用例（StringSample：Program.cs）

```
static void StringIndexOfExample()
{
    string str = "ABC", str2 = "1234567";
    int index1 = str.IndexOf('B');       // index1 = 1
    int index2 = str2.IndexOf("345");    // index2 = 2
}
```

●Insertメソッド

Insertメソッドは、指定した0から始まるインデックス位置に指定した文字列を挿入して返します。

リスト9-12　Insertメソッドの使用例（StringSample：Program.cs）

```
static void StringInsertExample()
{
    string str = "ABC";
    string str2 = str.Insert(2, "123");  // str2 = "AB123C"
}
```

●Substringメソッド

Substringメソッドは、部分文字列を取得します。この部分文字列は、指定した0から始まるインデックス位置から文末までか、あるいは指定したインデックス位置から指定した文字数の文字列です。

> **リスト9-13** Substringメソッドの使用例（StringSample：Program.cs）

```csharp
static void StringSubstringExample()
{
    string str = "1234567";
    string str2 = str.Substring(3);      // str2 = "4567"
    string str3 = str.Substring(2, 3);   // str3 = "345"
}
```

●Replaceメソッド

Replaceメソッドは、文字列を置換します。引数1で指定した文字列をすべて引数2で指定した文字列に置換して返却します。

> **リスト9-14** Replaceメソッドの使用例（StringSample：Program.cs）

```csharp
static void StringReplaceExample()
{
    string str = "My dog eats dog food.";
    // str2 = "My cat eats cat food"（dog をすべて cat に置換）
    string str2 = str.Replace("dog", "cat");
}
```

●Splitメソッド

Splitメソッドは、文字列を指定した区切り文字で分割します。

> **リスト9-15** Splitメソッドの使用例（StringSample：Program.cs）

```csharp
static void StringSplitExample()
{
    string s1 = "Red,Green,Blue,White";
    string[] w1 = s1.Split(',');           // 区切り文字に「,」を指定して分割
    foreach (string w in w1)
    {
        Console.Write($"[{w}] ");
    }
    Console.WriteLine();

    char[] delimiter = {'.', ',', ':'};
```

324

```
    string s2 = "red,green.blue,white:yellow";
    string[] w2 = s2.Split(delimiter);    // 区切り文字に「.」「,」「:」を指定
    foreach (string w in w2)
    {
        Console.Write($"[{w}] ");
    }
}
```

実行結果

```
[Red] [Green] [Blue] [White]
[red] [green] [blue] [white] [yellow]
```

文字列オブジェクトは変更できない

　文字列の代入を行う「=」や加算を行う「+」の演算子、InsertやSubstringなどのメソッドは、文字列をあたかも変更するように見えます。しかし、いったん作成した文字列オブジェクトを変更することはできません。つまり、これらの演算子やメソッドでは、新しい文字列オブジェクトを生成してそれを参照しているのです。なお、元の文字列のオブジェクトはどこからも参照されなくなるので、ガベージコレクションによって解放されます。

図9-13　文字列の変更は新たな文字列を生成する

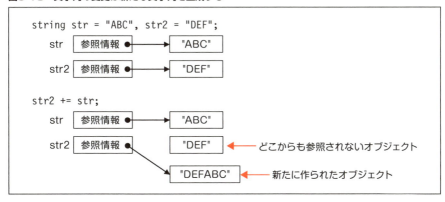

🖊️ コラム ● 列挙型

列挙型を使うと複数の定数を1つの型として宣言できます。たとえば曜日を定数で宣言すると、「const int Sun = 0, Mon = 1;…」のようにバラバラに宣言するようになりますが、列挙型を使うと1つの型として宣言できるので便利でコードの可読性も上がります。

列挙型の値は整数値ですが、Consoleクラスで出力を行うと列挙子をそのまま出力することができます。

構文 | **列挙型の宣言**

アクセス修飾子 enum 列挙名 : データ型 { 列挙子1, 列挙子2, … }

char以外の整数型を指定可能。省略するとint型

リスト9-16 | **列挙型の使用例（EnumSample：Program.cs）**

```
class Program
{
    // 値を指定しないと0から割り当てられる
    enum Days { Sun, Mon, Tue, Wed, Thu, Fri, Sat };
    // 値を指定すると以降順番に1ずつ増加した値が割り当てられる
    enum DaysJpn { 日 = 1, 月, 火, 水, 木, 金, 土 };

    static void Main(string[] args)
    {
        int wed = (int)Days.Wed; // キャストして数値を得る

        // 出力：Wedは3
        Console.WriteLine($"{Days.Wed}は{wed}");
        // 出力：月曜日は2
        Console.WriteLine($"{DaysJpn.月}曜日は{(int)DaysJpn.月}");
    }
}
```

例題のアプリケーションの作成

　9章の例題では配列を使用して神経衰弱のデスクトップアプリケーションを作成してみましょう。Windowsフォーム上に表示するカードは、System.Windows.Forms.Buttonクラスを継承したCardクラスのインスタンスを配列で管理して実装します。絵柄はstring型の配列を使って管理し、Cardクラスのインスタンスにコピーします。

●完成イメージ

　「スタート」ボタンをクリックするとゲームを開始し、カードをクリックしてめくることができるようになります。2枚めくり、絵が一致したらそのまま開いておきます。不一致の場合には、次のカードをめくるタイミングで絵を非表示にします。絵が一致してすべてのカードを開くまでの時間を計測します。

図9-14　例題の完成イメージ

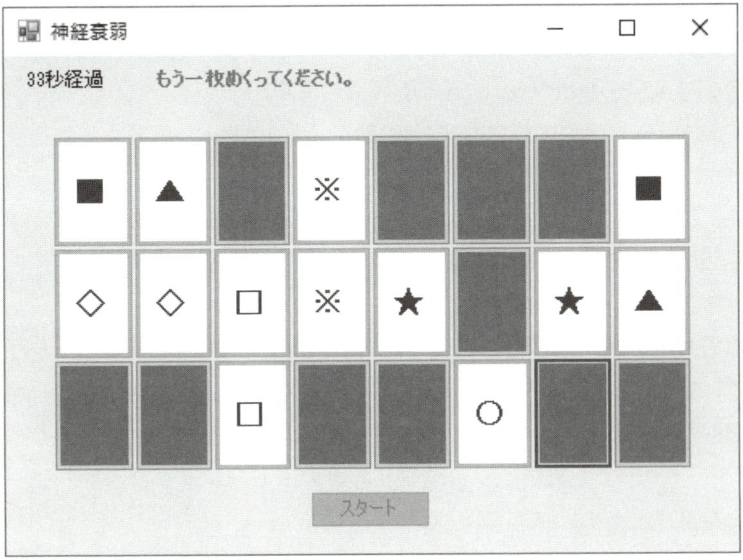

●アプリケーションの仕様

(1)　「ゲームフォームクラス」のほかに「カードクラス」「プレイヤークラス」を

327

実装します。

(2) 「カードクラス」は、System.Windows.Forms.Buttonクラスを継承し、ボタンのプロパティのほかに、「カードの絵柄」と「表裏の状態」を管理します。また、「カードを表にする」「カードを裏にする」「カードをひっくり返す」処理をもっています。カードを表にした場合には絵柄を表示しボタンを選択不可にします。カードを裏にした場合には絵柄を消しボタンを選択可にします。

(3) 「プレイヤークラス」は、「めくった枚数」「1枚目に開いたカードの添え字」「2枚目に開いたカードの添え字」「前回1枚目に開いたカードの添え字」「前回2枚目に開いたカードの添え字」をデータとしてもっています。また、「カード情報をリセットする」処理をもっています。

(4) 「ゲームフォームクラス」は、ゲームの進行を制御します。

　①カードは24枚固定とし、縦3枚、横8枚をフォーム上にボタンで配置します。

　②「スタートボタン」のクリックでカードをシャッフルしてゲームを開始し、ゲーム時間を1秒ずつ進めてフォームに表示します。ゲームを開始したら、「スタートボタン」は選択不可にします。

　③2枚ずつカードをめくり、カードの絵が一致したら「カードは一致しました。次のカードをめくってください。」、不一致なら「カードは不一致です。次のカードをめくってください。」とガイダンス表示します。

　④めくったカードが一致した場合には、カードは表にしたまま絵を表示しておきます。不一致の場合には、カードを裏返して絵を消します。

　⑤全部のカードが一致したら経過時間の表示を終了し、「全部のカードが一致しました。お疲れ様でした。」とガイダンス表示し、「スタートボタン」を選択可にします。

　⑥「スタートボタン」を再度クリックするとカードをシャッフルし、ゲームを再開できます。

(5) 表9-1にクラスの処理内容を示します。太字になっている同一のメンバーはそれぞれ対応しています。

表9-1　クラスの処理内容

カードクラス：Buttonクラスを継承し、トランプのカードを管理するクラス		
データ	カードの横幅・高さ （定数）	カードの横幅と高さを定義する
	絵柄（プロパティ）	カードの絵柄。文字列の記号で描く
	状態（プロパティ）	カードが表（true）か裏か（false）を管理する
	表面の色（プロパティ）	カードの表面の色（読み取り専用）
	裏面の色（プロパティ）	カードの裏面の色（読み取り専用）
メソッド	**カードオープン** （インスタンスメソッド）	カードの**状態**を表にし、**表面の色**と**絵柄**を表示し、選択不可にする
	カードクローズ （インスタンスメソッド）	カードの**状態**を裏にし、**裏面の色**と空文字列を表示し、選択可にする
	カードをひっくり返す （インスタンスメソッド）	・**状態**が表なら**カードクローズ**する ・**状態**が裏なら**カードオープン**する ※このメソッドは用意しただけで今回は未使用

プレイヤークラス：プレイヤーのカードの状態を管理するクラス		
データ	**めくった枚数** （プロパティ）	現在めくったカードが1枚目か2枚目かを記憶する
	今回1枚目の添え字 （プロパティ）	今回1枚目に開いたカードの添え字。set時に**めくった枚数**を更新する
	今回2枚目の添え字 （プロパティ）	今回2枚目に開いたカードの添え字。set時に**めくった枚数**を更新する
	前回1枚目の添え字 （プロパティ）	前回1枚目に開いたカードの添え字
	前回2枚目の添え字 （プロパティ）	前回2枚目に開いたカードの添え字
メソッド	**リセット** （インスタンスメソッド）	・**前回の添え字**に**今回の添え字**を代入する ・**今回の添え字**に-1を代入する ・**めくった枚数**に0を代入する

ゲームフォームクラス：ゲームの進行を制御するメインフォームのクラス		
データ	**カード**（フィールド）	Cardクラスのインスタンスを格納する配列
	プレイヤー（フィールド）	プレイヤーのインスタンスを格納する変数
	ゲーム時間（フィールド）	ゲームの経過秒数を管理する変数
メソッド	「ゲームフォーム」ロード （イベントハンドラ）	・**カード生成**メソッドで**カード**配列をセットする ・**プレイヤー**のインスタンスを生成する ・**カード**をフォームに動的に配置し、必要なプロパティを設定する
	「スタートボタン」クリック （イベントハンドラ）	・**カード**を**カードシャッフル**メソッドで混ぜる ・全部の**カード**を**カードクローズ**メソッドで裏にする ・「スタート」ボタンを選択不可にする ・**ゲーム時間**を0にする ・タイマーをスタートする
	「タイマー」Tick （イベントハンドラ）	・**ゲーム時間**を更新し、ラベルに表示する
	「カードボタン」クリック （イベントハンドラ）	・**めくった枚数**が1枚目の場合 ‣前回開いた**カードの一致確認**メソッドの結果が「不一致」なら、前回開いた**カード**を**カードクローズ**メソッドで裏にする ‣クリックしたカードを**カードオープン**メソッドで開く ‣**今回1枚目の添え字**をクリックしたカードで更新する ・**めくった枚数**が2枚目の場合 ‣クリックしたカードを**カードオープン**メソッドで開く ‣**今回2枚目の添え字**をクリックしたカードで更新する ‣**カードの一致確認**メソッドの結果が「一致」なら、さらにカードをめくるようにラベルに表示する。不一致ならその旨表示する ‣カード情報を**リセット**メソッドで初期化する ‣**カードの全開確認**メソッドの結果が「全部表」なら、終了をラベル表示し、タイマーをストップし、「スタート」ボタンを選択可にする
	カード生成 （privateなメソッド）	**カードクラス**のインスタンスを24枚分生成し、**カード**配列に格納する
	カードシャッフル （privateなメソッド）	**カード**配列の内容をランダムに混ぜる
	カードの全開確認 （privateなメソッド）	**カード**配列が全部表か否かを返却する
	カードの一致確認 （privateなメソッド）	引数で指定された2枚の**カード**の絵柄が一致するか否かを返却する

作成手順

1 プロジェクトの新規作成

プロジェクト名「Pelmanism」で、「Windowsフォームアプリケーション」を新規作成してください（1-4参照）。

2 コントロールの追加とプロパティの変更

各コントロールを図9-15のようにフォームに貼り付け、表9-2のようにプロパティを変更してください（2-1～2-2参照）。

図9-15 FormGameのコントロールの配置

表9-2 FormGameのコントロールのプロパティ

	コントロール	Nameプロパティ	その他のプロパティ	
	Form	FormGame	Text	神経衰弱
			AutoScaleMode	None
			Size	475, 350
①	Label	labelSec	Text	0 秒経過
②	Label	labelGuidance	ForeColor	Red
			Font	太字
③	Button	buttonStart	Text	スタート
④	Timer（p.206参照）	timer1	Interval	1000

3 「アプリケーションの仕様」(2)を記述

「カードクラス」を新規作成します。p.232を参考に「Card.cs」を作成して、「System.Windows.Forms」と「System.Drawing」名前空間をusingディレクティブで指定してから（p.194参照）、リスト9-17のコードを追加してください。

リスト9-17 カードクラス（Pelmanism：Card.cs）

```
using System;
using System.Collections.Generic;
using System.Linq;
using System.Text;
using System.Threading.Tasks;
using System.Windows.Forms;      ┐追加する
using System.Drawing;            ┘

namespace Pelmanism
{
    // カードクラス
    class Card : Button            ――― ①
    {
        // カードの横幅と高さ
        private const int SizeW = 50, SizeH = 70;

        // コンストラクター
        public Card(string picture)
        {
            Picture = picture;
            State = false;
            Size = new Size(SizeW, SizeH);
            BackColor = CloseColor;
            Font = new Font("MS UI Gothic", 14, FontStyle.Bold);
            Enabled = false;
        }

        // カードの絵柄
        public string Picture { get; set; }      ――― ②
        // カードの状態 (true：表  false：裏)
```

```csharp
    public bool State { get; set; }
    // カードの表面の色
    public Color OpenColor { get; } = Color.White;
    // カードの裏面の色
    public Color CloseColor { get; } = Color.LightSeaGreen;

    // カードをオープンする
    public void Open()
    {
        State = true;          // 表
        BackColor = OpenColor;
        Text = Picture;
        Enabled = false;       // 選択不可
    }

    // カードをクローズする
    public void Close()
    {
        State = false;         // 裏
        BackColor = CloseColor;
        Text = "";
        Enabled = true;        // 選択可
    }

    // カードをひっくり返す
    public void Turn()
    {
        if (State == true)
            Close();           // 裏にする
        else
            Open();            // 表にする
    }
    }
}
```

8章では「継承」について学びましたね。実は既存のコントロールを継承して、機能を拡張した新たなコントロールを作り出すことができます。カードはクリックしてひっくり返したり、表にしている最中は選択不可にしたりする必要があります。これらの機能を実装するには、System.Windows.Forms.Buttonクラスを継承して（リスト9-17①）、カード固有の機能を追加すると大変かんたんに作ることができます。

カードの絵柄は、System.Drawing.Imageクラスを使って表示することもできますが、今回は処理をかんたんにするために全角の記号を絵柄として用い、string型でもつことにしました（②）。

なお、このCardクラスを開く場合には、Windowsフォームデザイナーを使う必要はないので、図9-16①のように、ソリューションエクスプローラーで「Card.cs」を選択した状態で「コードの表示」ボタンをクリックしてください。または、②のように「Card.cs」を展開させてから「Card」をクリックしてください。

図9-16　ソリューションエクスプローラーでCardクラスを開く

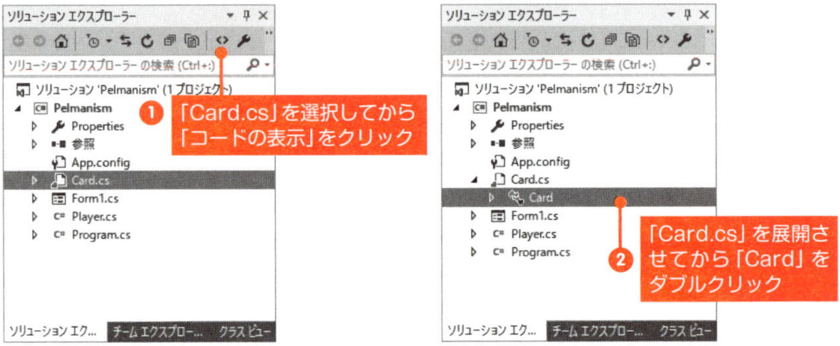

もし、図9-17のように、Windowsフォームデザイナーで開いた場合には、「コードビューに切り替えます」の部分をクリックしてください。

334

図9-17 Card.csをWindowsフォームデザイナーで開いた場合

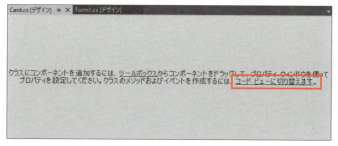

4 「アプリケーションの仕様」(3)を記述

「プレイヤークラス」を新規作成します。「Player.cs」を作成して、リスト9-18のコードを追加してください。

リスト9-18 プレイヤークラス (Pelmanism : Player.cs)

```csharp
// プレイヤークラス
class Player
{
    private int nowOpenCardIndex1;      // 今回1枚目に開いたカードの添え字
    private int nowOpenCardIndex2;      // 今回2枚目に開いたカードの添え字

    // コンストラクター
    public Player()
    {
        NowOpenCardIndex1 = NowOpenCardIndex2 = -1;
        BeforeOpenCardIndex1 = BeforeOpenCardIndex2 = -1;
        OpenCounter = 0;
    }

    // めくった枚数
    public int OpenCounter { get; set; }
    // 今回1枚目に開いたカードの添え字
    public int NowOpenCardIndex1
    {
        get { return nowOpenCardIndex1; }
```

開いたカードの添え字を覚え、めくった枚数を更新

```
        set
        {
            nowOpenCardIndex1 = value;
            OpenCounter++;
        }
    }
    // 今回2枚目に開いたカードの添え字
    public int NowOpenCardIndex2
    {
        get { return nowOpenCardIndex2; }
        set
        {
            nowOpenCardIndex2 = value;
            OpenCounter++;
        }
    }
    // 前回1枚目に開いたカードの添え字
    public int BeforeOpenCardIndex1 { get; set; }
    // 前回2枚目に開いたカードの添え字
    public int BeforeOpenCardIndex2 { get; set; }

    // カードの情報をリセットする
    public void Reset()
    {
        BeforeOpenCardIndex1 = NowOpenCardIndex1;
        BeforeOpenCardIndex2 = NowOpenCardIndex2;
        NowOpenCardIndex1 = -1;
        NowOpenCardIndex2 = -1;
        OpenCounter = 0;
    }
}
```

開いたカードの添え字を覚え、めくった枚数を更新

前回開いたカードを裏にするために添え字を保存

カードを裏に戻すときに呼ばれるメソッド

5 「アプリケーションの仕様」(4)①を記述

まず、リスト9-19のようにFormGameクラスにフィールドを記述してください。

リスト9-19 FormGameのフィールドの宣言（Pelmanism：Form1.cs）

```
public partial class FormGame : Form
{
    private Card[] playingCards;     // 遊ぶカードの束
    private Player player;           // プレイヤー
    private int gameSec;             // ゲーム時間
```

次に、「カードを生成するメソッド（リスト9-20）」を記述します。

リスト9-20 カードを生成するメソッド（Pelmanism：Form1.cs）

```
// カード生成
//（仮引数）cards：カード配列への参照
private void CreateCards(ref Card[] cards)
{
    string[] picture = {
        "○", "●", "△", "▲", "□", "■", "◇", "◆", "☆",
        "★", "※", "×"
    };

    // カードのインスタンスの生成
    cards = new Card[picture.Length * 2];
    for (int i = 0, j = 0; i < cards.Length; i += 2, j++)
    {
        cards[i] = new Card(picture[j]);
        cards[i + 1] = new Card(picture[j]);
    }
}
```

CreateCardsメソッドの仮引数「ref Card[] cards」はカード配列への参照です。「ref」は4-3で扱いましたが、参照渡しを行うためのキーワードです。もし、「private void CreateCards(Card[] cards)」のように値渡しにしてしまうと、図9-18に示すようにplayingCardsにはnullが格納されたままにな

り、生成した配列のインスタンスをうまく参照することができません。

図9-18 CreateCardsメソッドを値渡しにした場合

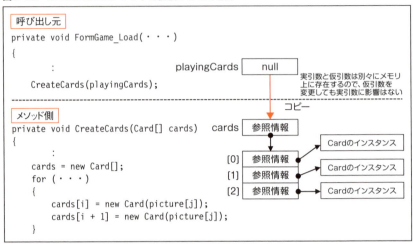

ですから、playingCardsは図9-19のように参照渡しにする必要があるのです。これでcardsに格納された参照情報はplayingCardsにも設定されます。

図9-19 CreateCardsメソッドを参照渡しにした場合

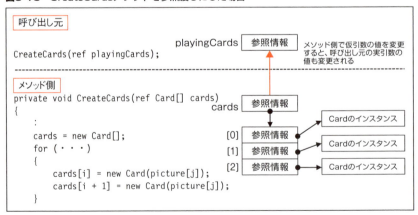

次に、「ゲームフォーム」ロードのイベントハンドラを記述します。イベントハンドラはWindowsフォームデザイナーで作成してから記述してくださ

い（2-3参照）。ほかのイベントハンドラについても同様です。

リスト9-21 「ゲームフォーム」ロードのイベントハンドラ（Pelmanism：Form1.cs）

```csharp
private void FormGame_Load(object sender, EventArgs e)
{
    // カードの生成
    CreateCards(ref playingCards);
    // プレイヤーの生成
    player = new Player();

    // カードをフォームに動的に配置する
    SuspendLayout();
    const int offsetX = 30, offsetY = 50;
    for (int i = 0; i < playingCards.Length; i++)
    {
        // カード（ボタン）のプロパティを設定する
        playingCards[i].Name = "card" + i;
        int sizeW = playingCards[i].Size.Width;
        int sizeH = playingCards[i].Size.Height;
        playingCards[i].Location =
            new Point(offsetX + i % 8 * sizeW,
            offsetY + i / 8 * sizeH);                          ①
        // イベントハンドラに関連付け
        playingCards[i].Click
            += new EventHandler(CardButtons_Click);  ——— ②
```

> リスト9-27を記述するまで未定義のエラーが出ますが、気にしないでください。

```csharp
    }
    Controls.AddRange(playingCards);
    ResumeLayout(false);

    labelGuidance.Text =
        "スタートボタンをクリックしてゲームを開始してください。";
}
```

リスト9-21①は、p.190で説明した「コントロールを実行時に作成する」を応用しています。カードのインスタンスは配列なので、個数分ループさせてフォームに追加しています。

6 「アプリケーションの仕様」(4)②と⑥を記述

まず、「カードをシャッフルするメソッド（リスト9-22）」を記述します。

リスト9-22 カードを混ぜるメソッド (Pelmanism：Form1.cs)

```csharp
// カードを混ぜる
//（仮引数）cards：カードの配列
private void ShuffleCard(Card[] cards)
{
    Random r = new Random();

    int n = cards.Length - 1;
    while (n > 0)
    {
        int w = r.Next(0, n);                    // ①
        string s = cards[n].Picture;
        cards[n].Picture = cards[w].Picture;
        cards[w].Picture = s;
        n--;
    }
}
```

このシャッフルの処理（リスト9-22①）は、配列の最後の要素とランダム位置の要素を入れ替え、次に最後尾を指す添え字を1つ減らすことで配列の範囲を狭くし、再度、配列の最後の要素とランダムな要素を入れ替え、というように範囲が1になるまで繰り返しています。

次に　「スタートボタン」クリックのイベントハンドラ（リスト9-23）を記述します。

リスト9-23 「スタートボタン」クリックのイベントハンドラ (Pelmanism：Form1.cs)

```csharp
private void ButtonStart_Click(object sender, EventArgs e)
{
```

```
    // カードを混ぜる
    ShuffleCard(playingCards);            ———— ①

    // 全部のカードを処理
    foreach (Card c in playingCards)    ┐
    {                                   │
        c.Close();          // カードを伏せる  ② │
    }                                   ┘

    buttonStart.Enabled = false;    // スタートボタン選択不可
    gameSec = 0;
    timer1.Start();

    labelGuidance.Text = "クリックしてカードをめくってください。";
}
```

　リスト9-23①で引数が値渡しなのはなぜかわかりますね。今回は実引数のplayingCardsには参照情報が格納されているので、それを値渡しにすればCardのインスタンスまでたどれるからです。

　②のforeachループは9-2で説明しました。このように配列の一括処理にはforeachを使うと便利です。

　最後に、リスト9-24のように「タイマー」Tickのイベントハンドラを記述します。

リスト9-24 「タイマー」Tickのイベントハンドラ（Form1.cs）

```
private void Timer1_Tick(object sender, EventArgs e)
{
    gameSec++;
    labelSec.Text = gameSec + "秒経過";    1秒ごとにラベルに経過秒を表示
}
```

7 「アプリケーションの仕様」(4) ③〜⑤を記述

　「カードは全部開いたか確認するメソッド（リスト9-25）」と「カードは一致したか確認するメソッド（リスト9-26）」を記述します。

リスト9-25 カードは全部開いたか確認するメソッド（Pelmanism：Form1.cs）

```csharp
// カードは全部開いたか
//（仮引数）cards：カードの配列
//（戻り値）true:全部表 false：1枚以上の裏のカードがある
private bool AllOpenCard(Card[] cards)
{
    foreach (Card c in cards)
    {
        if (c.State == false)
            return false;
    }
    return true;
}
```

リスト9-26 カードは一致したか確認するメソッド（Pelmanism：Form1.cs）

```csharp
// カードは一致したか
//（仮引数）cards：カードの配列
// index1：1枚目のカードの添え字  index2：2枚目のカードの添え字
//（戻り値）true：一致 false：不一致
private bool MatchCard(Card[] cards, int index1, int index2)
{
    if (index1 < 0 || index1 >= cards.Length ||
        index2 < 0 || index2 >= cards.Length)      ①
        return false;

    if (cards[index1].Picture == cards[index2].Picture)
        return true;                                ②
    else
        return false;
}
```

　リスト9-26のMatchCardメソッドでは、絵柄を比べることでカードが一致したかどうかを判定します（②）。①の処理は、配列の範囲外をアクセスしないようにチェックしています。配列を扱う場合には、このように範囲外をアクセスしないように気を配ってください。

次に、「カードボタン」クリックイベントハンドラ（リスト9-27）」を記述します。なお、このイベントハンドラはリスト9-21②で関連付けているので、Windowsフォームデザイナーでイベントを発生させる必要はありません。

リスト9-27 「カードボタン」クリックのイベントハンドラ（Pelmanism：Form1.cs）

```csharp
private void CardButtons_Click(object sender, EventArgs e)
{
    // めくるのは1枚目か？
    if (player.OpenCounter == 0)
    {
        // 前回のカードが不一致ならカードを伏せる
        int b1 = player.BeforeOpenCardIndex1;
        int b2 = player.BeforeOpenCardIndex2;
        if (b1 != -1 && b2 != -1
            && MatchCard(playingCards, b1, b2) == false)
        {
            playingCards[b1].Close();
            playingCards[b2].Close();
        }
        // クリックしたボタンのNameからカードの添え字を取得する
        int n1 = int.Parse(((Button)sender).Name.Substring(4));      ①
        // 1枚目のカードを開く
        playingCards[n1].Open();
        player.NowOpenCardIndex1 = n1;

        labelGuidance.Text = "もう一枚めくってください。";
    }
    // めくるのは2枚目か？
    else if (player.OpenCounter == 1)
    {
        // クリックしたボタンのNameからカードの添え字を取得する
        int n2 = int.Parse(((Button)sender).Name.Substring(4));      ②
        // 2枚目のカードを開く
        playingCards[n2].Open();
        player.NowOpenCardIndex2 = n2;
        // 1枚目と2枚目のカードは一致したか？
```

9

神経衰弱で配列を理解しよう

```
    if (MatchCard(playingCards, player.NowOpenCardIndex1,
            player.NowOpenCardIndex2) == true)
        labelGuidance.Text =
    "カードは一致しました。次のカードをめくってください。";
else
        labelGuidance.Text =
    "カードは不一致です。次のカードをめくってください。";

    // プレイヤーのカード情報をリセットする
    player.Reset();

    // 全カードをめくったか？
    if (AllOpenCard(playingCards))
    {
        labelGuidance.Text
         = "全部のカードが一致しました。お疲れ様でした。";
        timer1.Stop();
        buttonStart.Enabled = true;    // スタートボタン選択可
    }
    }
}
```

　「CardButtons_Click」を記述すると、リスト9-21のエラーは消えましたね。
リスト9-27①と②では、クリックしたボタンのNameプロパティからカード
の添え字を取得しています。「((Button)sender).Name」でクリックされたボタ
ンのNameプロパティが参照できます。このNameにはリスト9-21①で"card0"
～"card23"が設定されているので、Substringメソッド (p.323参照) で4番
目以降の文字列を取り出せばカードの添え字になります。

　完成したら、実行して遊んでみてください。記号が似ているので、案外む
ずかしいと思います。

344

プロジェクト名：CardsWar

トランプの戦争ゲームをWindowsフォームアプリケーションで作成してください。

●完成イメージ

ユーザ対コンピュータの対戦型の戦争ゲームです。お互いの出したカードの数字が大きいほうが勝ちになります。

図9-20　練習問題の完成イメージ

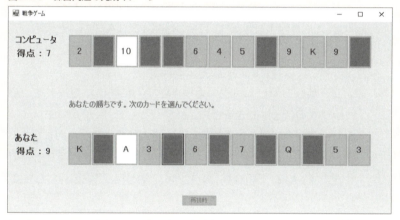

●アプリケーションの仕様

(1)　「フォームクラス」のほかに、「カードクラス」「プレイヤークラス」「コンピュータクラス」を実装します。

(2)　「カードクラス」は例題の「神経衰弱」で作成したリスト9-17をそのまま使います。

(3)　「プレイヤークラス」は、「開いたカードの添え字」と「1つ前に開いたカードの添え字」と「自分の点数」を管理します。

(4)　「コンピュータクラス」は、「プレイヤークラス」を継承し、「無作為にカードを引く処理」を追加します。

⑸　「フォームクラス」はゲームの進行を制御します。

　　①トランプのAからKまでのカードを2組シャッフルし、ユーザ
　　　側とコンピュータ側に半分ずつ配ります。

　　②ユーザ側とコンピュータ側に分けてカードをフォームに配置
　　　します。

　　③ユーザがカードをクリックするタイミングでコンピュータも
　　　カードを無作為に選びます。選んだカードとすでに開いてい
　　　るカードは、区別がつきやすいように背景色を変えます。

　　④両方のカードの数字を比較して多いほうが勝ちになります。た
　　　だし、「J」は11、「Q」は12、「K」は13、「A」は14と仮定して
　　　比較します。勝ったほうの得点に2点加点されます。引き分け
　　　の場合には両方に1点加点します。

　　⑤ユーザはコンピュータのカードとすでに開いたカードをクリ
　　　ックすることはできません。

　　⑥カードを全部開くまで対戦し、総合点数で勝敗を決めます。

　　⑦「再挑戦」ボタンをクリックすると再度ゲームを行うことがで
　　　きます。なお、「再挑戦」ボタンは、対戦中は選択不可にします。

●補足事項

各クラスに不足する属性やメソッドは適宜追加してください。

CHAPTER 10

モグラ叩きでポリモーフィズムを理解しよう

7章で「カプセル化」、8章で「継承」を学びました。10章ではいよいよオブジェクト指向3大要素の最後になる「ポリモーフィズム（多態性）」を学習しましょう。扱う例題は「モグラたち叩き」です。普通のモグラ叩きを、ポリモーフィズムを使ってアレンジしてみました。

本章で学習するC#の文法

- ポリモーフィズム（多態性）
- 静的クラスと静的メンバー
- Mathクラス

この章でつくるもの

いろいろな動物を叩く、「モグラたち叩き」のデスクトップアプリケーションを作成します。

図10-1 例題の完成イメージ

おなじみのモグラ叩きを、「ポリモーフィズム」を使ってアレンジします。飛び出してくる動物は「モグラ」「ウサギ」「猫」「鳥」の4種類です。モグラは顔だけ地面から出します。ウサギは飛び跳ねます。猫はグルっと回ります。鳥は飛び去ってしまいます。飛び出し方の異なる動物たちですが、ポリモーフィズムを使うと異なる動作をスッキリと記述することができます。

10-1 同じメソッドで異なる動作をさせるには

　8章で例に出した電気製品クラスでは、電気製品の共通の機能として「電源のON／OFF」を定義しました。しかし、電源のON／OFFだけでは電気製品に電気は通せても起動することはできません。起動させるには、派生クラスのほうで起動の処理を記述する必要があります。「起動する」という同じメソッドでも、テレビ、レコーダー、エアコンのそれぞれで動作が異なるのです。これを、「ポリモーフィズム」と呼びます。ポリモーフィズムは、同じ名前のメソッドを呼んでも、オブジェクトによって動作が異なることをいい、「多態性」とか「多様性」とも呼ばれます。

図10-2　ポリモーフィズムの例

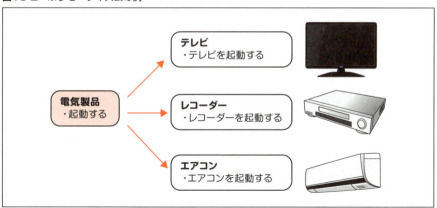

アップキャスト

　派生クラスを基本クラスに変換することを「アップキャスト」と呼びます。派生クラスでは基本クラスのすべてのメンバーを継承しているので、なんの問題もなくアップキャストすることができます。

構文	アップキャスト

基本クラスのクラス名 変数名 = new 派生クラスのクラス名(引数の並び);

使用例

```
BaseClass c1 = new SubClass();
```
基本クラス　　　　派生クラス

　メソッドの隠蔽とオーバーライドについては8-1で説明しましたが、これらはアップキャスト時の動作が異なってくるので注意してください[1]。

- **隠蔽**：基本クラスのメソッドが呼ばれる（ポリモーフィズムが機能しない）
- **オーバーライド**：派生クラスのメソッドが呼ばれる（ポリモーフィズムが機能）

仮想メソッド

　仮想メソッドを使うと、リスト10-1のようにポリモーフィズムを実現できます。

リスト10-1　仮想メソッドによるポリモーフィズム（VirtualSample）

```
class Program
{
    static void Main(string[] args)
    {
        Mark m1 = new Triangle();
        Mark m2 = new Square();

        DrawMark(m1);          ①
        DrawMark(m2);
    }

    static void DrawMark(Mark m)      ──── ②
    {
        Console.Write(m.Name + "マークを描画する：");
        m.Draw();
    }
}
```

基本クラス

1　サポートページ（p.5参照）にかんたんな使い方のサンプル（UpCastSample）を用意しました。参考にしてください。

```
class Mark
{
    public Mark(string name)
    {
        Name = name;
    }

    public string Name { get; set; }

    public virtual void Draw()        //仮想メソッド
    {
        Console.WriteLine("");         //とりあえず空文字列を描く ——— ③
    }
}
```

派生クラス1
```
class Triangle : Mark
{
    public Triangle() : base("三角") { }

    public override void Draw()        // 仮想メソッドのオーバーライド
    {
        Console.WriteLine("△");
    }
}
```

派生クラス2
```
class Square : Mark
{
    public Square() : base("四角") { }

    public override void Draw()        // 仮想メソッドのオーバーライド
    {
        Console.WriteLine("□");
    }
}
```

10

モグラ叩きでポリモーフィズムを理解しよう

実行結果

三角マークを描画する：△ ◀ **ポリモーフィズムの実現**
四角マークを描画する：□

「ポリモーフィズム」は、同じ名前のメソッドを呼んでも、オブジェクトによって動作が異なると説明しました。リスト10-1①では、Drawメソッドを呼び分け、マークによって描画が異なることが理解できるのではないでしょうか。

もし、オーバーライドではなく隠蔽でそれぞれの派生クラスにDrawメソッドを実装するとしたら、インスタンスの生成は

```
Triangle m1 = new Triangle();
Square m2 = new Square();
```

となり、DrawMarkメソッド（②）も次のように2種類作成する必要があります。これは、オーバーロード（p.119）でありポリモーフィズムではありません[2]。

```
static void DrawMark(Triangle m) { 処理は省略 }
static void DrawMark(Square m) { 処理は省略 }
```

仮想メソッドをオーバーライドしてポリモーフィズムを実現したことでプログラムが簡潔になります。また、仮想メソッドはオーバーライドされることが前提のメソッドなので、継承しているクラスで実装されていることが明白で安全です。

抽象メソッド

リスト10-1のMarkクラスの仮想メソッドDrawは、意味のない空文字列を表示しました（③）。Markクラスでは何を描画するか決まっていないので特定のマークを描画する方法がありません。しかし、そう考えるとわざわざ処理を実装する必要がありませんね。そのような場合には、仮想メソッドではなく「抽象メソッド」を使います。抽象メソッドは、宣言だけで実体をもちません。処理は派生クラスで実装します。

抽象メソッドを使うには、次のような決まりがあります。

2　サポートページ（p.5参照）にかんたんなサンプル（HidingSample）を用意しました。参考にしてください。

- 基本クラスのメソッドに「abstract」、派生クラスのメソッドに「override」というキーワードを指定する。abstractを指定したメソッドを「抽象メソッド」と呼ぶ
- 抽象メソッドは宣言のみで本体を記述しない。派生クラスで抽象メソッドをオーバーライドする必要がある
- 抽象メソッドとオーバーライドするメソッドの名前、戻り値の型、引数の並びは一致していなければいけない
- 抽象メソッドを含むクラスの宣言には「abstract」キーワードを付ける。abstractを指定したクラスを「抽象クラス」と呼ぶ
- 抽象クラスからはインスタンスを生成することができない
- abstractは、static（p.357）、virtualと一緒には使用できない

構文 | **抽象メソッド**

アクセス修飾子 abstract 戻り値のデータ型 メソッド名(データ型と引数の並び);

構文 | **抽象クラス**

```
アクセス修飾子 abstract class クラス名
{
    メンバーの定義
}
```

リスト10-1のプログラムを、抽象メソッドを使って書き換えてみましょう。

リスト10-2 | 抽象メソッドによるポリモーフィズム（AbstractSample）

```
class Program
{
    static void Main(string[] args)
    {
        Mark m1 = new Triangle();
        Mark m2 = new Square();

        DrawMark(m1);
        DrawMark(m2);
```

```
    }

    static void DrawMark(Mark m)
    {
        Console.Write(m.Name + "マークを描画する：");
        m.Draw();
    }
}
```

基本クラス（抽象クラス）

```
abstract class Mark        ─── ①
{
    public Mark(string name)
    {
        Name = name;
    }

    public string Name { get; set; }

    // 抽象メソッド
    public abstract void Draw();        ─── ②
}
```

基本クラスの宣言にabstractキーワードを付けて抽象クラスにする

基本クラスのメソッドにabstractキーワードを付けて抽象メソッドにする。メソッドの本体は記述しない

派生クラス1

```
class Triangle : Mark
{
    public Triangle() : base("三角") { }

    // 抽象メソッドの実装
    public override void Draw()        ─── ③
    {
        Console.WriteLine("△");
    }
}
```

派生クラスのメソッドにはoverrideキーワードを付ける。派生クラスは抽象メソッドを必ず実装する

派生クラス2

```
class Square : Mark
{
    public Square() : base("四角") { }

    // 抽象メソッドの実装
    public override void Draw()          ——— ④
    {
        Console.WriteLine("□");
    }
}
```

実行結果

三角マークを描画する：△   ← ポリモーフィズムの実現
四角マークを描画する：□

　リスト10-2②は抽象メソッドです。仮想メソッドとは異なり本体を記述しません。そのため、継承した派生クラスで必ず抽象メソッドの実装を行う必要があります（③、④）。

　①ではクラス宣言の前にabstractキーワードを付けて抽象クラスにしています。抽象メソッドを含むクラスは抽象クラスにしなければならないからです。

🖊 コラム ● インターフェース

C#では、「インターフェース」を使うことでもポリモーフィズムの実現が可能です。普段の生活でも、コンピュータと周辺機器をつなぐ場合にインターフェースという言葉は使われますね。インターフェースは、2つのものをどのようにつなぐかという取り決めで、実体はありません。C#のインターフェースも、メソッドの呼び出し方を定めただけのもので、実体を作ることができないのです。

抽象クラスに含まれる抽象メソッドは、メソッドの呼び出し方を定めただけのもので本体を記述しませんでした。インターフェースは抽象クラスに大変よく似ていますが、抽象クラスがもつことのできたフィールドや一般のメソッドをもつことができません。インターフェースは抽象メソッドのみをもつ特殊なクラスだといえるでしょう[3]。

なお、クラスの多重継承はできませんが、インターフェースの多重継承は可能です。

構文 インターフェース

```
アクセス修飾子 interface インターフェース名
{                    publicかinternalのみ
    戻り値のデータ型 メソッド名(データ型と引数の並び);    複数記述可
}          アクセス修飾子は付けない
```

構文 インターフェースの実装[4]

```
アクセス修飾子 class クラス名 : インターフェース名
{
    アクセス修飾子 戻り値のデータ型 メソッド名(データ型と引数の並び)
    {          publicのみ                                          オーバーライド
        本体のコード
    }
}
```

---

3 サポートページ (p.5参照) にかんたんな使い方のサンプル (InterfaceSample) を用意しました。参考にしてください。
4 インターフェースを継承することを「実装」と呼びます。

10-2 インスタンスに属さない静的メンバー

　C#のメンバーは、インスタンスに属する「インスタンスメンバー」か、インスタンスに属さない「静的メンバー」のどちらかに分類されます。

インスタンスメンバー

　クラスは、フィールドやメソッドなどのメンバーを含みます。クラスからインスタンスを生成すると、インスタンスごとにフィールドやメソッドが作られます。たとえば、図10-3では、インスタンスごとにフィールドのNameとScoreが作られています。このように、インスタンスごとに用意されるメンバーを「インスタンスメンバー」と呼びます。インスタンスメンバーは「インスタンス変数」や「インスタンスメソッド」「インスタンスコンストラクター」などを含みます。

図10-3　インスタンスメンバー

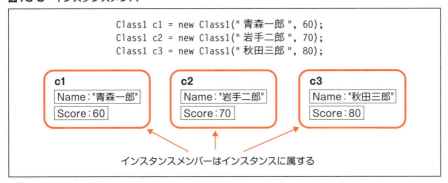

静的メンバー

　プログラムを作成していると、インスタンスに依存せずにクラスで共通に使用できるメンバーが欲しくなる場合があります。この場合には、宣言時に「staticキー

ワード」を付けることでクラス自体に属するフィールドやメソッドを作成することができます。このクラスに属するメンバーを「静的メンバー」と呼びます。

●静的フィールド

staticを付けて宣言されたフィールドを「静的フィールド」と呼びます。

構 文	静的フィールドの宣言

アクセス修飾子 static データ型 フィールド名;

静的フィールドはすべてのインスタンスで共有することができ、インスタンス名ではなく直接クラス名でアクセスします。

構 文	静的フィールドのアクセス

クラス名.フィールド名

静的フィールドは、クラスがロード[5]されるときに初期化されるので、リスト10-3①のようにインスタンスを生成する前にアクセスすることができます。明示的に初期化しない場合には規定値で初期化されます。

また、インスタンスに属していないのでthisを付けての参照ができません（③）。

リスト10-3	静的フィールドの例（StaticSample）

```
class Program
{                        静的フィールドは
                         「クラス名.フィールド名」
    static void Main(string[] args)  でアクセスする
    {
                                      ↓
        Console.WriteLine($"合格点は{Class1.PassScore}点です。");    ①

        Class1 c1 = new Class1("青森一郎", 60);
        Class1 c2 = new Class1("岩手二郎", 70);
        Class1 c3 = new Class1("秋田三郎", 80);

        Console.WriteLine($"合格点は{Class1.PassScore}点です。");
        Console.WriteLine($"{c1.Name} は {c1.Score}点です。");
        Console.WriteLine($"{c2.Name} は {c2.Score}点です。");
        Console.WriteLine($"{c3.Name} は {c3.Score}点です。");
```

---

5 プログラムをハードディスクからメモリに読み込むことをロードまたはローディングと呼びます。

```
        Class1.PassScore += 10;        ——— ②

        Console.WriteLine($"合格点は{Class1.PassScore}点に上がりました。");
    }
}

class Class1
{
    public string Name;
    public int Score;
    public static int PassScore = 50;
                                        ——— 静的フィールドはstaticを付け
                                            て宣言する
    public Class1(string name, int score)
    {
        this.Name = name;
        this.Score = score;
        PassScore = 60;        ——— ③
    }                          ——— 静的フィールドにthisは付けられない
}
```

実行結果

```
合格点は50点です。        ◀ インスタンスを生成する前に使用できる(①)
合格点は60点です。        ◀ ③で60点に設定
青森一郎 は 60点です。
岩手二郎 は 70点です。
秋田三郎 は 80点です。
合格点は70点に上がりました。    ◀ ②で10点加算
```

　リスト10-3の静的フィールドとインスタンスc1、c2、c3の関係を図に示すと図10-4のようになります。このように、静的フィールドはインスタンスに属しません。

図10-4 静的フィールド

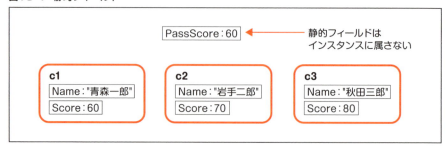

●静的メソッド

staticキーワードを付けて宣言することで、メソッドもインスタンスに属さない「静的メソッド」にすることができます。実は、「Console.WriteLine」などConsoleクラスに含まれるメソッドは静的メソッドです。また、C#プログラムのエントリポイントであるMainメソッドも静的メソッドです。

静的メソッドを使う場合には、次のような点に留意してください。

- staticキーワードを付けて宣言する
- 「クラス名.メソッド名」でアクセスする
- 静的メソッド内からインスタンスメンバーにアクセスすることはできない。つまり、アクセスできるのは静的フィールドや静的メソッド、静的プロパティだけになる
- thisを用いて参照することはできない

なお、プロパティもメソッドの一種なので、静的プロパティも存在し、静的メソッドと同様の特色があります。

●静的コンストラクター

staticキーワードを付けたコンストラクターは「静的コンストラクター」と呼ばれ、静的フィールドの初期化に使われます。一般のコンストラクターと使用方法が大きく異なるので注意してください。

- 最初のインスタンスが作成される前、または静的メンバーが参照される前に、静的コンストラクターが自動的に呼び出されてクラスを初期化する
- 静的コンストラクターはアクセス修飾子を付けず、引数もない
- 静的コンストラクターを直接呼び出すことはできない
- プログラム内で静的コンストラクターが実行されるタイミングを制御することはできない

静的クラス

静的メンバーしかもたないクラスは、staticを付けることでクラス自身を静的クラスにすることができます。たとえばConsoleクラスは静的クラスです。

構 文	静的クラス

```
アクセス修飾子 static class クラス名
{
    静的メンバーの定義
}
```

静的クラスはインスタンスを作る必要がなく（作るとエラーになります）、以下のように指定することで、すべてのメンバーにアクセスが可能です。

```
クラス名.メンバー名
```

10-3 数式を使う際に欠かせないMathクラス

　プログラムで三角関数や対数関数などの数学関連の関数や定数を使いたい場合、Mathクラス（System名前空間）を用います。このMathクラスはp.361で説明した静的クラスです。そのため、Mathクラスのメンバーはすべてインスタンスをつくらずに利用することができます。ここでは代表的なものを紹介します。すべてのメンバーについて知りたい方はMicrosoft Docs（1-7参照）を確認してください。

Mathフィールド

●PIフィールド

　PIフィールドは円周率を表します。値は「3.14159265358979」です。

リスト10-4 PIフィールドの使用例（MathSample：Program.cs）

```
static6 void PIExample()
{
    double r = 3.4;
    double s = r * r * Math.PI;  // 円の面積 s = 36.316811075498
}
```

Mathメソッド

●Powメソッド

　Powメソッドは指定の数値を指定した値で累乗した値を返します。引数にはdoubleの値を指定します。

リスト10-5 Powメソッドの使用例（MathSample：Program.cs）

```
static void PowExample()
{
    double x = Math.Pow(2.0, 10.0);       // 2の10乗 x = 1024
```

6　リス10-4〜7のメソッドは静的メソッドであるMainメソッドから呼び出されます。そのため、これらのメソッドの先頭にはstaticキーワードが付いています。

```
}
```

●Sqrtメソッド

Sqrtメソッドは指定された数値の平方根を返します。引数にはdoubleの値を指定します。

リスト10-6 Sqrtメソッドの使用例（MathSample：Program.cs）

```
static void SqrtExample()
{
    double x = Math.Sqrt(2.0);   // 2の平方根 x = 1.4142135623731
}
```

●Sinメソッド／Cosメソッド／Tanメソッド

Sinは指定された角度のサインを返します。Cosは指定された角度のコサインを返します。Tanは指定された角度のタンジェントを返します。いずれも引数にはdouble型のラジアンで計測した角度を指定します。角度をラジアンに変換するには、角度にMath.PI/180を掛けてください。

リスト10-7 Sin, Cos, Tanメソッドの使用例（MathSample：Program.cs）

```
static void SinCosTanExample()
{
    double angle = 30;
    double radians = angle * (Math.PI / 180);  ←── 角度はラジアンで指定
    double sin = Math.Sin(radians);       // sin = 0.5
    double cos = Math.Cos(radians);       // cos = 0.866025403784439
    double tan = Math.Tan(radians);       // tan = 0.577350269189626
}
```

例題のアプリケーションの作成

この「モグラたち叩き」で飛び出してくる動物は4種類ですが、それぞれ飛び出し方が異なります。ポリモーフィズムを使うと、同じメソッドを呼んでもオブジェクトによって動作を変えることができます。ポリモーフィズムで効率よく動物たちを飛び出させましょう。

●完成イメージ

「スタート」ボタンをクリックすると、ランダムに4種類の動物たちが飛び出してきます。モグラは顔だけ地面から出します。ウサギは飛び跳ねます。猫はグルっと回ります。鳥は飛び去ってしまいます。クリックすると、モグラは1点、ウサギは2点、猫は3点、鳥は4点が得点に加算されます。60秒の制限時間内で得点を競うゲームです。

図10-5　例題の完成イメージ

●アプリケーションの仕様

(1)　「ゲームフォームクラス」のほかに「飛び出す動物クラス」「モグラクラス」「ウサギクラス」「猫クラス」「鳥クラス」を実装します。

(2)　「飛び出す動物クラス」はSystem.Windows.Forms.PictureBoxクラスを継承します。PictureBoxのプロパティのほかに、「得点」「飛び出す穴の左上x、 y座標」「ジャンプのスピード」「ジャンプ中か否かのフラグ」を管理します。「得点」は各動物インスタンスで共通に使用するので静的プロパティで宣言します。また、「ヒットされた」と「飛び出す」処理をもっています。これらの処理は、このクラスを継承する各動物クラスが実装するので抽象メソッドにします。

(3) 「モグラクラス」は「飛び出す動物クラス」を継承します。「飛び上がっている最中か落ちている最中かのフラグ」を管理します。「飛び出す」処理をオーバーライドし、身体の2／3だけ穴から飛び出すようにします。「ヒットされた」処理もオーバーライドし、「位置」を穴に戻し1点加点します。

(4) 「ウサギクラス」は「モグラクラス」とほぼ同様ですが、飛び出すときに身体の2倍の距離まで飛び上がります。加点は2点です。

(5) 「猫クラス」も「飛び出す動物クラス」を継承します。飛び出した後にグルっと回るので回転の「角度」と「中心座標」と「半径の長さ」を管理します。「飛び出す」処理は、反時計回りに360度回転します。「ヒットされた」ら「位置」と「角度」を初期状態に戻して3点加算します。

(6) 「鳥クラス」も「飛び出す動物クラス」を継承します。「飛び出す」処理は、飛び出した後にそのまま飛び立ちます。「ヒットされた」ら「位置」を穴に戻し4点加点します。

(7) 「ゲームフォームクラス」は、ゲームの進行を制御します。

①「モグラ」「ウサギ」「猫」「鳥」のインスタンスを要素数4の配列で管理します。最初は穴の中に隠すので、起動時にフォームのクライアント領域よりも下に配置します。

②「スタート」ボタンのクリックでゲームをスタートします。ゲームを開始したら「スタート」ボタンを選択不可にします。スタート後は1秒ごとに残り時間を減らし、フォーム上に表示します。

③不定期なタイミングで穴から動物が飛び出します。ゲーム時間が進むにつれて、飛び出す間隔は短く、頻度は高くなります。

④残り時間が0になったらゲームを終了し、各動物を穴の中に隠します。また、「スタート」ボタンを選択可にします。

⑤「スタート」ボタンを再度クリックすると、ゲームを再開できます。

(8) 表10-1にクラスの処理内容を示します。太字になっている同一のメンバーはそれぞれ対応しています。

表10-1　クラスの処理内容

飛び出す動物クラス：PictureBoxクラスを継承し、飛び出す動物を管理する抽象クラス		
データ	**得点**（静的プロパティ）	ゲームの得点
	穴の位置x・y（プロパティ）	動物が潜んでいる穴の左上xとy座標
	スピード（プロパティ）	飛び出すスピード
	ジャンプ中フラグ（プロパティ）	動物が飛び出している最中か否かを管理する
メソッド	**飛び出す**（抽象メソッド）	動物を飛び出させる処理
	ヒット（抽象メソッド）	動物がクリックされた時の処理

モグラクラス：飛び出す動物クラスを継承しモグラを管理する派生クラス		
データ	**アップダウンフラグ**（フィールド）	ジャンプ中のUPかDownかを管理する変数
メソッド	**飛び出す**（オーバーライド）	・**ジャンプ中フラグ**をジャンプ中にする ・**アップダウンフラグ**がUPならモグラのPictureBoxを2/3だけ穴から出し、Downなら**穴の位置**に戻す
	ヒット（オーバーライド）	・モグラのPictureBoxを**穴の位置**に戻す ・**ジャンプ中フラグ**のジャンプ中を解除する ・**得点**を+1する

ウサギクラス：飛び出す動物クラスを継承しウサギを管理する派生クラス		
データ	**アップダウンフラグ**（フィールド）	ジャンプ中のUPかDownかを管理する変数
メソッド	**飛び出す**（オーバーライド）	・**ジャンプ中フラグ**をジャンプ中にする ・**アップダウンフラグ**がUPならウサギのPictureBoxを身体の2倍の高さ穴から出し、Downなら**穴の位置**に戻す
	ヒット（オーバーライド）	・ウサギのPictureBoxを**穴の位置**に戻す ・**ジャンプ中フラグ**のジャンプ中を解除する ・**得点**を+2する

猫クラス：飛び出す動物クラスを継承し猫を管理する派生クラス		
データ	**角度**（フィールド）	回転中の猫の角度
	円の中心座標x・y（フィールド）	回転円の中心の座標xとy
	半径（フィールド）	回転円の半径
メソッド	**飛び出す**（オーバーライド）	・**ジャンプ中フラグ**をジャンプ中にする ・**角度**を更新して猫のPictureBoxの位置を反時計回りに15度ずつ一回転させる
	ヒット（オーバーライド）	・**角度**を初期値に戻す ・猫のPictureBoxを**穴の位置**に戻す ・**ジャンプ中フラグ**のジャンプ中を解除する ・**得点**を+3する

鳥クラス：飛び出す動物クラスを継承し鳥を管理する派生クラス		
メソッド	**飛び出す** （オーバーライド）	・**ジャンプ中フラグ**をジャンプ中にする ・フォームの外に出るまで、鳥のPictureBoxの位置を更新する
	ヒット（オーバーライド）	・鳥のPictureBoxを**穴の位置**に戻す ・**ジャンプ中フラグ**のジャンプ中を解除する ・**得点**を＋4する

ゲームフォームクラス：ゲームの進行を制御するメインフォームのクラス		
データ	**飛び出す動物** （フィールド）	4匹分の動物のインスタンスを格納する配列
	残り時間（フィールド）	ゲームの残り時間
	ジャンプ間隔（フィールド）	動物をジャンプさせる間隔
	乱数（フィールド）	乱数のインスタンスを格納
メソッド	「ゲームフォーム」ロード （イベントハンドラ）	・**飛び出す動物**の配列にそれぞれの動物のクラスから生成したインスタンスを格納する ・**乱数**のインスタンスを生成する ・**飛び出す動物**のPictureBoxのNameプロパティを"animal0"～"animal3"で設定する ・**飛び出す動物**のPictureBoxのイベントハンドラを設定する ・**飛び出す動物**のPictureBoxをフォームに動的に配置する
	「スタートボタン」クリック （イベントハンドラ）	・「スタート」ボタンを使用不可にする ・**残り時間**を60秒に設定 ・ジャンプ用タイマーコントロールのIntervalプロパティを100に設定 ・**ジャンプ間隔**を50に設定 ・**得点**を0に設定 ・**得点**と**残り時間**をラベルに表示する ・ジャンプ用タイマーと残り時間用タイマーをスタートする
	「ジャンプ用タイマー」 Tick （イベントハンドラ）	・0以上**ジャンプ間隔**未満の乱数を発生させ、**飛び出す動物**の配列の添え字と一致した動物の**ジャンプ中フラグ**をジャンプ中にする ・**ジャンプ中フラグ**がジャンプ中の**飛び出す動物**を**飛び出す**メソッドでジャンプさせる
	「飛び出す動物のピクチャーボックス」クリック （イベントハンドラ）	・Nameプロパティからどの動物がクリックされたかを取得する ・動物に応じて**ヒット**メソッドで**飛び出す動物**がヒットされた処理を行う ・得点をラベルに表示する
	「残り時間用タイマー」 Tick （イベントハンドラ）	・**残り時間**を減らしてラベルに表示する ・**残り時間**に応じて次の処理を行う 　0以下：ゲームオーバーの処理を行う。両タイマーをストップし、すべての動物を穴の中に隠す。「スタート」ボタンを使用可能にする 　0より大：10秒ごとに**ジャンプ間隔**と「ジャンプ用タイマー」のIntervalプロパティを減らす

作成手順

1　プロジェクトの新規作成

　　プロジェクト名「WhackAMole」で、「Windowsフォームアプリケーション」を新規作成してください（1-4参照）。

2　コントロールの追加とプロパティの変更

　　各コントロールを図10-6のようにフォームに貼り付け、表10-2のようにプロパティを変更してください（2-1～2-2参照）。

　　なお、timerTimeは残り時間を計るため、timerJumpはジャンプのタイミングを計るために使われるタイマーです。

図10-6　FormGameのコントロールの配置

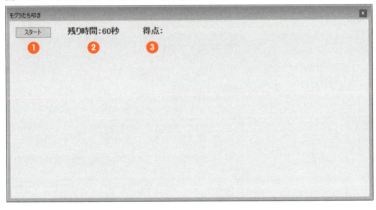

368

表10-2 FormGameのコントロールのプロパティ

	コントロール	Nameプロパティ	その他のプロパティ	
	Form	FormGame	Text	モグラたち叩き
			AutoScaleMode	None
			Size	750,400
			FormBorderStyle	FixedToolWindow
①	Button	buttonStart	Text	スタート
②	Label	labelTime	Text	残り時間：60秒
③	Label	labelScore	Text	得点
②、③			Font	MS UI Gothic, 12pt, style=Bold
			ForeColor	Blue
④	Timer	timerTime	Interval	1000
⑤	Timer	timerJump	Interval	100

3 動物のイメージ画像をリソースに取り込む

リソースというのは音声や画像など、アプリケーションに必要なソースコード以外のデータです。今回作成するアプリケーションは、Windowsフォームデザイナーを使わずにコードでPictureBoxに画像を追加します。そのため、画像ファイルを一旦リソースとして取り込んでから、コード上で指定してPictureBoxにイメージを追加することにします。

まず、p.5のサポートページから画像をダウンロードします。「CSharpGoal.zip」－「10章」－「例題のアプリケーション」－「画像」内の4つの画像を適当な場所に保存してください。

次に、ツールバーの「プロジェクト」－「WhackAMoleのプロパティ」を選択したら、「リソース」タブを選択してください（図10-7①）。「リソースの追加（②）」で「既存のファイルの追加」を選ぶと「既存のファイルをリソースに追加」ダイアログボックスを開きます。リソースに追加したい画像を選んで（③）「開くボタン」をクリックすると（④）画像がリソースに追加されます。必要な画像をすべてリソースに追加してください。

図10-7 イメージ画像をリソースに取り込む

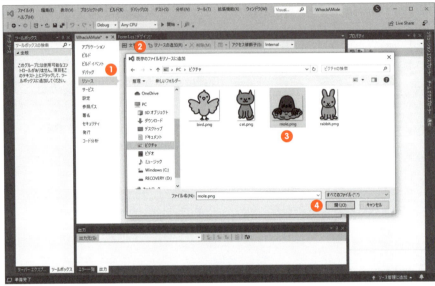

4 「アプリケーションの仕様」(2)を記述

「飛び出す動物クラス」を記述します。p.232を参考に「JumpAnimal.cs」を作成して、「System.Windows.Forms」と「System.Drawing」名前空間をusingディレクティブで指定してから (p.194参照)、リスト10-8のコードを追加してください。このとき、「コンストラクター」よりも先に「プロパティ」を記述してください。

リスト10-8 飛び出す動物クラス (WhackAMole：JumpAnimal.cs)

```
// 飛び出す動物クラス
abstract class JumpAnimal : PictureBox     ← 抽象クラス
{
    // コンストラクター
    public JumpAnimal(int holeX, int holeY, int speed, Image image)
    {
        Location = new Point(holeX, holeY);
        HoleX = holeX;
        HoleY = holeY;
```

```
        Speed = speed;
        Jumping = false;
        Image = image;
        SizeMode = PictureBoxSizeMode.AutoSize;
    }
    // プロパティ                              静的プロパティ
    public static int Score { get; set; }     // 得点 ◀ (10-2参照)
    public int HoleX { get; private set; }    // 穴の左上x座標
    public int HoleY { get; private set; }    // 穴の左上y座標
    public int Speed { get; protected set; }  // ジャンプのスピード
    public bool Jumping { get; set; }         // ジャンプ中か否か


    // 飛び出す
    public abstract void Jump();     ◀ 抽象メソッド


    // 当たった
    public abstract int Hit();       ◀ 抽象メソッド
}
```

このクラスは抽象メソッドをもつ抽象クラス（p.353参照）です。また、
System.Windows.Forms.PictureBoxクラスを継承しています。そのため
PictureBoxの機能をそのまま使うことができます。

5 「アプリケーションの仕様」(3)を記述

「モグラクラス」を追加します。「Mole.cs」を作成して、「System.Drawing」
名前空間をusingディレクティブで指定してから、リスト10-9のコードを
追加してください。

リスト10-9 モグラクラス（WhackAMole：Mole.cs）

```
// モグラクラス
class Mole : JumpAnimal
{
    // フィールド
    private bool upDown; // true：上がる  false：下がる
```

```csharp
// コンストラクター
public Mole(int holeX, int holeY, int speed)
    : base(holeX, holeY, speed, Properties.Resources.mole)   ①
{
    upDown = true;
}

// 飛び出す
public override void Jump()              ── ②
{
    Jumping = true; // ジャンプ中

    int x = Location.X;
    int y = Location.Y;

    if (upDown == true)
    {
        // 上がる
        y -= Speed;      // 左上が原点なので減算
        if (y < HoleY - Size.Height * 2 / 3)
        {
            // 身体を2/3だけ穴から出す
            y = HoleY - Size.Height * 2 / 3;
            upDown = false;
        }
    }
    else
    {
        // 下がる
        y += Speed;      // 左上が原点なので加算
        if (y > HoleY)
        {
            // 穴の位置で止まりジャンプ中を解除
            y = HoleY;
```

```
                upDown = true;
                Jumping = false;
            }
        }
        // PictureBoxの位置を更新する
        Location = new Point(x, y);
    }


    // 当たった
    // (返却値) 更新した得点
    public override int Hit()                ——— ③
    {
        // 位置を戻し、ジャンプ中解除
        Location = new Point(HoleX, HoleY);
        Jumping = false;

        // 加点する
        Score += 1;
        return Score;
    }
}
```

　このクラスは「JumpAnimalクラス」を継承するので、リスト10-9 ②と③のようにJumpメソッドとHitメソッドをオーバーライドしなければいけません。また、PictureBoxに表示する画像は、③でリソースに追加した「Properties.Resources.mole」を基本クラスのコンストラクターに渡しています（①）。

　ところで、MoleクラスをWindowsフォームデザイナーで開こうとすると「デザイナーは型'WhachAMole.JumpAnimal'のインスタンスを作成しなければなりませんが、型がabstractとして宣言されているため、作成できませんでした。」というエラーを表示します。抽象クラスはp.353で説明したようにインスタンスを生成することはできませんが、抽象クラスを継承したクラスはインスタンスを生成することができます。しかし、Visual Studioは、Windowsフォームデザイナーを開くときに継承元コントロール

373

のインスタンスも生成するためにエラーが出るのです。つまり、このエラーは無視していただいてかまいません。

　Moleクラスを開く場合には、Windowsフォームデザイナーを使う必要はないので、図10-8①のように、ソリューションエクスプローラーで「Mole.cs」を選択した状態で「コードの表示」ボタンをクリックしてください。②のように「Mole.cs」を展開させてから「Mole」をクリックしてもかまいません。これから記述するRabbit、Cat、Birdクラスについても同様です。

図10-8　ソリューションエクスプローラーでMoleクラスを開く

6 「アプリケーションの仕様」(4)を記述

　「ウサギクラス」を追加します。「Rabbit.cs」を作成して、「System.Drawing」名前空間をusingディレクティブで指定してから、リスト10-10のコードを追加してください。

リスト10-10　ウサギクラス（WhackAMole：Rabbit.cs）

```csharp
// ウサギクラス
class Rabbit : JumpAnimal
{
    // フィールド
    private bool upDown; // true：上がる　false：下がる

    // コンストラクター
    public Rabbit(int holeX, int holeY, int speed)
        : base(holeX, holeY, speed, Properties.Resources.rabbit)
```

```
{
    upDown = true;
}

// 飛び出す
public override void Jump()
{
    Jumping = true; // ジャンプ中

    int x = Location.X;
    int y = Location.Y;

    if (upDown == true)
    {
        // 上がる
        y -= Speed;      // 左上が原点なので減算
        if (y < HoleY - Size.Height * 2)
        {
            // 身体の2倍まで穴から飛び出す
            y = HoleY - Size.Height * 2;
            upDown = false;
        }
    }
    else
    {
        // 下がる
        y += Speed;      // 左上が原点なので加算
        if (y > HoleY)
        {
            // 穴の位置で止まりジャンプ中解除
            y = HoleY;
            upDown = true;
            Jumping = false;
        }
    }
```

```
    // PictureBoxの位置を更新する
    Location = new Point(x, y);
}


// 当たった
//（返却値）更新した得点
public override int Hit()
{
    // 位置を戻し、ジャンプ中解除
    Location = new Point(HoleX, HoleY);
    Jumping = false;

    // 加点する
    Score += 2;
    return Score;
}
}
```

このクラスはジャンプの高さ以外「モグラクラス」とほぼ同じ動作をします。

7 「アプリケーションの仕様」（5）を記述

「猫クラス」を追加します。「Cat.cs」を作成して、「System.Drawing」名前空間をusingディレクティブで指定してから、リスト10-11のコードを追加してください。

リスト10-11 猫クラス（WhackAMole：Cat.cs）

```
// 猫クラス
class Cat : JumpAnimal
{
    // フィールド
    private double angle;          // 回転中の猫の角度
    private int cx, cy;            // 円の中心座標
    private int r;                // 半径の長さ
```

```
// コンストラクター
public Cat(int holeX, int holeY, int speed)
    : base(holeX, holeY, speed, Properties.Resources.cat)
{
    angle = -90.0;    // 角度-90度
    cx = HoleX + Size.Width / 2;
    cy = HoleY - Size.Height;
    r = Size.Height;
}

// 飛び出す
public override void Jump()
{
    Jumping = true; // ジャンプ中

    // 円周上の座標
    int x = (int)(cx + r * Math.Cos(angle * Math.PI / 180.0));
    int y = (int)(cy - r * Math.Sin(angle * Math.PI / 180.0));

    // PictureBoxの位置を更新する
    Location = new Point(x - Size.Width / 2, y);
    angle += 15.0;

    if (angle >= 270.0)
    {
        //穴の位置に戻り、ジャンプ中を解除
        angle = -90.0;
        Location = new Point(HoleX, HoleY);
        Jumping = false;
    }
}

// 当たった
//(返却値)更新した得点
public override int Hit()
```

```
    {
        // 角度を戻す
        angle = -90.0;
        // 位置を戻し、ジャンプ中解除
        Location = new Point(HoleX, HoleY);
        Jumping = false;

        // 加点する
        Score += 3;
        return Score;
    }
}
```

　猫クラスでは、飛び出した後に360度反時計回りに回ります。穴の中の
位置から回り始めるので、-90度から270度まで15度ずつ角度に指定し
て円周上の座標を計算します（リスト10-11①）。

8 「アプリケーションの仕様」（6）を記述

　「鳥クラス」を追加します。「Bird.cs」を作成して、「System.Drawing」名前
空間をusingディレクティブで指定してから、リスト10-12のコードを追加
してください。

リスト10-12 鳥クラス（WhackAMole：Bird.cs）

```
// 鳥クラス
class Bird : JumpAnimal
{
    // コンストラクター
    public Bird(int holeX, int holeY, int speed)
        : base(holeX, holeY, speed, Properties.Resources.bird)
    {
    }

    // 飛び出す
    public override void Jump()
```

```csharp
    {
        Jumping = true; // ジャンプ中

        int x = Location.X;
        int y = Location.Y;

        // 飛び去る
        y -= Speed; // 左上が原点なので減算
        if (y + Size.Height < 0)          ——— ①
        {
            y = HoleY;          ——— ②
            Jumping = false;
        }

        // PictureBoxの位置を更新する
        Location = new Point(x, y);
    }

    // 当たった
    //（返却値）更新した得点
    public override int Hit()
    {
        // 位置を戻し、ジャンプ中解除
        Location = new Point(HoleX, HoleY);
        Jumping = false;

        // 加点する
        Score += 4;
        return Score;
    }
}
```

　鳥クラスでは、飛び出した後に穴に戻らずにそのまま飛び去ります。この
処理は、画像のy座標からスピードを引き、そのy座標＋画像の高さが0より
小さくなったら（リスト10-12①）、穴の位置に戻す（②）ことで実現してい

ます。

9 「アプリケーションの仕様」(7)①を記述

まず、「ゲームフォームクラス」にリスト10-13のようにフィールドを記述します。

リスト10-13 FormGameのフィールドの宣言（WhackAMole：Form1.cs）

```
public partial class FormGame : Form
{
    private JumpAnimal[] jumpAnimal;    // 飛び出す動物のインスタンス
    private int remainingTime;          // 残り時間
    private int jumpInterval;           // ジャンプする間隔
    private Random random;
```

続けて、リスト10-14のように「ゲームフォーム」ロードのイベントハンドラを記述します。なお、イベントハンドラはWindowsフォームデザイナーで作成してから（2-3参照）記述してください。ほかのイベントハンドラについても同様です。

リスト10-14 「ゲームフォーム」ロードのイベントハンドラ（WhackAMole：Form1.cs）

```
private void FormGame_Load(object sender, EventArgs e)
{
    jumpAnimal = new JumpAnimal[4];

    // Formのクライアント領域の高さ
    int formSizeH = ClientSize.Height;

    // 鳥クラスのインスタンスをjumpAnimalの配列に登録
    jumpAnimal[0] = new Bird(50, formSizeH, 40);
    // 猫クラスのインスタンスをjumpAnimalの配列に登録
    jumpAnimal[1] = new Cat(256, formSizeH, 20);
    // モグラクラスのインスタンスをjumpAnimalの配列に登録     ①
    jumpAnimal[2] = new Mole(450, formSizeH, 10);
    // ウサギクラスのインスタンスをjumpAnimalの配列に登録
    jumpAnimal[3] = new Rabbit(600, formSizeH, 30);
```

```
    random = new Random();   // 乱数のインスタンス生成

    SuspendLayout();

    for (int i = 0; i < jumpAnimal.Length; i++)
    {
        // PictureBoxのNameを設定 ("animal0" ～ "animal3")
        jumpAnimal[i].Name = "animal" + i.ToString();
        // イベントハンドラに関連付け
        jumpAnimal[i].Click
            += new EventHandler(JumpAnimal_Click);  ——— ②
```

リスト10-17を記述するまで未定義のエラーが出ますが気にしないでください

```
    }
    Controls.AddRange(jumpAnimal);   ——— ③
    ResumeLayout(false);
}
```

ポリモーフィズムを実現するために、JumpAnimal型の配列にBird、Cat、Mole、Rabbitクラスから生成したインスタンスを追加します（リスト10-14①）。リスト10-8に示したとおり、JumpAnimalクラスはPictureBoxを継承しているため、PictureBoxとして動作できます。そこで、イベントハンドラに関連付けたり（②）、フォーム上に追加することができます（③）。

なお、JumpAnimal_Clickはリスト10-17で記述するので②で未定義のエラーが出ますが気にしないでください。

10 「アプリケーションの仕様」（7）②と⑤を記述

リスト10-15のように「スタートボタン」クリックのイベントハンドラを記述します。

リスト10-15 「スタートボタン」クリックのイベントハンドラ（WhackAMole：Form1.cs）

```
private void ButtonStart_Click(object sender, EventArgs e)
{
```

```
    buttonStart.Enabled = false;
    remainingTime = 60;
    timerJump.Interval = 100;
    jumpInterval = 50;                ——— ①
    JumpAnimal.Score = 0;

    labelScore.Text = "得点：" + JumpAnimal.Score;
    labelTime.Text = "残り時間：" + remainingTime + "秒";

    timerJump.Start();
    timerTime.Start();
}
```

11 「アプリケーションの仕様」(7)③と④を記述

まず、「ジャンプ用タイマーのTickイベントハンドラ」を追加します。リスト10-16を記述してください。

リスト10-16 「ジャンプ用タイマー」Tickのイベントハンドラ（WhackAMole：Form1.cs）

```
private void TimerJump_Tick(object sender, EventArgs e)
{
    // 不定期にジャンプスタート
    int n = random.Next(jumpInterval);         ——— ①
    if (n >= 0 && n < jumpAnimal.Length)
        jumpAnimal[n].Jumping = true;          ——— ②

    foreach (JumpAnimal obj in jumpAnimal)
    {
        // ジャンプ中ならジャンプ
        if (obj.Jumping == true)
            obj.Jump();        ——— ③ ポリモーフィズムの働きで動物に
    }                                  応じたジャンプ処理を実行する
}
```

各動物は不定期なタイミングでジャンプを開始します。jumpIntervalはリスト10-15①で50を指定しているので、リスト10-16①では、0〜49の

乱数を生成します。その値が配列jumpAnimalの要素数の範囲内ならば、「jumpAnimal[n].Jumping = true;」で添え字に該当する動物のジャンプを開始します（②）。以後、「if (obj.Jumping == true)」の動物をジャンプさせます（③）。なお、このJumpingは動物をクリックしたときか、動物が穴に隠れたときにfalseになります。

次に、「飛び出す動物のPictureBox」クリックのイベントハンドラ」を記述します。リスト10-17のようにイベントハンドラを記述してください。このイベントハンドラはリスト10-14②で各動物のクラスに関連付けられるものなので、Windowsフォームデザイナーを使って発生させる必要はありません。

> **リスト10-17** 「飛び出す動物のPictureBox」クリックのイベントハンドラ（WhackAMole：Form1.cs）

```
private void JumpAnimal_Click(object sender, EventArgs e)
{
    // 添え字を取得
    int n = int.Parse(((PictureBox)sender).Name.Substring(6));
                                               ―――― ①
    // ヒット処理                                    ポリモーフィズムの働きで動物
    int score = jumpAnimal[n].Hit(); ――― ② に応じたヒット処理を実行する
    labelScore.Text = "得点：" + score;   ―――― ③
}
```

PictureBoxのNameには、リスト10-14で「"animal0"〜"animal3"」を設定しているので、Substringメソッド（p.323参照）を使って0〜3の数字を取り出しています（リスト10-17①）。添え字に該当する動物のヒット処理を実行し（②）、返却された得点をラベルに表示します（③）。

最後に、「残り時間用のタイマー」Tickのイベントハンドラを追加します。リスト10-18を記述してください。

> **リスト10-18** 「残り時間用タイマー」Tickのイベントハンドラ（WhackAMole：Form1.cs）

```
private void TimerTime_Tick(object sender, EventArgs e)
{
    remainingTime--;
    labelTime.Text = "残り時間：" + remainingTime + "秒";
```

```csharp
// ゲームオーバー
if (remainingTime <= 0)          ── ①
{
    timerJump.Stop();
    timerTime.Stop();

    labelTime.Text = "ゲームオーバー";

    // PictureBoxを穴に隠す
    foreach (JumpAnimal obj in jumpAnimal)
    {
        obj.Location = new Point(obj.HoleX, obj.HoleY);
    }

    buttonStart.Enabled = true;
}
// 10秒ごとに
if (remainingTime % 10 == 0)
{
    // ジャンプ間隔を早める
    timerJump.Interval -= 7;          ②
    // ジャンプ頻度を高める
    jumpInterval -= 7;
}
}
```

　残り時間が0になったらゲームオーバーです（リスト10-18①）。なお、10秒おきにジャンプの間隔を早め、頻度を高めます（②）。

　完成したら、実行して遊んでみてください。モグラとウサギはクリックしやすいですが、猫と鳥はむずかしいと思います。

練習問題　（ファイル名：InsectCatching）

出現した昆虫をクリックして捕まえる、昆虫採集ゲームをWindowsフォームアプリケーションで作成してください。

●完成イメージ

制限時間60秒以内に、何匹の昆虫をクリックできるかを競うゲームです。

図10-9　練習問題の完成イメージ

●アプリケーションの仕様

(1) 「フォームクラス」のほかに、「昆虫クラス」「トンボクラス」「蝶クラス」「カブトムシクラス」を実装します。

(2) 「昆虫クラス」はSystem.Windows.Forms.PictureBoxクラスを継承します。「トンボクラス」「蝶クラス」「カブトムシクラス」は「昆虫クラス」を継承し、抽象メソッドの「逃げる」処理と「出現位置の初期化」処理をオーバーライドします。

(3) トンボはフォームの左上から出現し、ランダムな角度の直線で
ランダムなスピードで逃げます。フォームの境界に来たら直角
に角度を変えて図柄の向きも変えます。

(4) 蝶はフォームの左下から出現し、ランダムなスピードでヒラヒ
ラと不安定な飛び方で逃げます。フォームの境界に来たら直角
に角度を変えて図柄の向きも変えます。

(5) カブトムシはフォームの右下から出現し、ランダムなスピード
でフォームの端を左回りに歩いて逃げます。フォームの境界に
来たら直角に角度を変えて図柄の向きも変えます。

(6) 「フォームクラス」はゲームの進行を制御します。

①最初、昆虫のインスタンスは61匹用意し、非表示にして待機
しています。この61匹は、トンボ、蝶、カブトムシをランダ
ムな数と並びで配列に用意します。

②「スタート」ボタンのクリックで、最初の1匹が逃げ始め、以後、
毎秒1匹ずつ逃げます。

③昆虫の種類に関係なく、クリックすると非表示にして得点を1
点加算します。

④制限時間は60秒です。ゲームオーバーになると、全部の昆虫
を非表示にします。

⑤「スタート」ボタンをクリックすると再度ゲームを行うことが
できます。なお、「スタート」ボタンは、ゲーム中は選択不可に
します。

●補足事項

①PictureBoxは、「Visibleプロパティ」を「true」にすると表示され、
「false」にすると非表示になります。

②各クラスに不足する属性やメソッドは適宜追加してください。

CHAPTER

予告編作成で
ファイル入出力を
理解しよう

ついに最終章です。ファイル入出力を使うと、アプリケーションで編集したデータをファイルに保存したり、アプリケーション外で編集したデータをファイルとして入力したりできます。また、ジェネリッククラスのコレクションでは、汎用的な型でリストやキュー、スタックなどのデータ構造を利用することができます。最後の章は、このファイル入出力とジェネリッククラスのコレクションを学習しましょう。

本章で学習するC#の文法
- ファイル入出力
- ディレクトリとファイル操作
- ジェネリッククラスのコレクション

本章で学習するVisual Studioの機能
- DataGridViewコントロール

この章でつくるもの

　3人分の名前を入力して予告編を作るデスクトップアプリケーションを作成します。

図11-1　例題の完成イメージ

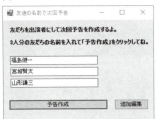
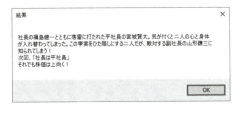

　10年以上前になるのですが、3人分の名前を入れて予告編を作るという「いきなり次回予告」というサイトがありました。ユーモアにあふれた楽しい予告編を作り出してくれ、知人の名前を入れては密かに楽しんだのですが、いつの間にか閉鎖されてしまいました。そこで、今回は「いきなり次回予告」のサイトを懐かしんで「友達の名前で次回予告」というデスクトップアプリケーションを作成しながら、ファイル入出力とジェネリックコレクションについて学習します。

11-1
ファイルを読み込む／書き出すプログラムを作成しよう

　プログラムで作成したデータは、プログラムを終了すると消滅してしまいます。けれども、ファイルの形でハードディスクに書き込めば保存することができます。また、ほかのアプリケーションで参照したり編集したりすることも可能です。ですから、ファイル入出力は実用的なアプリケーションの開発には必須の技術です。

　C#に限らず、プログラムでファイル入出力を扱う場合には、ファイルはバイナリ形式なのかテキスト形式なのか、読み書きはランダムに行うのかシーケンシャル[1]に行うのかなど、多くのことを考えなければいけません。

　この章では最も多く利用されるテキストファイルをシーケンシャルにアクセスする方法について説明します。

テキストをファイルに書き込む

　テキストをファイルに書き込む方法をサンプルで確認しながら説明しましょう。まずは、FileIOSampleという名前でコンソールアプリを作成し（5-1参照）、リスト11-1の内容を記述したら実行してください。

リスト11-1　ファイル書き込みの例（FileIOSample：Program.cs）

```
using System;
using System.Collections.Generic;
using System.Linq;
using System.Text;
using System.Threading.Tasks;
using System.IO;    ←── 追加

namespace FileIOSample
{
    class Program
    {
```

1　シーケンシャルアクセスとは、ファイルを先頭から順番に読み書きすることをいいます。また、ランダムアクセスとは、必要な部分のみ飛び飛びに読み書きすることです。

```csharp
static void Main(string[] args)
{
    // 文字列を全部書き込む例
    string writeText = "文字列をファイルに書き込みました。";
    try
    {
        using (StreamWriter writer1 = new StreamWriter
                ("test1.txt", false, Encoding.Default))          ①
        {

            writer1.Write(writeText);          ②
        }
    }
    catch (Exception ex)
    {
        Console.WriteLine(ex.Message);
    }


    // 複数の文字列を1行ずつ書き込む例
    string[] writeText2 = { "続けて文字列を",
                            "改行しながら", "書き込みます。" };
    try
    {
        using (StreamWriter writer2 = new StreamWriter
                ("test1.txt", true, Encoding.Default))          ③
        {
            foreach (string s in writeText2)
            {
                writer2.WriteLine(s);          ④
            }
        }
    }
    catch (Exception ex)
    {
        Console.WriteLine(ex.Message);
    }
```

```
        }
    }
}
```

 実行するとプログラムはすぐに閉じてしまいますが、プログラムの実行ファイルと同じフォルダ[2]に「test1.txt」というファイルが作られるはずです。メモ帳などのテキストエディタで開くと、図11-2のように書かれていますね。どうですか。思ったよりもかんたんにファイルへの書き込みができたのではないでしょうか。

図11-2　test1.txtをメモ帳で開いたところ

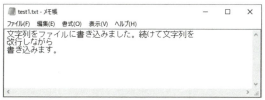

 では、コードの内容について説明していきましょう。
 テキストをファイルに書き込むには、StreamWriterクラス（System.IO名前空間）のWriteメソッドやWriteLineメソッドを使って行います。Consoleクラスは静的クラス（10-2参照）なので、「Console.Write」のようにインスタンスを作らずにコンソールに出力を行うことができました。しかし、StreamWriterクラスはインスタンスを生成してからWriteメソッドやWriteLineメソッドを呼ばなければなりません。そのために、リスト11-1の①と③でStreamWriterクラスのインスタンスを生成しています。

```
①     StreamWriter writer1 =
           new StreamWriter("test1.txt", false, Encoding.Default)
                             (ア)         (イ)    (ウ)
③     StreamWriter writer2 =
           new StreamWriter("test1.txt", true, Encoding.Default)
                             (ア)         (イ)    (ウ)
```

 このStreamWriterのコンストラクターの引数は、次のようになります。

---

2 標準の環境は、「「ユーザー」－「（各自の）ユーザー名」－「source」－「repos」－「FileIOSample」－「FileIOSample」－「bin」－「Debug」」です。p.38を参考に「ソリューションエクスプローラー - フォルダービュー」を使って確認することもできます。

(ア) 書き込むファイルのパス名

ファイルのパス名というのは、ファイルやフォルダの所在を示す文字列のことです。"test1.txt"のように単にファイル名を記述した場合には、実行ファイルと同じフォルダにファイルが作られます。パス名を記述するとファイルを格納するフォルダを指定することができます（詳しくはp.398で解説します）。

(イ) データの追加モード

- ファイルが存在し、falseの場合は、上書き
- ファイルが存在し、trueの場合は、ファイルの末尾に追加
- ファイルが存在しない場合は、モードに関係なく新しいファイルを作成

falseの場合には注意が必要です。もし、指定したファイルがすでにある場合には、そのファイルの内容は上書きされてなくなってしまいます。リスト11-1の①のモードはfalseですから、実行するたびにファイルは新規作成されます。③のモードはtrueなので、①の内容の後に書き込みを追加します。

(ウ) 使用する文字エンコーディング

Windowsの標準の文字コードは「シフトJIS」ですが、C#では「UTF-8」（Unicodeの一種）を使用しているので、文字エンコーディングを省略するとファイルが文字化けする可能性があります。そのため、Encoding.Defaultプロパティ（OSの標準のエンコーディング）でエンコーディングを行い、書き込むファイルの文字コードをWindows標準のシフトJISに変換します。

テキストの書き込みは、生成したインスタンスでWriteかWriteLineメソッドを呼んで行います。Writeメソッドは文字列をそのまま書き込みますが、WriteLineメソッドは出力した文字列の最後に改行を挿入します。リスト11-1②で、string型の変数writeTextの値がtest1.txtに書き込まれます。また、④で、string型の配列writeText2の要素を1文字ずつ改行しながら書き込んでいます。

ファイルへの入出力は、「ファイルのオープン→入出力→ファイルのクローズ」という手順で行います。ファイルオープンは、StreamWriterクラスのコンストラクターの中で行われますが、ファイルクローズは自分でコードに記述する必要が

あります。けれども、リスト11-1では、ファイルクローズの処理がありませんね。これは、usingステートメント[3]を使うことでファイルクローズの記述を省略できるからです。

usingステートメントで生成したStreamWriterやStreamReaderのインスタンスは、ブロックの{}から抜けるときに自動的にDisposeメソッドが実行され、リソースを開放する処理が行われるのです。そのため、ファイルクローズの処理も不要になります。usingステートメントを使用すると、ファイルクローズの記述漏れを心配する必要もなく、なんらかのエラーで例外が生じたときにも自動的にファイルがクローズされるので安心です。

リスト11-1では、try～catch～で例外処理も行っていますね。オープンするファイルが、読み込み専用だったり、ほかのアプリケーションですでに開かれている場合には例外が発生します。ですから、ファイルのオープンでは必ず例外処理を行ってください。

テキストをファイルから読み込む

書き込みの次は読み込み方法を説明しましょう。先ほど作成したFileIOSampleに次のコードを追加してください。

リスト11-2 ファイル読み込みの例（プロジェクト名：`FileIOSample`）

```
static void Main(string[] args)
{
    // 文字列を全部書き込む例
        (省略)

    // 複数の文字列を1行ずつ書き込む例
        (省略)

    // ファイルを全部読み込む例
    string readText = "";
    try
    {
```

3　p.194で説明した「usingディレクティブ」とキーワードは同じでも用途は異なります。

393

```csharp
    using (StreamReader reader1 =
        new StreamReader("test1.txt", Encoding.Default))    ①
    {
        readText = reader1.ReadToEnd();          ②
    }
}
catch (Exception ex)
{
    Console.WriteLine(ex.Message);
}
Console.WriteLine(readText);

// ファイルを1行ずつ読み込む例
try
{
    using (StreamReader reader2 =
        new StreamReader("test1.txt", Encoding.Default))    ③
    {
        string line;
        while ((line = reader2.ReadLine()) != null)
        {                                      ④
            Console.WriteLine(line);
        }
    }
}
catch (Exception ex)
{
    Console.WriteLine(ex.Message);
}
}
```

実行結果

> 文字列をファイルに書き込みました。続けて文字列を
> 改行しながら
> 書き込みます。
> ②の出力結果

> 文字列をファイルに書き込みました。続けて文字列を
> 改行しながら
> 書き込みます。
> ④の出力結果

　リスト11-2では、リスト11-1で「test1.txt」に書き込んだ内容を読み込んでコンソールウィンドウに表示しています。②と④でファイルを読み込んでいるので、実行結果では同じ内容をそれぞれ表示します。

　テキストファイルを読み込むには、StreamReaderクラス（System.IO名前空間）のReadToEndメソッドやReadLineメソッドを使います。StreamWriterクラスと同じように、まずインスタンスを生成します。コード例の①と③はほぼ同じなので、①で説明します。

　StreamReaderのコンストラクターの初期値は、以下になります。

```
StreamReader reader1 =
    new StreamReader("test1.txt", Encoding.Default)
```
(ア)　(イ)

（ア）読み込むファイルのパス名
（イ）使用する文字エンコーディング

　これらは、p.391のStreamWriterのコンストラクターの引数で説明した内容と同じです。StreamReaderでは、コンストラクターに読み込むファイル名とエンコーディングを指定してファイルをオープンします。

　テキストの読み込みは、生成したインスタンスでReadToEndかReadLineメソッドを呼んで行います。なお、Readメソッドもあるのですが、1文字しか読み込みを行わず使用が限定されるので本書では取り扱いません。リスト11-2②では、test1.txtからすべての文字を読み込んでreadTextに代入しています。ReadToEndメソッドは、ファイルからすべての文字を末尾まで読み込みます。また、④では、

11

予告編作成でファイル入出力を理解しよう

395

test1.txtから1行分ずつ読み込んでlineに代入しています。ファイルの末尾に到達した場合はnullが返されるので、nullが返却されるまで繰り返せばファイルの内容をすべて読み込むことができます。なお、「line = reader2.ReadLine()」をカッコで囲っているのは、代入演算子（=）より関係演算子（!=）の優先順位が高いので（p.85参照）、カッコで囲まないと先にnullとの比較が行われてしまうからです。

 拡張子が「csv」のファイルは「CSV」と呼ばれ、項目をカンマ（,）で区切って列挙したものです。CSVは、Excelなどの表計算ソフトを使用して開くことができますが、実は単なるテキストファイルです。そのため、プログラムを使って手軽に編集することが可能です。本書では、例題と練習問題のプログラムでCSVを利用しています。

図11-3 CSV

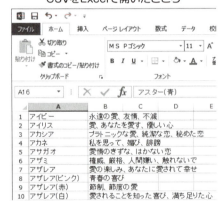

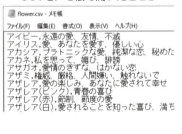

11-2 ディレクトリとファイルを操作する

11-1でファイル入出力について説明しましたが、ファイルを扱う場合には、その格納場所であるディレクトリについても理解しておく必要があります。

ディレクトリとは

みなさんはWindows OSを使ってコンピュータを操作しているので、ディレクトリという言葉にはあまり馴染みがないかもしれませんね。でも、「ディレクトリとはフォルダのことだ」といえばピンとくるでしょう。

5-1でMS-DOSやUNIXなどはCUIを基本とするOSであることに触れました。CUIが基本のOSでは、ファイルの格納場所を「ディレクトリ」と呼びます。けれども、GUIのOSでは、ディレクトリを紙ばさみなどのグラフィカルなアイコンを使って、「フォルダ」と呼ぶようになったのです。ですから、フォルダとディレクトリは表記が異なるだけでほぼ同じものだと理解してください。

Windows OSでも、ディレクトリをかんたんに確認する方法があります。エクスプローラーで特定のフォルダを開き、アドレスバーの左端のフォルダのアイコンをマウスでクリックしてみてください。図11-4のように¥で区切られた文字列が表示されますね[4]。

図11-4　ディレクトリの表示

[4] 紙ばさみの形のアイコン以外では表示されない場合があります。

この、

C:¥Users¥XXX¥source¥repos¥WindowsFormsApp1

を、「絶対パス」とか「フルパス」と呼びます。「パス」とはディレクトリツリーの経路のことで、絶対パスはドライブの先頭(「ルートディレクトリ」と呼びます)からの全部のディレクトリを¥区切りで表示します。なお、先頭の「C:」はCドライブのことで、「:」の次の「¥」は区切りではなく、ルートディレクトリを示します。

リスト11-1とリスト11-2では、StreamWriterとStreamReaderのコンストラクターの引数には"test1.txt"とファイル名だけを記述しましたが、

@"C:¥FileIOSample¥test1.txt"

のように絶対パスを書いてもかまいません。このときに、「@」を付けて記述しないと、「¥」から始まる文字がエスケープシーケンスだと判断されてしまうので注意してください。この@マークから始まる文字列は「逐語的文字列リテラル」と呼ばれ、書いたままの状態を文字列として扱います。

ファイルの置き場所は、各人の環境によって異なります。ですから、ファイルの場所を示すのに絶対パス名を書くことはあまりありません。通常は、「相対パス」といって現在作業中のディレクトリ(「カレントディレクトリ」と呼びます)からの相対位置を示すパスを記述します。図11-5に相対パスの例を示しますので参考にしてください。

図11-5の「..」は階層を1つ上がることを示します。2つ上がる場合には「..¥..」と書き、1つ上がってdata2ディレクトリに下がるには「..¥data2」と書きます。

図11-5 相対パスの例

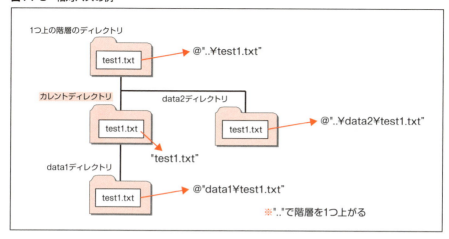

主なディレクトリ操作

C#には、ディレクトリの存在確認や作成などを行うDirectoryクラス（System.IO名前空間）が用意されています[5]。ここでは代表的なものを紹介しますので、すべてのメンバーを知りたい方はMicrosoft Docs（1-7参照）を確認してください。

●Existsメソッド

Existsメソッドは指定したディレクトリが存在するかどうかを判別します。存在すればtrueを、存在しなければfalseを返します。

リスト11-3 Existsメソッドの例（DirectorySample：Program.cs）

```
static void ExistsExample()
{
    string directory = @"C:\Program Files\Microsoft Office";
    if (Directory.Exists(directory) == true)
        Console.WriteLine(directory + "ディレクトリは存在します。");
    else
        Console.WriteLine(directory + "ディレクトリは存在しません。");
}
```

---

[5] Directoryクラスのメンバーを使用するには、「System.IO」名前空間をusingディレクティブで指定してください。

実行結果

C:¥Program Files¥Microsoft Officeディレクトリは存在します。

※ 実行結果は環境に依存します

●CreateDirectoryメソッド

指定したディレクトリを作成します。条件によっては例外が発生しますので例外処理も記述してください。例外の種類についてはMicrosoft Docsを参照してください。

リスト11-4 CreateDirectoryメソッドの例（DirectorySample：Program.cs）

```csharp
static void CreateDirectoryExample()
{
    try
    {
        if (Directory.Exists("test") == false)
        {
            Console.WriteLine
                ("testディレクトリが存在しないので作成します。");
            Directory.CreateDirectory("test");
        }
    }
    catch (Exception ex)
    {
        Console.WriteLine(ex.Message);
    }
}
```

実行結果

testディレクトリが存在しないので作成します。

●Deleteメソッド

指定したディレクトリを削除します。引数にtrueを指定するとディレクトリが空でなくても削除し、falseを指定するとディレクトリが空の場合のみ削除します。条件によっては例外が発生するので例外処理も記述してください。例外の種類に

ついてはMicrosoft Docsを参照してください。

リスト11-5 Deleteメソッドの例（DirectorySample：Program.cs）

```
static void DeleteExample()
{
    try
    {
        if (Directory.Exists("test") == true)
        {
            Console.WriteLine("testディレクトリは存在するので削除します。");
            Directory.Delete("test", true);
        }
    }
    catch (Exception ex)
    {
        Console.WriteLine(ex.Message);
    }
}
```

true：ディレクトリが空でなくても削除する
false：ディレクトリが空の場合のみ削除する

実行結果

testディレクトリは存在するので削除します。

主なファイル操作

C#には、ファイルの生成や存在確認などを行うFileクラス（System.IO名前空間）も用意されています[6]。

●Existsメソッド

Existsメソッドは指定したファイルが存在するかどうかを判別します。存在すればtrueを、存在しなければfalseを返します。

リスト11-6 Existsメソッドの例（FileSample：Program.cs）

```
static void ExistsExample()
{
    string fileName = @"C:\Windows\explorer.exe";
```

---

6 Fileクラスのメンバーを使用するには、「System.IO」名前空間をusingディレクティブで指定してください。

```
    if (File.Exists(fileName) == true)
        Console.WriteLine(fileName + "は存在します。");
    else
        Console.WriteLine(fileName + "は存在しません。");
}
```

実行結果

```
C:¥Windows¥explorer.exeは存在します。
```

※　実行結果は環境に依存します

●Createメソッド

　Createメソッドは指定したファイルが存在しない場合は、ファイルを作成します。指定したファイルが存在し、それが読み取り専用でない場合、その内容は上書きされます。ファイルが閉じられるまで、作成されたファイルにほかのプロセスやコードからアクセスすることはできませんから注意してください。条件によっては例外が発生するので例外処理も記述してください。例外の種類についてはMicrosoft Docsを参照してください。

リスト11-7　Createメソッドの例（FileSample：Program.cs）

```
static void CreateExample()
{
    try
    {
        if (File.Exists("test.txt") == false)
        {
            Console.WriteLine
                ("test.txt ファイルは存在しないので作成します。");
            FileStream fs = File.Create("test.txt");
            fs.Close();            // ファイルをクローズ
        }                    忘れないよう注意
    }
    catch(Exception ex)
    {
        Console.WriteLine(ex.Message);
```

402

```
        }
    }
```

実行結果

```
test.txt ファイルは存在しないので作成します。
```

●Deleteメソッド

Deleteメソッドは指定したファイルを削除します。条件によっては例外が発生します。例外処理も記述してください。例外の種類についてはMicrosoft Docsを参照してください。

リスト11-8 Deleteメソッドの例（FileSample：Program.cs）

```
static void DeleteExample()
{
    try
    {
        if (File.Exists("test.txt") == true)
        {
            Console.WriteLine("test.txt ファイルは存在するので削除します。");
            File.Delete("test.txt");
        }
    }
    catch (Exception ex)
    {
        Console.WriteLine(ex.Message);
    }
}
```

実行結果

```
test.txt ファイルは存在するので削除します。
```

11-3
ジェネリックコレクションでデータを操作する

　9章で説明した「配列」は、複数の同じ型のデータをまとめて扱うときに使いました。配列は処理効率もよく、優れたデータ型ですが、あらかじめ要素数を決めて宣言する必要があり、実行中に要素数を変更することはできません。たとえば、書籍管理のプログラムで配列を用いて本を管理すると、扱える書籍数に上限ができてしまい、それを超えて本を登録することができなくなります。また、途中に要素を追加したり削除したりする場合には、前後の要素をずらす必要があり効率がよくありません。

　これらの欠点を補うには、System.Collections.Generic名前空間に用意されているコレクションを利用するといいでしょう。ジェネリックコレクションは、汎用的な型でリストやキュー、スタックなどのデータ構造を利用することができます。ここでは、System.Collections.Generic名前空間に用意されているList<T>クラスとDictionary<TKey, TValue>クラスを説明します。

List<T>クラス

　配列は、縦に要素が重なった構造をしているので、データの挿入や削除時にはデータを前後にずらす必要があり効率がよくありません。一方、リストは、図11-6のように同じ型のデータを次々にポインタでつないだ構造をしています。そのため、つないでいるポインタを操作するだけで、挿入や削除を行うことができます。

図11-6 リストの例

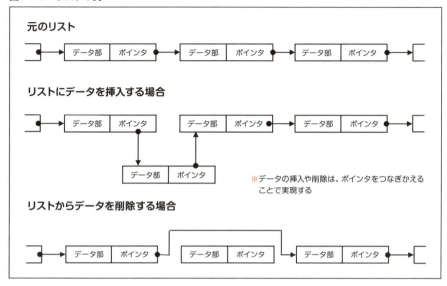

このリスト構造をジェネリッククラスで扱えるようにしたのがList<T>クラスです。「T」は、「型パラメータ」と呼ばれ、使いたい型を指定することで、その型に特化したリストを作成することができます。

インスタンスの生成は次のように行います。

構文　List<T>クラス　インスタンスの生成

```
List<データ型> 変数名 = new List<データ型>();
```

初期化も行うことができます。

構文　List<T>クラス　初期化

```
List<データ型> 変数名 = new List<データ型> {値1, 値2, .....};
```

リストに要素を追加する場合にはAddメソッドを使用します。このとき、インスタンスと異なる型を追加しようとするとコンパイルエラーが発生します。

構文　List<T>クラス　要素の追加

```
リスト名.Add(要素);
```

リストの要素を参照する場合には、配列のように0から始まる添え字を指定します。

構文 | List<T>クラス　要素の参照

```
リスト名[添え字];
```

そのほか、List<T>クラスの主なメンバーには表11-1のものがあります。

表11-1 List<T>クラスの主なメンバー

Countプロパティ	Listに格納されている要素の数
Addメソッド	Listの末尾に要素を追加する
Clearメソッド	Listからすべての要素を削除する
Findメソッド	Listから要素を検索する
Insertメソッド	List内の指定したインデックスの位置に要素を挿入する
Removeメソッド	List内で指定の条件に一致する最初の要素を削除する
RemoveAll メソッド	List内で指定の条件に一致するすべての要素を削除する
RemoveAtメソッド	Listの指定したインデックスにある要素を削除する
Sortメソッド	List全体およびその一部の要素を並べ替える

List<T>クラスを使用したかんたんなサンプルプログラムをリスト11-9に示します。

リスト11-9 List<T>クラスの使用例（ListSample：Program.cs）

```
class Program
{
    static void Main(string[] args)
    {
        // リストのインスタンスの生成
        List<string> sList = new List<string>();
        // 要素の追加
        sList.Add("First");
        sList.Add("Second");        ①
        sList.Add("Third");

        // 要素の参照
        for (int i = 0; i < sList.Count; i++)
```

```
        {
            Console.WriteLine($"sList[{i}] : {sList[i]}");
        }
        Console.WriteLine();

        // リストの初期化
        List<int> iList = new List<int> { 1, 2, 3, 4, 5 };  ─── ②

        // 要素の参照
        for (int i = 0; i < iList.Count; i++)
        {
            Console.WriteLine($"iList[{i}] : {iList[i]}");
        }
        Console.WriteLine();

        // 先頭に要素100を追加
        iList.Insert(0, 100);       ─── ③
        // 要素4の削除
        iList.Remove(4);
        // 2番目の要素の削除              ④
        iList.RemoveAt(2);

        // 要素の参照
        for (int i = 0; i < iList.Count; i++)
        {
            Console.WriteLine($"iList[{i}] : {iList[i]}");
        }
    }
}
```

実行結果

```
sList[0] : First
sList[1] : Second        ①Addメソッドで追加した要素
sList[2] : Third
```

```
iList[0] : 1
iList[1] : 2
iList[2] : 3        ②初期化で追加した要素
iList[3] : 4
iList[4] : 5


iList[0] : 100    ← ③Insertメソッドで追加した要素
iList[1] : 1
iList[2] : 3        ④要素2と4はRemoveとRemoveAtメソッドで削除
iList[3] : 5
```

Dictionary<TKey, TValue>クラス

このクラスは、連想配列のコレクションです。連想配列は「ハッシュテーブル」とも呼ばれ、図11-7のようにキー (Key) と値 (Value) をペアで扱います。配列は添え字で各要素をアクセスしますが、連想配列はキーで値をアクセスすることができます。

図11-7　連想配列の例

Key	Value
"黒"	"Black"
"白"	"White"
"黄"	"Yellow"

構文	Dictionary<TKey, TValue>クラス　インスタンスの生成

```
Dictionary<キーのデータ型, 値のデータ型> 変数名
    = new Dictionary<キーのデータ型, 値のデータ型>();
```

構文	Dictionary<TKey, TValue>クラス　初期化

```
Dictionary<キーのデータ型, 値のデータ型> 変数名
    = new Dictionary<キーのデータ型, 値のデータ型>
    { { キー1, 値1 }, { キー2, 値2 }, ..... };
```

Dictionary<TKey, TValue>クラスの主なメンバーには表11-2のものがあります。

表11-2 Dictionary<TKey, TValue>クラスの主なメソッド

Countプロパティ	格納されているキーと値のペアの数を取得する
Addメソッド	指定したキーと値を追加する
Clearメソッド	すべてのキーと値を削除する
TryGetValueメソッド	指定したキーに対応する値を取得する
ContainsKeyメソッド	指定したキーが存在するかどうかを判定する
ContainsValueメソッド	指定した値が格納されているかどうかを判定する
Removeメソッド	指定したキーをもつ値を削除する

Dictionary<TKey, TValue>クラスを使用したかんたんなサンプルプログラムをリスト11-10に示します。

リスト11-10 Dictionary<TKey, TValue>クラスの使用例（DictionarySample：Program.cs）

```csharp
class Program
{
    static void Main(string[] args)
    {
        // 連想配列の宣言と初期化
        Dictionary<string, string> color = new Dictionary<string, string>
            { { "黒", "Black" }, { "白", "White" }, {"黄","Yellow" } };

        // 配列のように値を追加
        color["赤"] = "Red";
        // Addメソッドでの値の追加
        color.Add("青", "Blue");

        // すべてのキーと値を参照する
        foreach(string key in color.Keys)
        {
            Console.WriteLine($"{key}は{color[key]}です。");
        }
        Console.WriteLine();

        // すべての値を参照する
```

①

```
    foreach (string v in color.Values)
    {
        Console.WriteLine(v);                    ②
    }
    Console.WriteLine();

    // 配列のように参照する
    Console.WriteLine($"黄は英語で{color["黄"]}です。");         ── ③

    // TryGetValueメソッドで参照する
    if (color.TryGetValue("白", out string value))      ── ④
        Console.WriteLine($"白は英語で{value}です。");

    // キーの存在チェック
    if (color.ContainsKey("緑"))
        Console.WriteLine("緑はキーに存在します。");
    else                                         ⑤
        Console.WriteLine("緑はキーに存在しません。");

    // 値の存在チェック
    if (color.ContainsValue("Red"))
        Console.WriteLine("Redは値に存在します。");
    else                                         ⑥
        Console.WriteLine("Redは値に存在しません。");
    }
}
```

実行結果

```
黒はBlackです。
白はWhiteです。
黄はYellowです。    ①すべてのキーと値を参照
赤はRedです。
青はBlueです。


Black
White              ②すべての値を参照
```

410

```
Yellow
Red          ②すべての値を参照
Blue
```

黄は英語でYellowです。　　　　← ③配列のように参照
白は英語でWhiteです。　　　　　← ④TryGetValueメソッドで参照
緑はキーに存在しません。　　　　← ⑤ContainsKeyメソッドでキーの存在確認
Redは値に存在します。　　　　　← ⑥ContainsValueメソッドで値の存在確認

　リスト11-10③で、たとえばcolor["緑"]のようにキーが存在しない値を参照す
るとKeyNotFoundException例外が発生します。ですから④のようにTryGetValue
メソッドを使って値を参照するようにしてください。あるいは、⑤のように
ContainsKeyメソッドでキーの存在を確認してからアクセスしてもいいでしょう。

例題のアプリケーションの作成

　このアプリケーションは、複数の予告編を格納したCSVファイル（p.396参照）を読み込み、その中から任意の予告編を選び、フォームのテキストボックスに入力された3人分の名前を挿入して表示するものです。

●完成イメージ

　3人の名前をテキストボックスに入力して「予告作成」ボタンをクリックすると、指定位置に名前を挿入した予告編を作成してメッセージボックスに表示します。「追加編集」ボタンをクリックすると、予告の編集フォームを表示し、予告の追加、編集、削除が可能になります。

図11-8　例題の完成イメージ

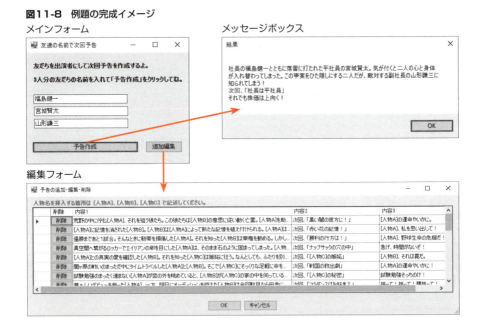

●アプリケーションの仕様

(1)　「メインフォームクラス」のほかに「ファイル入出力クラス」「予告クラス」「編集フォームクラス」の4つのクラスを実装します。

⑵　「ファイル入出力クラス」は静的クラスであり、「予告を読み込む」と「予告
　　を書き込む」処理をもっています。

⑶　「予告クラス」は静的クラスであり、「予告作成」処理をもっています。

⑷　「編集フォームクラス」は、フォーム起動時に「ファイル入出力クラス」で
　　予告ファイルを読み込んで得たListデータをDataGridViewコントロール
　　に表示します。また、「OK」ボタンクリック時にDataGridViewの内容を「フ
　　ァイル入出力クラス」でファイルに保存します。DataGridViewでは、デー
　　タの追加、編集、削除が可能です。

⑸　「メインフォームクラス」は、「予告作成」ボタンをクリックすると、テキス
　　トボックスの名前からランダムな予告を「予告クラス」で作成してもらい、
　　メッセージボックスに表示します。また、「追加編集」ボタンをクリックす
　　ると「編集フォーム」を開きます。

⑹　表11-3にクラスの処理内容を示します。太字になっている同一のメンバ
　　ーはそれぞれ対応しています。

表11-3　クラスの処理内容

ファイル入出力クラス：予告の内容をファイルへ入出力する静的クラス	
デ	**予告ファイル**（定数）／予告を保存するファイル名を保持
ー	**予告ファイル**（定数）　予告を保存するファイル名を保持

ファイル入出力クラス：予告の内容をファイルへ入出力する静的クラス		
データ	**予告ファイル**（定数）	予告を保存するファイル名を保持
	ディレクトリ（定数）	ファイルが存在するディレクトリ名を保持
メソッド	**予告を読み込む**（静的メソッド）	・**予告ファイル**の内容を読み込み返却する
	予告を書き込む（静的メソッド）	・**ディレクトリ**がない場合には作成する ・引数で渡された予告の内容を**予告ファイル**に書き込む

予告クラス：予告を作成する静的クラス		
データ	乱数（静的変数）	乱数のインスタンスを格納
メソッド	**予告作成**（静的メソッド）	・**予告を読み込む**メソッドで予告編を全部読み込む ・予告編をランダムに1つ選んだら、引数の人物名で書き換えて返却する

編集フォームクラス：予告の追加・編集・削除を行うフォームのクラス		
メソッド	「編集フォーム」ロード （イベントハンドラ）	・**予告を読み込む**メソッドで予告編を全部読み込む ・読み込んだ予告編をカンマで分割してDataGridViewに追加する
	「OKボタン」クリック （イベントハンドラ）	・DataGridViewの各列の値をカンマ区切りで連結しListに追加する ・Listを、**予告を書き込む**メソッドで**予告ファイル**に書き込む
	DataGridViewの 「削除ボタン」クリック （イベントハンドラ）	・メッセージボックスで削除OKなら選択された予告を削除する

メインフォームクラス：友達3人の名前を入力するメインフォームのクラス		
メソッド	「予告作成ボタン」クリック （イベントハンドラ）	・テキストボックスに入力された3人分の名前を**予告作成**メソッドに渡して予告編を作成する ・作成した予告編をメッセージボックスに表示する
	「追加編集ボタン」クリック （イベントハンドラ）	・**編集フォームクラス**のダイアログボックスを表示する

作成手順

1 プロジェクトの新規作成

　プロジェクト名「MakeTrailer」で、「Windowsフォームアプリケーション」を新規作成してください（1-4参照）。

2 「メインフォーム」にコントロールを追加しプロパティを変更

　各コントロールを図11-9のようにフォームに貼り付け、表11-4のようにプロパティを変更し（2-1〜2-2参照）、「①→②→③→④→⑤」の順にタブオーダーを設定してください（2-4参照）。なお、表に指定のないラベルのNameプロパティは任意、Textプロパティは表示どおりに設定してください。

図11-9　FormMainのコントロールの配置

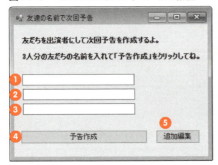

表11-4　FormMainのコントロールのプロパティ

	コントロール	Nameプロパティ	その他のプロパティ	
	Form	FormMain	Text	友達の名前で次回予告
①	TextBox	textBoxA	Text	（空白）
②	TextBox	textBoxB	Text	（空白）
③	TextBox	textBoxC	Text	（空白）
④	Button	buttonMake	Text	予告作成
⑤	Button	buttonEdit	Text	追加編集

3 「編集フォーム」の追加

編集フォームを作成します（p.195参照）。新しいフォームを追加したら、各コントロールを図11-10のようにフォームに貼り付け、表11-5のようにプロパティを変更してください。また、「⑥→⑦→⑧」の順にタブオーダーを設定してください。

図11-10　FormEditのコントロールの配置

表11-5　FormEditのコントロールのプロパティ

	コントロール	Nameプロパティ	その他のプロパティ	
	Form	FormEdit	Text	予告の追加・編集・削除
⑥	DataGridView[7]	dataGridViewContents	※ 4 で説明します	
⑦	Button	buttonOK	Text	OK
			DialogResult	OK
⑧	Button	buttonCancel	Text	キャンセル
			DialogResult	Cancel

---

[7] DataGridViewはツールボックスの「データ」の中に用意されています。

4 DataGridViewの列の追加と編集

DataGridViewは、データを手軽にテーブル表示できるコントロールです。表示だけではなく、行の追加、編集、削除も行うことができます。次の手順で列を追加してください。

まず、コントロール右上のスマートタグから「列の追加」を選択し、列の追加ウィザードを表示させます（図11-11①）。次に「非バインド列」を表11-6のように追加し（②）、ウィザードを閉じてください。

図11-11 DataGridViewの列の追加

表11-6 DataGridViewの列の内容

名前	型	ヘッダー テキスト
DeleteButton	DataGridViewButtonColumn	削除
Content1	DataGridViewTextBoxColumn	内容1
Content2	DataGridViewTextBoxColumn	内容2
Content3	DataGridViewTextBoxColumn	内容3

次にコントロール右上のスマートタグから「列の編集」を選択し、列の編集ウィザードを表示させます（図11-12①）。次に各列の「Widthプロパティ」を見やすいサイズに変更し（②）、「DeleteButton」の「Textプロパティ」を「削除」に変更してください（③）。

図11-12 DataGridViewの列の編集

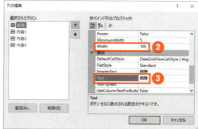

5 「アプリケーションの仕様」(2)を記述

「ファイル入出力クラス」を記述します。p.232を参考に「ContentsFileIO.cs」を作成して、「System.IO」と「System.Windows.Forms」名前空間をusingディレクティブで指定してから (p.194参照)、リスト11-11のコードを追加してください。

リスト11-11 ファイル入出力クラス (MakeTrailer：ContentsFileIO.cs)

```csharp
// 予告ファイルの入出力クラス
static class ContentsFileIO   ← staticを付けて静的クラスにする
{
    // 予告を保存するファイルとディレクトリ
    private const string DirName = "Data";
    private const string FileName = DirName + "\\contents.csv";  ①

    // 予告の内容を読み込むメソッド
    //（戻り値）予告を格納したリスト
    public static List<string> Read()
    {
        List<string> list = new List<string>();
        // ファイルが無ければnullを返却
        if (File.Exists(FileName) == false)
        {
            return null;
        }

        // 予告ファイルの読み込み
```

```
            try
            {
                using (StreamReader reader = new StreamReader
                    (FileName, Encoding.Default))
                {
                    // ファイルを1行ずつ読み出す
                    string line;
                    while ((line = reader.ReadLine()) != null)
                    {
                        list.Add(line);
                    }                          ファイルの内容を一行ずつ読み込み、
                }                              List<string>クラスのインスタンス
                return list;                   に格納してから呼び出し元に返却
            }
            catch (Exception e)
            {
                MessageBox.Show(e.Message, "エラー",
                    MessageBoxButtons.OK, MessageBoxIcon.Error);
                return list;
            }
        }

        // 予告の内容を書き込むメソッド
        //（仮引数）list：ファイルに書き込む予告
        public static void Write(List<string> list)
        {
            // ディレクトリが無ければ作成する
            if (Directory.Exists(DirName) == false)            ——— ②
            {
                Directory.CreateDirectory(DirName);
            }

            // 予告の内容を書き込む
            try
            {
```

```
            using (StreamWriter writer = new StreamWriter
                (FileName, false, Encoding.Default))
            {
                foreach (string s in list)
                {                              引数渡しされたList<string>の要
                    writer.Write(s);           素を1行ずつファイルに書き込む
                }
            }
        }
        catch (Exception e)
        {
            MessageBox.Show(e.Message, "エラー",
                MessageBoxButtons.OK, MessageBoxIcon.Error);
        }
    }
}
```

　このクラスはファイル入出力を行うので、静的クラス（p.361参照）にし
てどのクラスからもインスタンスを作成することなくメソッドを呼び出せる
ようにします。

　①の"¥¥contents.csv"の「¥¥」は、実際にはディレクトリパスの区切りの
「¥」です。エスケープシーケンスの「¥」と区別するために「¥¥」と表記します
（p.78参照）。

　②は初回のデータ書き込み時に実行される処理です。カレントディレクト
リに「Data」ディレクトリを作成し（11-2参照）、その中に「contents.csv」
ファイルをつくって予告を保存します。

6 「アプリケーションの仕様」（3）を記述

　「予告クラス」を記述します。「Trailer.cs」を作成して、リスト11-12を
追加してください。

リスト11-12 予告クラス（MakeTrailer：Trailer.cs）

```
// 予告クラス
static class Trailer  ◀ staticを付けて静的クラスにする
```

11
予告編作成でファイル入出力を理解しよう

419

```
{
    private static Random random = new Random();        ——— ①

    // 予告を作成するメソッド
    // (仮引数) nameA：名前A    nameB：名前B    nameC：名前C
    // (戻り値) 作成した予告の文字列
    public static string Get(string nameA, string nameB, string nameC)
    {
        string content;

        // 予告をファイルから入力する
        List<string> contentsList = ContentsFileIO.Read();

        // ファイルがなければエラーメッセージを返却
        if (contentsList == null)
            return "予告ファイルがありません。";

        // ファイルの内容がなければエラーメッセージを返却
        if (contentsList.Count <= 0)
            return "予告ファイルに予告がありません。";

        // 予告をランダムに1つ選ぶ
        int index = random.Next(contentsList.Count);
        content = contentsList[index];

        // 友達の名前で書き換える
        content = content.Replace(",", Environment.NewLine);
        content = content.Replace("[人物A]", nameA);
        content = content.Replace("[人物B]", nameB);           ②
        content = content.Replace("[人物C]", nameC);

        return content;
    }
}
```

このクラスも、複数のインスタンスを作成する必要はないので静的クラス

にします。また、乱数を生成するrandomインスタンスは1つでよいため、静的クラス以外で生成する場合でも静的フィールドにするほうがいいでしょう（リスト11-12①）。

②のReplaceはp.324で説明したSystem.String型のメソッドで、指定した文字列を指定した文字列で書き換えることができます。なお、「Environment.NewLine」はOS環境に応じた改行を取得するプロパティです。

7 「アプリケーションの仕様」(4) を記述

「編集フォームクラス」のコードを記述します。各イベントハンドラをWindowsフォームデザイナーで作成してからリスト11-13〜11-15を記述してください。

リスト11-13 「編集フォーム」ロードのイベントハンドラ (MakeTrailer：Form2.cs)

```csharp
private void FormEdit_Load(object sender, EventArgs e)
{
    // 予告をファイルから入力する
    List<string> contentsList = ContentsFileIO.Read();
    if (contentsList == null)
    {
        MessageBox.Show("予告ファイルが存在しません。", "エラー",
            MessageBoxButtons.OK, MessageBoxIcon.Error);
        return;
    }

    // すべての予告をカンマで分割してDataGridViewに追加
    foreach (string s in contentsList)
    {
        if (s.IndexOf(',') != -1)
        {
            string[] c = s.Split(',');
            dataGridViewContents.Rows.Add("削除", c[0], c[1], c[2]);
        }
    }
}
```

11

予告編作成でファイル入出力を理解しよう

フォームロード時にcontents.csvの内容を読み込んでDataGridViewに追加します。IndexOfとSplitはp.323、p.324で説明したSystem.String型のメソッドです。

リスト11-14 「OKボタン」クリックのイベントハンドラ（MakeTrailer：Form2.cs）

```csharp
private void ButtonOK_Click(object sender, EventArgs e)
{
    // DataGridViewの行数を取得
    int count = dataGridViewContents.Rows.Count;

    List<string> contentsList = new List<string>();
    for (int i = 0; i < count - 1; i++)
    {
        // 各列の値をカンマ区切りで連結してListに追加
        string c1 = (string)dataGridViewContents[1, i].Value;
        string c2 = (string)dataGridViewContents[2, i].Value;
        string c3 = (string)dataGridViewContents[3, i].Value;
        contentsList.Add(c1 + ',' + c2 + ',' + c3 + Environment.
        NewLine);
    }

    // DataGridViewの内容をファイルに保存
    ContentsFileIO.Write(contentsList);
}
```

「OK」ボタンがクリックされたらDataGridViewの内容をcontents.csvに書き込みます。

リスト11-15 DataGridViewの「削除ボタン」クリックのイベントハンドラ（MakeTrailer：Form2.cs）

```csharp
private void DataGridViewContents_CellContentClick
    (object sender, DataGridViewCellEventArgs e)
{
    // 削除ボタンの確認
    if (e.ColumnIndex ==
    dataGridViewContents.Columns["DeleteButton"].Index)        ——— ①
    {
        // メッセージボックスで削除OKなら
```

```
            if (DialogResult.Yes ==
            MessageBox.Show("本当に削除してもいいですか？",        ─── ②
            "確認", MessageBoxButtons.YesNo, MessageBoxIcon.Question))
            {
                // 削除
                try
                {
                    dataGridViewContents.Rows.RemoveAt(e.RowIndex);
                                                         ─── ③
                }
                catch (InvalidOperationException ex)     ─── ④
                {
                    MessageBox.Show(ex.Message, "エラー",
                        MessageBoxButtons.OK, MessageBoxIcon.Error);
                }
            }
        }
    }
```

　DataGridView内部のセルをクリックするとCellContentClickイベント
が発生するので、「削除」ボタンがクリックされた場合のみ（リスト11-15①）
削除処理を行います（③）。削除処理はいきなり行わず、メッセージボック
スで確認してから実行しましょう（②）。なお、最後の空行を削除しようと
するとInvalidOperationExceptionが発生するので、例外処理（4-4参照）を
行っています（④）。

8 「アプリケーションの仕様」（5）を記述

　「メインフォームクラス」のコードを記述します。各イベントハンドラを
Windowsフォームデザイナーで作成してからリスト11-16〜11-17を記
述してください。

リスト11-16 「予告作成ボタン」クリックのイベントハンドラ（MakeTrailer：Form1.cs）

```
private void ButtonMake_Click(object sender, EventArgs e)
{
    // 予告を作成してメッセージボックスに表示
    MessageBox.Show(
    Trailer.Get(textBoxA.Text, textBoxB.Text, textBoxC.Text), "結果");
}
```

「予告クラス」のGetメソッドで予告を作成します。予告はメッセージボックスで表示します。

リスト11-17 「追加編集ボタン」クリックのイベントハンドラ（Form1.cs）

```
private void ButtonEdit_Click(object sender, EventArgs e)
{
    // 編集フォームを表示
    FormEdit formEdit = new FormEdit();
    formEdit.ShowDialog();
    formEdit.Dispose();
}
```

「編集フォームクラス」のインスタンスを生成し、編集フォームを表示します（p.197参照）。

サンプルのcontents.csvはp.5のサポートページからダウンロードが可能です。実行ファイルの存在するフォルダ[8]に「Data」フォルダを作成したら、その中にダウンロードしたcontents.csvを保存し、アプリケーションを実行して遊んでみましょう。

8　標準では「「ユーザー」－「（各自の）ユーザー名」－「source」－「repos」－「MakeTrailer」－「MakeTrailer」－「bin」
　　－「Debug」」フォルダ

練習問題　プロジェクト名:FlowersLanguage

花の名前を入力すると花ことばを表示するWindowsフォームアプリケーションを作成してください。

●完成イメージ

花の名前と色を選ぶとメッセージボックスで花ことばを表示します。花ことばはダイアログボックスを使って追加、編集、削除が可能です。

図11-13　例題の完成イメージ

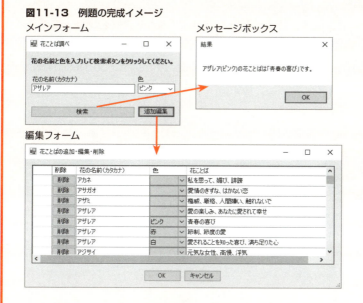

●アプリケーションの仕様

(1) 「メインフォームクラス」のほかに、「編集フォームクラス」「ファイル入出力クラス」「花ことばクラス」を実装します。

(2) 「メインフォーム」は、テキストボックスで花の名前を、コンボボックスで花の色を入力します。「検索」ボタンをクリックすると該当する花ことばをメッセージボックスで表示します。「追加編

集」ボタンをクリックすると「編集フォーム」を表示します。

(3) 「ファイル入出力クラス」は「Data¥flower.csv」からデータを読み書きします。

(4) 「花ことばクラス」は、「花ことば取得メソッド」で、flower.csvから読み込んだDictionary<string, string>のデータから花の名前に一致する花ことばを編集して返却します。該当するファイルやデータがないときには、その旨を返却します。

(5) 「編集フォーム」では、花の名前と色、花ことばをDataGridViewで表示、追加、編集、削除します。「OK」ボタンをクリックするとDataGridViewの内容を「Data¥flower.csv」に書き込みます。DataGridViewの「色」の型はDataGridViewComboBoxColumnを指定してください。Itemsは「赤、白、ピンク、黄、紫、青、黒」を設定してください。

●補足事項

flower.csv[9]のサンプルファイルはp.5のサポートページからダウンロードしてください。

9　出典：伊宮 伶「花と花ことば辞典」新典社、2003

INDEX

記号

-	80
--	81
-=	83
!	84
!=	84
%	80
%=	83
&&	84
*	80
*=	83
	233
.NET Framework	18
.NET Framework クラスライブラリ	19
/	80
/=	83
;	57
			84
+	80, 82
++	81
+=	83
<	84
<=	84
=	83
==	84
>	84
>=	84

数字

1 次元配列	308
2 次元配列	316

A

abstract	353
Add メソッド	209
ArithmeticException	123

B

base	275, 281
bool	68, 70
break	107, 162
byte	68

C

C#	16
C# の基本構造	38
call by reference	116
call by value	116
case	107
catch	121
char	68, 70
Chars プロパティ	322
class	182, 228
Clear メソッド	313
Click イベント	286
CLR	19
Console クラス	149
const	79
continue	163
Copy メソッド	315
Cos メソッド	363
CreateDirectory メソッド	400
Create メソッド	402
CSV	396
CUI	145

D

DataGridView コントロール	416
DateTime 構造体	208
decimal	68, 69
Delete メソッド	400, 403
DialogResult プロパティ	198
Dictionary<TKey, TValue> クラス	408
Directory クラス	399
DirectoryNotFoundException	123
Dispose メソッド	188, 393
DivideByZeroException	123
do ～ while	160
double	68, 69
DoubleClick イベント	286

E

Encoding.Default プロパティ	392

427

Exists メソッド.....................399, 401

F

File クラス...401
FileNotFoundException.....................123
finally...121
float..68, 69
Font プロパティ....................................52
for...152
foreach...319
Form1.Designer.cs...........................187
Form1 クラス......................................186
FormatException................................123
for の多重ループ...............................155

G

get...236
GetLength メソッド............................317
goto..167
GUI...145

I

if...102
if ～ else...104
if ～ else if ～ else............................105
if 文のネスト..106
IndexOf メソッド.................................323
IndexOutOfRangeException.............123
Insert メソッド....................................323
int...68
internal...204
InvalidCastException.........................123

J

JIT..20

K

KeyDown イベント.............................287
KeyPress イベント.............................287
KeyPreview プロパティ.......................287
KeyUp イベント..................................287

L

Length プロパティ.......................312, 322
List<T> クラス....................................404
ListBox コントロール..........................265
long..68

M

Main メソッド...............................147, 185
Math クラス...362
MessageBox クラス...........................200
Microsoft Docs....................................41
MouseClick イベント.........................286
MouseDown イベント.........................286
MouseEnter イベント.........................286
MouseHover イベント.........................286
MouseLeave イベント.........................286
MouseMove イベント.........................286
MouseUp イベント.............................286
MSIL..20, 61

N

namespace...193
Name プロパティ..................................50
new...279
new 演算子..................185, 230, 243, 308
Next メソッド......................................283
null...308

O

object..68
out..118
OutOfMemoryException....................123
OverflowException.............................123
override......................................281, 352

P

Parse メソッド......................................90
partial...187
PictureBox コントロール.....................292
PI フィールド.......................................362
Point 構造体.......................................191
Pow メソッド.......................................362
private...204
Program クラス...................................184

428

protected 204, 277	ToLongTimeString メソッド...............210
protected internal.............................204	ToShortDateString メソッド...............210
public 204	ToShortTimeString メソッド...............210
	ToString メソッド 89, 211

R

Random クラス 283	try...121
Rank プロパティ 313	TryParse メソッド................................124
ReadLine メソッド......................151, 395	
ReadToEnd メソッド............................395	

U

ref...116	uint 68, 69
Replace メソッド 324	ulong 68
return 115	Unicode 70
Reverse メソッド 314	ushort 68

S

sbyte...68	using ステートメント............................393
set 236	using ディレクティブ.....................40, 194
short..68	

V

Show メソッド......................................199	var 75
ShowDialog メソッド 199	virtual 281
Sin メソッド...363	Visual C# 16
SizeMode プロパティ...........................292	Visual C# によるクラスの生成 232
Size 構造体 191	Visual C# の操作画面 31
Sort メソッド..314	Visual Studio 16
Split メソッド.......................................324	Visual Studio Community 2019.......21
Sqrt メソッド..363	Visual Studio を起動 23
static 357	Visual Studio を終了 29
string 68, 70	void 115
Substring メソッド 323	

W

StreamReader クラス 395	while 157
StreamWriter クラス 391	Windows フォームデザイナー 31
switch...107	WriteLine メソッド........................149, 391
	Write メソッド...............................149, 391

T

あ行

TabIndex プロパティ.............................60	アクセサー..236
TabStop プロパティ...............................60	値型...230
Tan メソッド 363	値渡し..116
Text プロパティ 51	アップキャスト.......................................349
this 188, 246	アプリケーションの実行 28
Tick イベント..207	暗黙の型変換 86
Timer コンポーネント 206	イベント 53
TimeSpan 構造体 209	イベントドリブン......................................53
ToLongDateString メソッド.................210	イベントハンドラ 53

429

インクリメント／デクリメント演算子 81
インスタンス 182, 230
インスタンス化 183, 230
インスタンスメソッド 234
インスタンスメンバー 357
インストール 21
インターフェース 356
インテリコード 59
インテリセンス 59
隠蔽 279, 350
ウィンドウ位置の変更 35
ウィンドウの表示／非表示 34
ウィンドウのピン留め 34
ウィンドウレイアウトのリセット 35
ウォッチウィンドウ 140
エスケープシーケンス 78
エディション 21
エディター 17
演算子 80
演算子の優先順位 85
エントリポイント 147
オーバーライド 350
オーバーロード 119
オブジェクト 182
オブジェクト指向 181

か行

仮想メソッド 281, 350
カプセル化 235
仮引数 114
関係演算子 84
関数メンバー 227
疑似乱数 283
既存のプロジェクトを開く 29
基本クラス 269
キャスト演算子 87
共通言語ランタイム 19
組み込みデータ型 67
クラス 40, 182
クラスの定義 227
クラスのメンバーにアクセスする 233
クラスビュー 276
継承 269

継承とコンストラクター 275
構造体 212
コードエディター 33
コードエディターのフォントの変更 35
コードレンズ 40
コメント 56
コモンコントロール 49
コンストラクター 243
コンソールアプリ 145
コントロール 31, 45
コントロールを実行時に作成 190
コンパイラ 17
コンパイル 15

さ行

サフィックス 77
算術演算子 80
参照型 231, 310
参照渡し 116
ジェネリックコレクション 404
識別子 71
実引数 114
自動実装プロパティ 240
自動実装プロパティの新機能 242
条件演算子 110
条件論理演算子 84
シングルクォーテーション 70
スコープ 202
ステップアウト 138
ステップイン 138
ステップオーバー 138
ステップ実行 137
静的クラス 361
静的コンストラクター 360
静的フィールド 358
静的メソッド 360
静的メンバー 357
絶対パス 398
セミコロン 57
相対パス 398
添え字 307, 309
ソースプログラム 15
ソリューション 36

ソリューションエクスプローラー 32

た行

多次元配列 315
多重継承 270
多態性 349
タブオーダー 60
ダブルクォーテーション 71
単純代入演算子 83
逐語的文字列リテラル 398
抽象クラス 353
抽象メソッド 352
ツールボックス 32
定数 79
ディレクトリ 397
データ型 67
データメンバー 227
手続き型プログラミング 181
デバッガ 18, 135
デバッグ構成でのビルド 62
統合開発環境 17
ドット演算子 233

な行

名前空間 40, 192
ネームスペース 192

は行

配列 307
パス 392, 398
派生クラス 269
派生クラスの継承 276
派生クラスの生成 270
引数 114
ビルド 61
ファイルに書き込む 389
ファイルの保存 28
フィールド 203
フォームの追加 195
フォームロード 58
複合代入演算子 83
ブレークポイント 135
フレームワーク 18

フローチャート 101
プログラミング 15
プログラミング言語 15
プロジェクト 36
プロジェクトの作成 26
プロジェクトフォルダの内容 37
プロパティ 235
プロパティウィンドウ 32, 50
変数 67
変数の宣言 71
変数の代入と初期化 73
変数名の付け方 71
ポリモーフィズム 349

ま行

無限ループ 168
明示的な型変換 87
メソッド 40, 113
メソッドの定義 111
メッセージボックス 200
メッセージループ 185
メンバー変数 203
モーダルダイアログボックス 199
モードレスダイアログボックス 199
文字エンコーディング 392
文字列 322
文字列連結演算子 82, 89
戻り値 115

や行

ユーザ定義型 183
有効範囲 202

ら行

リソース 369
リテラル 76
リリース構成でのビルド 62
リンカ 17
例外 121
例外処理 121
列挙型 326
ローカルウィンドウ 139
ローカル変数 202

●著者略歴

菅原 朋子（すがわら　ともこ）

ソフトウェア開発会社にてアプリケーション開発に携わる。現在、福島県立テクノアカデミー郡山職業能力開発短期大学校講師。担当科目はC#およびC言語プログラミング、基本情報技術者試験対策、卒業研究など。
著書に『ドリル＆ゼミナールC言語』、『速習C言語入門』（いずれもマイナビ出版）がある。また、2016年よりオンライン動画学習サイト『LinkedInラーニング』にてプログラミング基礎講座の講師も手掛ける。

カバー／本文デザイン	吉村 朋子
DTP	原 功
アプリケーション用イラスト	峰村 友美
編集	山﨑 香

［改訂版］ゴールからはじめるC#
～「作りたいもの」で
　プログラミングのきほんがわかる

2016年4月25日　初版　第1刷発行
2019年11月2日　第2版　第1刷発行
2025年6月19日　第2版　第3刷発行

著者　菅原 朋子
発行者　片岡巌
発行所　株式会社技術評論社
　　　　東京都新宿区市谷左内町21-13
　　　　電話　03-3513-6150　販売促進部
　　　　　　　03-3513-6166　書籍編集部
印刷／製本　日経印刷株式会社

定価はカバーに表示してあります。
本書の一部または全部を著作権法の定める範囲を超え、無断で複写、複製、転載、あるいはファイルに落とすことを禁じます。
©2019　菅原朋子
造本には細心の注意を払っておりますが、万一、乱丁（ページの乱れ）や落丁（ページの抜け）がございましたら、小社販売促進部までお送りください。送料小社負担にてお取り替えいたします。

ISBN978-4-297-10901-7　C3055
Printed in Japan

【お問い合わせについて】
本書に関するご質問については、本書に記載されている内容に関するもののみとさせていただきます。本書の内容と関係のないご質問につきましては、一切お答えできませんので、あらかじめご了承ください。また、電話でのご質問は受け付けておりませんので、FAXか書面、弊社Webサイトのお問い合わせフォームをご利用ください。
なお、ご質問の際には、書名と該当ページ、返信先を明記してください。e-mailをお使いになられる方は、メールアドレスの併記をお願いいたします。

【お問い合わせ先】
〒162-0846
東京都新宿区市谷左内町21-13
株式会社技術評論社　書籍編集部
「［改訂版］ゴールからはじめるC#」係
FAX：
03-3513-6183
URL：
https://gihyo.jp/book/2019/978-4-297-10901-7